プログラミングの教科書
Standard Textbook of Programming Language

Python

掌田津耶乃 著　Tsuyano Syoda

技術評論社

●注意事項

　本書に記載された内容は、情報の提供のみを目的としております。したがって、本書を用いた運用は、必ずお客様ご自身の責任と判断によって行ってください。これらの情報の運用結果について、著者および技術評論社はいかなる責任も負いません。あらかじめ、ご了承ください。

　なお、本書の記載内容は、2018年1月末日現在のものを掲載しておりますので、ご利用時には変更されている場合もあります。また、ソフトウェアはバージョンアップされる場合があり、本書での説明と機能内容や画面図などが異なってしまうこともありえます。本書ご購入の前に、必ずバージョンをご確認ください。

●OS

　・Windows 10
　・macOS High Sierra

●開発環境

　・Python 3.6.1

●補足情報

　本書の正誤情報などの補足情報は弊社Webページに掲載させていただいております。ご確認いただけるようお願いします。

http://gihyo.jp/book/2018/978-4-7741-9578-0/support

●サンプルファイル

　本書の解説で使用したサンプルファイルは、以下のページよりダウンロードできます。ご使用の環境に合わせて文字コードを変更してご利用ください。

http://gihyo.jp/book/2018/978-4-7741-9578-0/support

本書に記載されている会社名、製品名は各社の登録商標または商標です。
なお、本文中では特に、®、™は明記しておりません。

はじめに

　「Python（パイソン）」というプログラミング言語は、日本では長らく冷遇されていたように思います。それは、純国産の言語 Ruby が、同じような位置づけの言語と見られて広く使われていたという特殊な事情があったためでしょう。

　けれど、日本ではあまり注目されていない間に、Python は欧米で着実に浸透していました。しばらく前に、AI だの機械学習だのといったものが話題となり始めたとき、そのための言語として Python の名前が浮上し、不思議に思った人も多いことでしょう。「なんで、Python？　そんなにメジャーな言語だったっけ？」と。

　そしてそのときに初めて、Python という言語が実は世界ではとてつもなく広い分野で使われている言語であることを知ったのではないでしょうか。

　ようやく日本でも、「Python ってすごいらしいぞ」と注目が集まりつつあります。Python という言語を学び始めるには、まさに格好のとき到来、といえるでしょう。本書をきっかけに、このユニークで奥深い Python という世界を知る人が一人でも増えてくれたら、筆者としては望外の喜びです。

2018.01　掌田津耶乃

本書の読み方

▶リスト

本書の解説で利用するサンプルプログラムです。左側の番号は行番号を表します。サンプルファイルは以下のWebページよりダウンロードできます。

http://gihyo.jp/book/2018/978-4-7741-9578-0/support

▼リスト4-11　レンジを利用した合計の算出

```
01: num = 1234
02: total = 0
03: for n in range(num + 1):
04:     total += n
05:
06: msg = str(num) + "までの合計:" + str(total)
07: print(msg)
```

▶入力例・実行結果

プログラムの入力例や実行結果です。

```
x = 100
y = x * 2
x = "abc"
```

▶構文

Pythonの文法やその他の命令の内、特に覚えておくべきものの記法です。

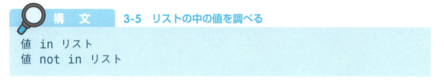

構文　3-5　リストの中の値を調べる

```
値 in リスト
値 not in リスト
```

▶ メモ

注意すべき点や補足事項などです。

IDLEというPythonに付属したテキストエディターがあります。

▶ ポイント

重要な内容をポイントとしてまとめてあります。

リストも演算ができる。

▶ コラム

関連する内容をコラムとして紹介しています。

Pythonのバージョンについて

本書では「Python 3.6.1」というバージョンを使って説明を行います。Python 3であれば、3.6.1より新しいバージョンでも基本的に同じものと考えて良いでしょう。

また、今後さらに新しいPython 3.7あるいは3.8といったバージョンが登場するかもしれません。それらも基本的には新たな機能が追加されるものであり、既にある機能がなくなったり変更されたりすることはほとんどありません。

▶ 章末復習問題

各章末には、理解度を確認するための章末復習問題があります。解答はP.588以降を確認してください。

目次 Standard Textbook of Programming Language

1章 Python をはじめよう

- **01 プログラミング言語とは** ………… 020
  - ❖プログラムって、なに？ ………… 020
  - ❖プログラムはどうやって作るの？ ………… 021
  - ❖コンパイルってなに？ ………… 023
  - ❖インタープリタってなに？ ………… 024
  - ❖どっちがいいの？ ………… 026
  - ❖Webの世界で動くプログラム ………… 028
  - ❖プログラミング言語って、どんな言語？ ………… 029
  - ❖どんなプログラミング言語を学べばいいの？ ………… 034
- **02 Pythonの特徴** ………… 036
  - ❖Pythonを使おう！ ………… 036
  - ❖どんな言語なの？ ………… 037
  - ❖どうやってプログラムを作るの？ ………… 041
  - ❖どう動かすの？ ………… 045
  - ❖どこで使われているの？ ………… 046
- **03 Pythonのインストール** ………… 049
  - ❖Pythonを入手する ………… 049
  - ❖Windowsにインストールする ………… 051
  - ❖macOSにインストールする ………… 053
- **04 プログラムの実行** ………… 059
  - ❖2つの実行方法 ………… 059
  - ❖IDLEのインタラクティブシェル ………… 060
  - ❖pythonコマンドのインタラクティブシェル ………… 063
  - ❖ファイルを作成する ………… 066
  - ❖コマンドでファイルを実行 ………… 068

❖実行方法の違い	070
この章のまとめ	072
《章末練習問題》	073

2章 プログラミングの基本

01 基本のデータ ……… 076
- ❖記述の基本ルール ……… 076
- ❖値と型（タイプ） ……… 079
- ❖int 型（整数） ……… 082
- ❖float 型（実数） ……… 084
- ❖bool 型（真偽値） ……… 085
- ❖str 型（文字列） ……… 086

02 変数 ……… 090
- ❖変数と代入 ……… 090
- ❖代入と型 ……… 094
- ❖変数名について ……… 094

03 演算 ……… 097
- ❖算術演算 ……… 097
- ❖算術演算と結果の型 ……… 099
- ❖真偽値の演算 ……… 101
- ❖文字列の演算 ……… 102
- ❖キャスト（型変換） ……… 103
- ❖比較演算 ……… 107
- ❖代入演算 ……… 110
- ❖ブール演算 ……… 111
- ❖評価の順について ……… 114
- ❖ビット演算 ……… 116

04 文の書き方 ……… 120
- ❖文と見かけの改行 ……… 120
- ❖三重クォートによるテキストの記述 ……… 122

❖文字列のフォーマット		124
❖コメント		126
この章のまとめ		129
《章末練習問題》		130

3章 データ構造

01	**リスト (list)**	134
	❖データとリスト	134
	❖リストの値	136
	❖リストの演算	140
	❖値をリストにまとめる	142
	❖その他のシーケンス演算	144
	❖リスト操作のメソッド	148
02	**タプル (tuple) とレンジ (range)**	162
	❖タプルとは	162
	❖ミュータブルとイミュータブル	163
	❖タプルの算術演算	165
	❖タプルのシーケンス演算	167
	❖範囲を表すレンジ	168
	❖レンジとシーケンス演算	171
	❖シーケンス間の変換	172
03	**セット (set)**	175
	❖セットとは	175
	❖セットの値の利用	177
	❖セットの演算	179
04	**辞書 (dict)**	185
	❖辞書とは	185
	❖キーワードと値の取得	189
	❖コンテナの利用は「繰り返し」構文から	191

| この章のまとめ | 192 |
| 《章末練習問題》 | 193 |

4章 制御構文

01 if 文 ... 196
- 制御構文とは ... 196
- 条件分岐と if 文 ... 199
- インデントの重要性 ... 201
- if を使う ... 203
- if と else を使う ... 205
- 条件と比較演算 ... 207
- ブール演算による条件 ... 208
- elif による複数の分岐 ... 209
- elif の利用 ... 212

02 for 文 ... 216
- コンテナと反復処理 ... 216
- for を利用する ... 217
- レンジによる範囲指定 ... 220
- 辞書と for ... 223
- else による全データ取得後の処理 ... 226
- continue と break ... 228

03 while 文 ... 231
- while のはたらき ... 231
- 無限ループの恐怖 ... 234
- else の利用 ... 235

04 リスト内包表記 ... 239
- リスト内包表記とは ... 239
- リスト内包表記の例 ... 240
- 条件の設定 ... 242

| この章のまとめ | 247 |
| 《章末練習問題》 | 248 |

5章 関数

01 関数の利用 252
　◆関数とは 252
　◆関数の呼び出し 254
　◆組み込み関数 257
　◆キーワード引数 258
　◆入力用関数 input 261
　◆値の生成関数 262

02 関数の作成 266
　◆関数を定義する 266
　◆引数の利用 268
　◆戻り値の利用 270
　◆キーワード引数とデフォルト値 272
　◆可変長引数 274
　◆変数のスコープ 281

03 ラムダ式 283
　◆ラムダ式とは 283
　◆ラムダ式を利用する 284
　◆関数でラムダ式を作る 286
　◆引数にラムダ式を使う 289

この章のまとめ 291
《章末練習問題》 292

6章 クラス

- **01 オブジェクト指向** ……… 296
  - 構造化からオブジェクトへ ……… 296
  - オブジェクト指向とは ……… 298
  - クラスとインスタンス ……… 300
  - クラスのメンバ ……… 303
  - クラスとデータ型 ……… 304
- **02 クラスの作成** ……… 306
  - クラスの定義 ……… 306
  - インスタンスの作成 ……… 307
  - クラスを作成して使う ……… 308
  - 変数 ……… 309
  - メソッドの利用 ……… 312
  - コンストラクタと初期化 ……… 315
- **03 メンバのはたらき** ……… 319
  - プライベート変数 ……… 319
  - クラス変数 ……… 322
  - クラスメソッド ……… 324
  - 文字列表記の用意 ……… 330
  - プロパティ ……… 332
- **04 継承** ……… 337
  - 継承とは ……… 337
  - 継承を利用する ……… 340
  - オーバーライド ……… 341
  - クラスを調べる ……… 343
  - 多重継承 ……… 345
- **この章のまとめ** ……… 349
  - 《章末練習問題》 ……… 350

7章 エラーと例外処理

01 エラーメッセージ ... 352
- 構文エラーと例外 ... 352
- 構文エラーのメッセージ ... 354
- インデントエラー ... 357
- 例外のエラーメッセージ ... 359
- 演算時の例外 ... 361
- 呼び出しの階層とトレースバック ... 363

02 例外を処理する ... 366
- 例外への対応 ... 366
- try による例外処理 ... 367
- 例外処理を利用する ... 370
- 複数の except ... 371
- except Exception: について ... 374
- 例外クラスのインスタンス ... 377

03 例外を送る ... 379
- 例外の raise ... 379
- 例外インスタンスを raise する ... 382
- 独自の例外クラスを作る ... 384

この章のまとめ ... 388
- 《章末練習問題》 ... 389

8章 ファイル操作

01 ファイルへの読み込み ... 392
- ファイルオブジェクト ... 392
- open 関数でのアクセス ... 394
- テキストを読み込む関数 ... 396

- read ですべてのテキストを読む ……… 398
- with による close 省略 ……… 398
- 1 行ずつ読み込む ……… 400
- マルチバイト文字の問題 ……… 402
- ユニコードと codecs モジュール ……… 403

02 ファイルへの書き出し ……… 406
- 書き出しと write メソッド ……… 406
- 連続して書き出す ……… 408
- ユニコードで出力する ……… 410

03 ファイルオブジェクトを利用する ……… 412
- ファイルアクセスの例外 ……… 412
- 例外処理を行う ……… 413
- seek によるアクセス位置の移動 ……… 414
- seek で先頭に戻る ……… 417
- seek でデータにアクセスする ……… 419

この章のまとめ ……… 423
《章末練習問題》 ……… 424

9章 モジュール

01 モジュールを利用する ……… 428
- モジュールとは ……… 428
- モジュールを import する ……… 429
- 標準ライブラリとモジュール ……… 433

02 モジュールの作成 ……… 435
- モジュール利用の利点 ……… 435
- モジュール化できるもの ……… 437
- データ集計モジュールの設計 ……… 438
- データ集計モジュールの作成 ……… 439
- 自作モジュールを利用する ……… 442

- 03 **コマンドラインからの利用** …… 448
  - ❖モジュールをクラス化する …… 444
  - ❖コマンドでモジュールを実行する …… 448
  - ❖__name__ の処理を追加する …… 451
  - ❖sys.argv でパラメータ利用 …… 452
- **この章のまとめ** …… 455
  - 《章末練習問題》 …… 456

10章 標準ライブラリの活用

- 01 **標準ライブラリ** …… 458
  - ❖Python の標準ライブラリ …… 458
- 02 **算術計算 - math, random, statistics** …… 460
  - ❖算術関数と math …… 460
  - ❖random による乱数 …… 464
  - ❖statistics による統計関数 …… 467
- 03 **日時 - datetime** …… 471
  - ❖日時と datetime モジュール …… 471
  - ❖datetime クラスについて …… 472
  - ❖date クラスについて …… 475
  - ❖time クラスについて …… 476
  - ❖日時の演算 …… 477
  - ❖timedelta について …… 478
  - ❖日時の加算 …… 479
- 04 **CSV ファイル - csv** …… 481
  - ❖csv モジュールについて …… 481
  - ❖reader で CSV を読み込む …… 483
  - ❖CSV ファイルを用意する …… 484
  - ❖CSV ファイルの内容を表示する …… 485
  - ❖csv ファイルの保存 …… 487

05 正規表現 - re ... 490
- 正規表現とは ... 490
- re モジュールについて ... 492
- パターンの作成 ... 494
- 置換と後方参照 ... 497

この章のまとめ ... 501
《章末練習問題》 ... 502

11章 外部パッケージの利用

01 外部パッケージのインストール ... 504
- 外部パッケージについて ... 504
- pip について ... 504
- pip をアップデートする ... 506
- Python Package Index（PyPI） ... 507

02 Web 情報の取得 - Requests ... 508
- Requests と Web アクセス ... 508
- Requests のアクセス関数 ... 509
- Web サイトにアクセスする ... 510
- パラメータを指定する ... 513
- POST して情報を得る ... 515
- 正規表現でデータを切り出す ... 517

03 グラフ作成 - matplotlib ... 519
- matplotlib のインストール ... 519
- pyplot でプロットする ... 520
- グラフの表示を整える ... 522
- 散布図の作成 ... 525
- 棒グラフの作成 ... 527
- 円グラフの作成 ... 529
- ヒストグラムの作成 ... 531

015

04　画像編集 - Pillow ... 533
- イメージ処理の「Pillow」 ... 533
- イメージファイルを用意する ... 534
- イメージ処理の基本 ... 534
- イメージを回転させる ... 536
- イメージサイズの変更 ... 538
- モノクロに変換する ... 540
- ポスタライズ・平均化・反転 ... 541
- セピア調にする ... 543
- 各ドットの輝度を操作する ... 546
- イメージ処理は「組み合わせ」 ... 548

この章のまとめ ... 549
《章末練習問題》 ... 550

12章　応用的な文法

01　非同期構文 ... 554
- 非同期処理とは ... 554
- async とコルーチン ... 556
- コルーチンとイベントループ ... 558
- コルーチンを使う ... 559
- 非同期処理を実行する ... 562

02　イテレータ・ジェネレータ ... 567
- イテレータとは ... 567
- イテレータの構造 ... 569
- イテレータクラスを作る ... 570
- ジェネレータと yield ... 571
- ジェネレータを作成する ... 573
- for 以外での利用 ... 575

03　Pythonの慣習 - PEP8　　578
- Python Enhancement Proposal(PEP)8　　578
- インデントに関する規約　　579
- 文の改行に関する規約　　580
- 命名規則　　582
- 重要なのは統一すること　　585

この章のまとめ　　586
《章末練習問題》　　587

章末練習問題解答　　589

索引　　603

1章

Pythonを
はじめよう

これからPythonというプログラミング言語を学んでいきます。まずは「Pythonというのはどんなものか、なぜいいのか」という基本的なことから学んでいきましょう。Pythonをインストールし、どうやってプログラムを実行するかも説明します。

01 プログラミング言語とは

 プログラムって、なに？

　本書では、Python（パイソン）というプログラミング言語を使ったプログラムの作成について解説していきます。
　具体的な話に入る前に、「そもそもプログラムって何だろう？」というところから話を始めます。
　プログラムというのは、「コンピュータで動作する、さまざまな処理を行うためのソフトウェア」です。「ソフトウェアってなに？」と思った人のために説明しておくと、パソコンの機械などのハードウェアに対し、デジタル情報として電磁的に記録されているデータに何らかの処理を行うものをソフトウェアといいます。
　コンピュータというのは、さまざまな命令を受け取って計算するための「CPU（Central Processing Unit）」を持っています。さまざまなデジタル情報を一時的に保管しておく「メモリ」もあります。
　メモリにソフトウェアを用意し、そこにある命令をCPUで実行していくことでさまざまな処理を行う、これが「プログラム」なのです。つまりプログラムは、「CPUが実行する命令を記述して、必要な処理を行うようにまとめたソフトウェア」なのです。

▼図1-1:プログラムは、用意されている命令を順にCPUで実行して複雑な処理を行うもの。

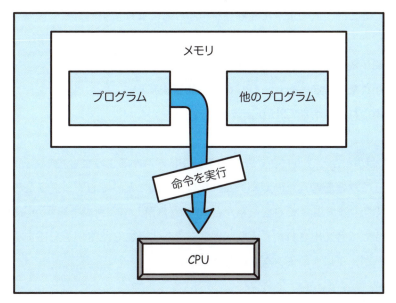

 プログラムはどうやって作るの？

　コンピュータをはじめ、あらゆるデジタル機器で動いているプログラム。これは一体、どうやって作っているのでしょう。

　プログラムは、CPUで実行する命令を記述したものです。この命令というのは、決まった桁数のデジタルデータの形をしています。これは、ほとんど人には読み書きの難しい「暗号」のようなもので、しかもそれらは「○○に値を保管する」「○○に××を加算する」といった非常に原始的な処理しか用意されていません。これを順に記述して必要な処理を作っていくというのは、ほとんどの人にとって不可能に近い大変な作業です。

　これはCPUの実行する命令をそのまま書いて組み立てようとするから大変なのです。もっと、人間が理解しやすい命令体系を考えて、それを使って

処理を記述できるようにすれば、かなり作るのは楽になりますね。

もちろん、そういった「人間が理解しやすい体系」は、CPUは理解できません。そこで、次のように妥協点を作ることになります。

1. 人間が決まった形式で処理を書く。
2. 書かれた処理を解析し、CPUの命令に変換する。
3. 変換された命令をCPUが実行する。

「人間がわかるように書いたものを、CPUがわかるように変換して動かす」というやり方を考えたのです。これなら、人間にとってもプログラムが書きやすくなりますし、それをちゃんとCPUが理解して実行できますからね。

こうして考え出された「人間が理解できるようにした処理を記述する言語体系」が、プログラミング言語なのです。

 ポイント

プログラミング言語は、コンピュータで実行する処理を人間が理解できるように記述できるように作られた言語体系。

▼図1-2：人間が理解できる言語を使って処理を書き、それを CPU が理解できるように変換してから実行すれば、人間にもわかりやすく処理を用意できる。

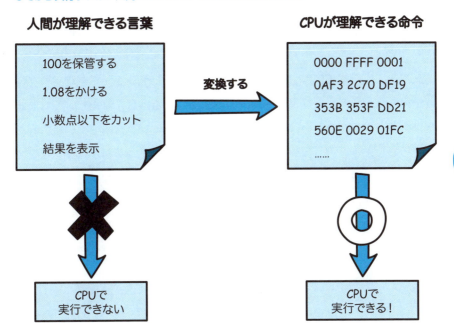

 ## コンパイルってなに？

　プログラミング言語を使って処理を書くとき、重要なポイントとなるのが「書いた処理内容を、どうやって CPU が理解できる形にするか」です。

　これにはいくつかの方法があります。1つは、「書かれている処理をすべて解析し、CPU が実行できる命令に変換したものをファイルに保存する」というやり方です。実際に処理を行うときは、この保存された変換済みのファイルを実行します。

　このやり方は、一般にコンパイル方式と呼ばれます。処理の内容を変換するのに用いられるプログラム（プログラムに変換するプログラム）としてコンパイラというものが用意されており、これを使って処理を変換します。

　コンパイル方式は、最初にプログラムを変換するのに時間がかかります

が、プログラムが完成してしまえば、いつでも高速に処理を実行できます。また、コンパイラによりCPUが実行する命令に変換してあるので、作ったプログラムは直接実行できます。動かすために必要なものなどは何もありません。

ただし、完全にCPUの命令の形に変換してしまうので、できたプログラムを後で修正するにはプログラミング言語で書いた内容を修正し、それをまたコンパイルしないといけません。元のプログラミング言語で書いた内容をなくしてしまうと、一体プログラムで何をやっているのかわからなくなってしまいます。また、CPUの命令に変換してあるので、一般的にCPUが異なると作ったプログラムは動きません。

コンパイル方式の特徴をまとめるなら、「変換するのに手間がかかり、作ったものを後で修正するのも少し面倒だけど、できたプログラムはとても高速でテキパキ動く」ということになるでしょう。

▼図 1-3：コンパイル方式の特徴。できたプログラムは高速で動くが、作ったり修正したりするのが大変だ。

コンパイル方式の特徴

長所	短所
・作ったものは実行のためのプログラム（インタープリタ）なしで動く。 ・完成したものはいつでも高速に動く。	・コンパイルに多少時間・手間がかかる。 ・既に完成したものを修正するのが少し面倒。 ・異なるCPUでは動かない。

インタープリタってなに？

コンパイル方式は、「あらかじめすべての処理を一括して変換しておき、そ

れを保存して使う」というものでした。しかし、一括して変換せず、「プログラムを実行する時に変換して実行する」という方式もあります。それはインタープリタと呼ばれるものです。

インタープリタは、処理の内容を事前に変換しません。プログラミング言語で書かれた処理を、そのまま実行します。ここまで解説したように、もちろんそのままではCPUは理解できません。そこで、書かれている処理を実行するときにCPUの命令に変換し、実行していくのです。

この「処理を実行時に変換して実行するプログラム」をインタープリタと呼びます。インタープリタを使って、順に変換しながらプログラムが動いていく、という方式なのです。

原則として実行時に毎回、処理を変換しながら動くので、コンパイラで作成したプログラムに比べると実行速度は遅くなります。

しかし、プログラミング言語で書いたものがそのまま動くので、どんな処理をしているのが見てわかります。さらに修正する必要があれば、書いた内容をそのまま修正すればいいので、扱いがとても簡単です。

また、その場でCPUの命令に変換しながら動くので、異なるCPUのコンピュータでも多くの場合、問題なく動かすことができます。コンピュータに限らず、どんなデジタル機器でも、インタープリタさえあれば同じプログラムが動くのです。

「CPUの命令に変換」といわれても具体的なイメージが湧かないでしょうが、例えば「英語と日本語の翻訳」で考えると、もう少しイメージしやすいかもしれません。

コンパイル方式は、英語の小説をすべて日本語に翻訳して出版する書籍のようなものです。翻訳された書籍（コンパイルされたアプリ）を買ってくればすべて日本語ですらすらと読めます。

これに対し、インタープリタは、その場で英語を日本語に翻訳する同時通訳のようなものでしょう。通訳してくれる人（インタープリタ）が必要ですし、その場で翻訳していくのでスピードは遅いですが、いつでも日本語に翻

訳した文章が得られます。

▼図1-4：インタープリタの特徴。実行速度は遅いが、どんなCPUでも動く。またプログラムの修正も容易だ。

インタープリタ方式の特徴

長所	短所
・プログラミング言語で書いたものがそのまま動くのでわかりやすい。 ・いつでも内容を修正できる。 ・異なるCPUでも動く。	・実行環境（インタープリタ）がないと動かない。 ・実行速度が遅い。 ・プログラムの中身が丸見え。

ポイント

コンパイル方式は、CPUが理解できる形に一括して変換する。インタープリタ方式は、実行する際に変換していく。

メモ

コンパイラ、インタープリタともに動作の説明は一般的な特徴をまとめたものです。実際の動作は各言語ごとに異なることもあります。

どっちがいいの？

さて、コンパイラとインタープリタ、一体どちらが優れているのでしょう？　この問題の答えは、一概にはいえません。用途に応じて向き不向きがあるからです。

コンパイラは、パソコンのアプリなどのように、高速で実行する必要があるものに用いられます。またプログラムの中を見ても、実行する処理の内容

がわからないし、修正も容易ではないので、完成したプログラムを製品として配布するような用途に向いています。また、ゲーム機のゲームのように、実行のスピードが求められるようなものもコンパイラが用いられます。

インタープリタはどういう用途に向いているのでしょうか。「いつでも必要に応じてプログラムを修正しながら使う」ようなユースケースでしょう。

例えば、自分でよく使う処理を書いて自動化したいような用途にインタープリタは向いています。皆さんは、「自分でプログラムを書いて処理を自動化する」といった経験はないかもしれませんが、こうしたことは特別な技術ではなくて、どんなパソコンでもできることなのです。こういった身近なところで作るプログラムなどではインタープリタのほうが便利でしょう。

▼図1-5：コンパイラとインタープリタは、用途によって住み分けされている。ゲーム機や製品ソフトの分野ではコンパイラが主流で、身近なプログラム作成にはインタープリタが利用される。

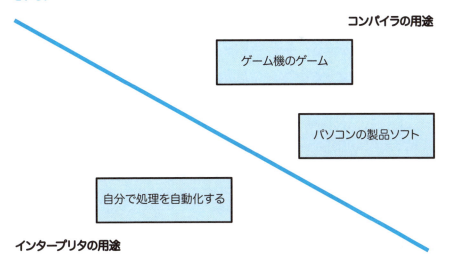

Webの世界で動くプログラム

　インタープリタが活用されている世界として、忘れてはならないのが「Webの世界」です。

　Webの世界では、2種類のプログラムが使われています。1つは、Webブラウザの中で動く「JavaScript（ジャバスクリプト）」というプログラミング言語です。これは、Webブラウザに表示されているWebページでさまざまな処理を実行するのに用いられます。フロントエンドと呼ばれる領域で活躍します。

　そしてもう1つ、意外と知られていないのが、Webサーバーの中で動くプログラムです。例えば、AmazonのWebサイトにアクセスすると、さまざまな商品情報がいつでも表示され、それを注文したり購入したりできます。

　これは、サーバー側に設置されたプログラムにより、データベースから必要な情報を取ってきたり、カード信販会社のサーバーにアクセスしてカードの決済をするプログラムが動いているからです。

　こうしたWebの世界で使われるプログラムは、インタープリタ式の言語が多いです。Webの世界では、日々、プログラムを細かく修正したり更新したりしていくため、コンパイラよりインタープリタのほうが使いやすいなどいくつかの事情から人気を集めています。

▼図1-6：Webの世界で使われているプログラム。Webブラウザで動くものと、サーバー側で動くものがある。

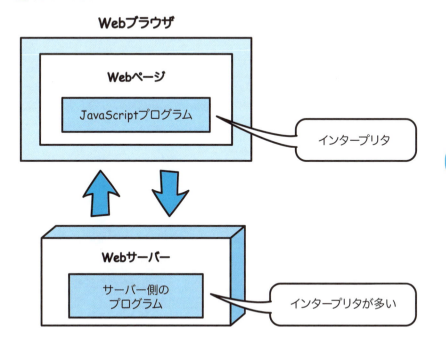

 プログラミング言語って、どんな言語？

　プログラムに話を戻しましょう。コンパイラであれインタープリタであれ、プログラムは「プログラミング言語を使ってさまざまな処理を書く」という点は同じです。

　プログラミング言語というのは、一種の「言語」です。したがって、どのように書くかを規定した文法を持っています。もちろん、日本語や英語ほど複雑な文法ではありません。プログラミング言語は、あくまで処理を記述するのが目的です。それに必要な最小限の文法を持っています。プログラミング言語を学ぶには、この文法を学習し、それを使って処理を書けるように練習していくことになります。

プログラミング言語の文法にはどんなものが用意されているのでしょうか。詳しい説明は今後の章で1つずつ行いますが、こういうものが用意されているというおおまかな内容を、まとめておきます。

● 値と変数、計算に関するもの

プログラムというのは、基本的に「値を計算するためのもの」といえます。計算はプログラムの基本です。また値は、そのまま使うよりも変数という入れ物に入れて利用することが多いです。

この値、変数、計算といった、処理の基本となるものについて、プログラミング言語では使い方をしっかりと決めています。

▼図1-7：値・変数・計算は、プログラムの基本。これらはプログラミングの基本となるものだ。

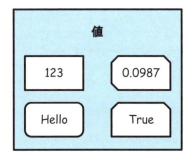
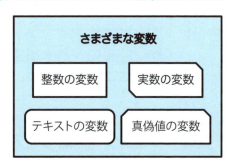
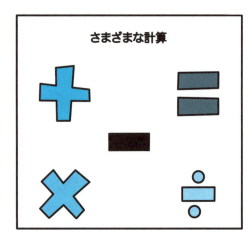

● 制御構文

　プログラムは、あらかじめ用意されている処理を順に実行しておしまい、といった単純なものばかりではありません。

　状況に応じて異なる処理をしたり、あるいは多量のデータを繰り返し処理していったりすることもあります。このためには、処理の流れを制御するための仕組みを持っていなければいけません。これは制御構文と呼ばれます。制御構文は、プログラミング言語の中でも非常に重要な文法の1つです。これは条件分岐、繰り返しなど、いくつかの種類のものが用意されています。

▼図1-8：条件分岐や繰り返しといった制御構文を使うと、複雑な処理を行えるようになる。

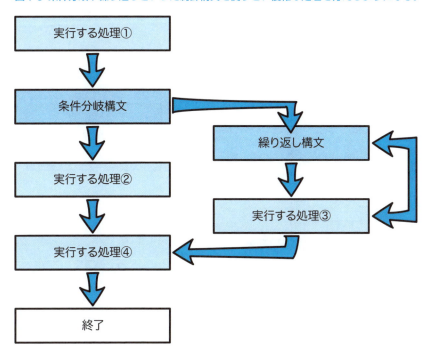

● プログラムの構造化

　実際のプログラミングの現場では、プログラムは非常に複雑になっていきます。実行する処理を最初から最後までズラッと書いていくというやり方だと何千行ものプログラムになってしまいます。これでは、どこで何をしてい

るのか把握しにくいですし、果たしてちゃんとプログラムが動くのか書いた本人もよくわからなくなってしまいます。

そこで、プログラムの構造化という手法が使われます。構造化というのは、プログラムの内容などを考えて、プログラムを分割し小さなプログラムに切り分けたりして組み立てるようにする考え方です。

例えば、関数といって、よく利用する処理をメインプログラムから切り離し、いつでも呼び出して実行できるようにするものがあります。更にはオブジェクトといって、関連するデータや処理をすべて1つの小さなプログラムにまとめて自由に使えるようにする機能もあります。

こうした構造化のための仕組みを理解することで、より複雑なプログラムをわかりやすく整理して作れるようになります。

▼図1-9：関数やオブジェクトは、メインプログラムの中から呼び出して実行できる。プログラムを切り分けて、構造的に組み立てられるのだ。

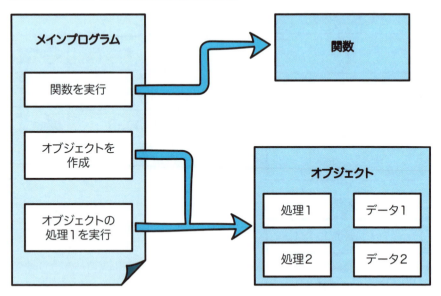

● 基礎からゆっくり学ぼう！

文法の内容を一通り読んで、「ちょっと自分には難しいかもしれない……」と感じた人もいることでしょう。しかし、心配は要りません。これらを最初

からすべて一度に覚えるわけではないからです。

　プログラミング言語の文法は、何もかもすべて理解できていないと使えないわけではありません。最初はごく基礎的なものだけ覚えれば、それだけである程度使えるプログラムが作れます。少しずつ高度な文法をマスターすれば、それに応じて作れるプログラムも次第に高度になっていくわけです。

　少しずつ学んでいけば、作れるものも少しずつステップアップしていく。別に慌てる必要も焦る必要もないのです。自分のペースで少しずつ進んでいけば、進んだだけ自分の力になっていきます。

▼図 1-10：用意されている文法は、かんたんなものから次第に難しいものへと学習していく。マスターするものが増えれば、それだけ高度なものが作れるようになる。

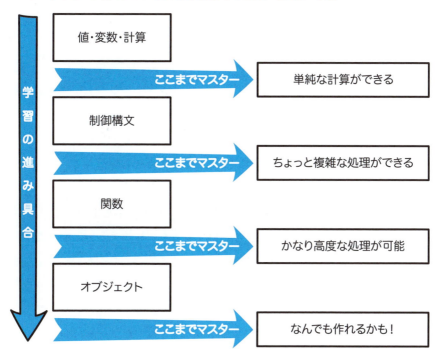

どんなプログラミング言語を学べばいいの？

ごく簡単に主な文法についてまとめましたが、これらは実際のところ、どんなプログラミング言語を使うかによっても多少違いが出てきます。同じ文法でも、言語が違えば書き方も使い方も違ってくるのです。

世の中には、たくさんのプログラミング言語があります。そうした中で、どんな言語を使うのがいいのでしょうか。

ここでは、「初めてプログラミングをする人が学びやすく、またしっかりとプログラミングの考え方を習得できる言語」はどういうものか、紹介していきます。

● コンパイラよりインタープリタ

まず、先ほど説明した「コンパイラ」と「インタープリタ」では、初心者に向いた言語はインタープリタ系の言語です。

コンパイラを採用するプログラミング言語は、分かりやすさより、「より高度な処理を高速に実行できる」ということを多くの場合重視しています。ある意味、「プロ向けの言語」が多いといってよいでしょう。

これに対し、インタープリタ系の言語は、「使いやすさ」を重視しています。その場でファイルを開いてささっとプログラムを書き換える、といったライトな使い方もできるように考えているので、比較的わかりやすい構文になっていることが多いものです。もちろん、すべてのケースで「インタープリタはコンパイラより簡単」というわけではありませんが、全体としてはそういう傾向があります。インタープリタもプロのプログラマーが愛用していて、実用性に劣るわけではありません。

▼図1-11:コンパイラは、高度なことができるがその分難しい。インタープリタは速度などに課題があるがわかりやすい。こちらのほうが初心者には向いている。

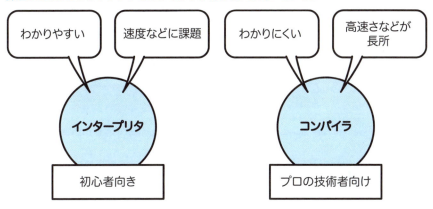

● **オブジェクト指向に基づくもの**

初心者の学習という観点で考えるとオブジェクト指向を採用している言語が理解がしやすくおすすめです。

オブジェクト指向というのは、プログラミングの考え方（パラダイム）の1つです。先ほど出てきたオブジェクトやクラス（9章参照）を用いて、プログラムを適切に構造化するのが特徴です。オブジェクト指向は、いくつかあるプログラミングの考え方の中でも、最も広く支持されているものです。本格的なプログラムを作る上で不可欠なものとなっています。

きちんとしたオブジェクト指向の仕組みが用意されていると、プログラムが整理しやすくなります。しっかりとプログラムを学ぶうえではこの長所はとても重要なのです。

本書で学ぶPythonは、インタープリタ言語であり、オブジェクト指向言語です。

学習しやすさときちんとしたものを書ける点から、初めてプログラミングをする人の入門に最適な言語と言えるでしょう。Pythonの優れた特徴は次節以降から取り上げていきます。

02 Pythonの特徴

 Python を使おう!

本書では、プログラミング言語 Python(パイソン)を解説していきます。Python は、ビギナー向きの、とてもわかりやすい言語です。

● Python について

Python は、1991年、オランダのグィド・ヴァン・ロッサム(Guido van Rossum)によって開発されたオープンソースのプログラミング言語です。インタープリタであり、テキストファイルに記述した処理をそのまま実行することができます。

Python という名前は、ロッサムが「空飛ぶモンティ・パイソン」の熱烈なファンだったから、といわれています。なお「Python」は英語でニシキヘビのことであり、Python のアイコンなどでは蛇のデザインが使われています。

ロッサムは、Python について「容易かつ直感的に書ける言語で、さらに主なプログラミング言語と同じ程度に強力である」と語っています。シンプルで読みやすく、強力。まさに初心者に理想的なプログラミング言語といえるでしょう。

Python は、以下の URL で公開されています。ここで必要なファイルをダウンロードしたり、各種のドキュメントを読んだりすることができます(ダウンロードは「1-03 Python のインストール」参照)。

```
https://www.python.org/
```

▼図1-12：PythonのWebサイト。

日本語のドキュメントが読みたい場合は下記を参照してください。

```
https://docs.python.org/ja/3/
```

 どんな言語なの？

　Pythonというプログラミング言語はどのようなものなのでしょう。特徴などを簡単に整理しておきましょう。

● **必要最小限のシンプルな文法**
　昨今のプログラミング言語は、なんでもできることを考えて文法もどんど

ん新しい概念を取り入れています。その結果、プログラミング言語によってはかなり多くの決まりごとを詰め込んだ複雑な文法となってしまっていることもあります。

　Pythonは、必要最小限の非常にシンプルな文法をしています。

　このため、本書で文法を学ぶと「できることも少ないんじゃないか」と思うかもしれませんが、それは違います。Python本体にない機能は、ライブラリ（プログラミング言語の機能を強化・拡張するためのもの、10章と11章参照）として用意されています。これが非常に幅広い分野で用意されているため、たいていの用途に対応できるようになっています。

▼図1-13：複雑な文法だとさまざまな構文などを理解して的確に使うのも大変。シンプルな文法なら、誰でも同じように使うことができる。

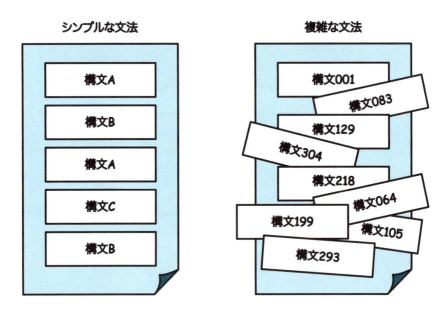

● 誰が書いてもだいたい同じ！

　Pythonは、文法がシンプルなだけでなく、書き方もシンプルです。多くのプログラミング言語では、処理をどんな形式（フォーマット）で書くかはプログラマに委ねられています。処理の内容が同じでも、プログラマが違え

ば書き方も違っていることが起こりがちです。しかし、Pythonは違います。

Pythonでは、処理の書き方が文法としてきちんと定義されているため、同じ処理ならば誰が書いてもほぼ同じような内容になります。このことを「不自由だ」と感じる人もいるかもしれませんが、「誰が書いてもだいたい同じ」というのはビギナーにとってかなり助かります。

Pythonでは、「書き方の正解」があるのです。プログラマのセンスによってわかりやすくなったり逆に難解になったりすることはありません。きちんと書き方を理解していれば、誰が書いてもほとんど同じものになるのです。初心者でも正しいプログラミングがすぐ身につきます。

▼図1-14：Pythonは、プログラムの書き方が明確に決まっているので誰が書いてもほぼ同じ形式になる。対して多くの言語は、プログラムの形式などはプログラマ次第で、書く人により大きく変わってしまう。

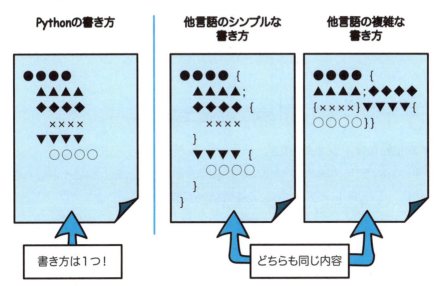

● さまざまな環境に対応

Pythonは、基本文法が必要最小限にまとまっていること、またオープンソースとして公開されていることなどから、さまざまなプラットフォーム用のものがリリースされています。Windows、macOS、Linuxといった基本

的なパソコンの OS はもちろん、iPhone（iOS）や Android で Python を動かすアプリもあります。

▼図 1-15：Python はパソコンやスマートフォンなど幅広い環境で動く。

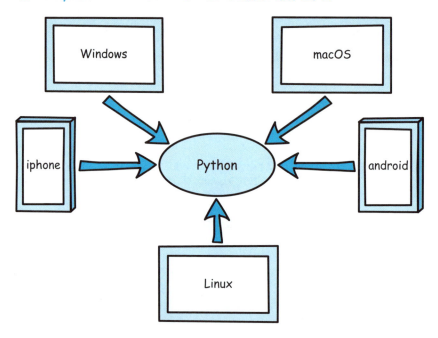

● 本格的なオブジェクト指向

　Python は、本格的なオブジェクト指向の言語です。オブジェクト指向を採用していることでプログラムをより整然と書けます。

　ユニークなのは、しっかりとしたオブジェクト指向言語でありながら、同時にオブジェクトを必要としないシンプルな形で書くこともできるという点です。いくつかの本格的なオブジェクト指向言語では、プログラムは必ずオブジェクト指向の仕組みを利用して書かなければいけないのですが、Python は、オブジェクト指向を意識せず手軽にプログラムを書くこともできます。ビギナーにとっては、一度に多くのことをまとめて覚える必要がない分、覚えやすい言語です。

▼図1-16：多くのオブジェクト指向言語では、すべてのプログラムはオブジェクト指向に基づいて作らないといけない。Pythonでは、オブジェクト指向を使わない形で処理を書くこともできる（もちろん、オブジェクト指向を使って書くこともできる）。

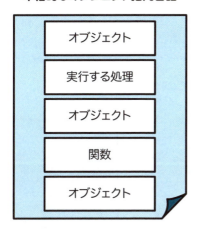

 ポイント

Pythonは、シンプルな文法で、誰が書いても同じようにプログラムを書ける。また本格的なオブジェクト指向にも対応している。

 ## どうやってプログラムを作るの？

　Pythonでどうやってプログラムを作るのでしょうか。具体的な作成方法などは、実際にPythonをインストールした後に説明をします（「1-04 プログラムの実行」参照）。ここでは、「Pythonという言語がどういうものか」という概要を把握するために、簡単にPythonのプログラミングについて説明しておきましょう。

　Pythonは、インタープリタ言語です。テキストファイルにPythonの言語で書かれたプログラム（ソースコードといいます）を用意し、これをPythonのインタープリタで実行すれば、そのままプログラムが動きます。

つまり、Pythonの開発は、「ただ、テキストファイルを作成してソースコードを書くだけ」なのです。コンパイラのように、作ったプログラムをコンパイルして完成したプログラムを生成したり、コンパイル作業に必要となる設定ファイルなどを作成したりする必要はありません。

▼図1-17：コンパイラ系の言語では、プログラムの開発にソースコード以外にもさまざまなファイルが必要となることが多い。Pythonはソースコードのファイルを用意すれば完成だ。

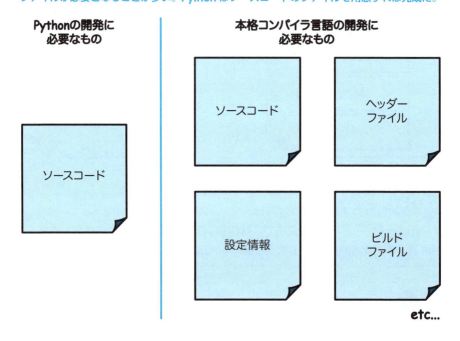

● 開発環境

多くのプログラミング言語（特にコンパイラ系の言語）では、開発を行う際、「開発ツール」と呼ばれる専用のソフトウェアを用意し利用します。これは、コンパイラの場合、必要なファイル類を整理し、それらをまとめてコンパイルを行うなどの作業が必要となるため、「プログラムに必要なファイル類や機能をまとめて扱うツール」があったほうが圧倒的に便利なのです。

対して、Pythonは、テキストファイルを書くだけです。もちろん、Pythonでも本格的な開発になれば、多数のソースコードファイルやその他

必要となるファイル類を用意しまとめて管理しなければならないでしょう。しかし基本的には「テキストを書くだけ」なので、よほど大掛かりなプログラム作成を行わない限り、最小の手間でプログラムを開発できます。

▼図1-18：多くのプログラミング言語で使われている「Eclipse（エクリプス）」という開発ツール。多くの言語では、開発に多数のファイルが作成され、それらをきちんと管理していかないといけない。

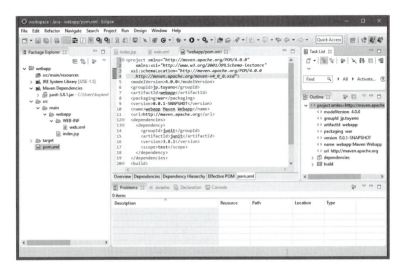

● テキストエディター

Pythonのプログラマが重視するのは「テキストエディター」です。

テキストエディターというと、Windowsの「メモ帳」やmacOSの「テキストエディット」などを思い浮かべる人も多いことでしょう。ただテキストを書いて保存するだけの単純なソフトウェアという印象を持っているのではないでしょうか。

実は、プログラミング言語のソースコードを書くことに特化したテキストエディターがあり、Pythonプログラマに人気を集めています。こうしたテキストエディターでは、ソースコード入力を支援するさまざまな機能が盛り込まれています。ソースコードを文法解析して見やすいように整形したり、最初の数文字を入力すると、利用可能な単語がポップアップして表示された

り、単語の役割ごとに色分け表示するなど、いかに快適にソースコードを入力できるかを考えて作られたエディターがあるのです。しかも、これらは一般的にその他の開発者ツールより簡単に利用できます。

こうしたテキストエディターを使えば、プログラミングの効率は格段にアップします。Python 開発にあると便利なのは、使いやすいテキストエディターと覚えておきましょう。

▼図 1-19：これは「Atom（アトム）」というプログラミング向けのテキストエディター。入力を支援する機能がいろいろ揃っている。

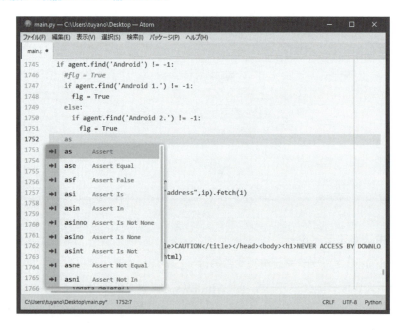

Python の開発は、本格的な開発ツールがなくても始められる。テキストエディターがあるとより快適。

IDLE という Python に付属したテキストエディターがあります。

どう動かすの？

　プログラムの作り方はわかりました。作成したプログラムはどうやって動かすのでしょう。

　Pythonはインタープリタ言語だと紹介してきました。インタープリタ言語ということは、ソースコードを読み込んでその場でCPUが実行できる形に変換する、インタープリタというプログラムが用意されているはずです。

　Pythonのインタープリタは、コマンドの形になっています。コマンドはCLIという特殊な画面で使えるソフトウェアです。Windowsならばコマンドプロンプト、macOSならターミナルを起動し、その中から実行してプログラムを動かすのです。

　一般的なアプリケーションのように、「アプリをダブルクリックして実行」といった使い方をイメージしていた人もいたかもしれません。コンパイラ系言語の場合、コンパイルしてアプリケーションを生成するのでこうした使い方（試し方）もよくします。インタープリタ系の言語の場合、主にコマンドラインから実行します。

 COLUMN

ダブルクリックで実行

　Windowsの場合、Pythonのインストーラでインストールをすると、Pythonのファイルの拡張子がPythonのインタープリタに関連付けられます。このため、ソースコードを書いたファイルをダブルクリックすれば、自動的にその内容が実行されます。

　また、「バッチファイル」を作って実行することもあります。バッチファイルというのは、WindowsやmacOSなどで、決まった処理を行わせるファイルで、これはダブルクリックで実行することができます。Windowsなら、「○○ .bat」というファイルがそれです。こうしたものを使って、Pythonのプログラムをダブルクリックで実行できるようにすることは可能です。

▼図1-20：Pythonのプログラムを実行した例。「py sample.py」というコマンドを実行して、sample.pyというPythonのプログラムを実行している。

 どこで使われているの？

Pythonというプログラミング言語は、実際はどのようなところで使われているのでしょうか。主なものを挙げておきましょう。

● Webの開発

PythonはWebサイトやWebアプリケーションの開発でかなり使われています。Webといっても、Webブラウザで動いているJavaScriptなどのプログラムではなく、Webサーバーの中で動くプログラムの開発です。こうしたWebの裏側で、Pythonは多用されているのです。

Pythonを使っている（使っていた）ことで有名なサービスとしては、YouTube、Instagram、Dropbox、Pinterest、Evernoteなどが挙げられます。

こうした世界的に有名なサービスも、内部ではPythonが使われているのです。

● Googleの内部

　Pythonは、Googleの内部でかなり広く利用されています。Googleが提供する各種のサービスでは、内部でPythonによるプログラムが多用されています。単にサーバー側の処理にとどまらず、サーバーの運用管理やデータログの管理など幅広い分野でPythonが活用されています。Googleのスピード感ある開発にPythonは大きな力となっているようです。

COLUMN

クラウドで活躍するPython

　これはGoogleの内部だけでなく、実はGoogleのサービスを利用している私たちにも影響があります。Googleは、IaaS（Infrastructure as a Service、仮想サーバーなどのインフラをサービスとして提供するもの）としてGoogle Compute Engine、またPaaS（Platform as a Service、プラットフォームをサービスとして提供するもの）としてGoogle App Engineといったサービスを提供しています。これらは私たちも利用できるサービスで、これらを使ってGoogleのクラウド上に独自の環境を構築し、Webアプリケーションを起動して公開することができます。

　これらのサービスを利用した開発を行う場合、サーバー側の利用言語の1つとして、Pythonが採用されています。Pythonがわかれば、こうしたGoogleのサービスを利用して本格的なWebアプリケーションの開発も行えるようになります。

● 人工知能開発（機械学習）

　最近、Pythonが注目されるようになったのは、これが大きいかもしれません。Pythonは、人工知能（AI）の開発で多用されているのです。

　これは、Googleによって開発されたTensorFlowという機械学習ライブラリ（ツール）などの影響が大きいです。TensorFlowはPythonなどで作られており、オープンソースで公開されたため、多くの人が機械学習を始めるきっかけとなりました。その前後にも、さまざまなところで機械学習ライブラリが開発・公開されていますが、TensorFlowはそれらの中でも抜きん出た

存在といえます。

他にもデータ分析や高度な科学計算でPythonによるツールが使われて人気を集めています。

● 普通のパソコンでも活躍する

YouTubeなどの巨大サービス、Googleの内部、人工知能……。ちょっとすごすぎて「自分にできるんだろうか」と不安になってしまった人もいるかもしれません。

もちろんPythonは、普通のユーザーの普通のパソコンの中でも広く使われています。プログラミング言語は、パソコンでさまざまな作業をする人を支援するツールとして、多くの人の役に立っているのです。

テキストの処理やWebサイトの更新チェックなどちょっとした用途にも向いています。

 ポイント

> Pythonは様々な分野で活躍している。また、個人で学んで何かを作るにも適している。

Pythonの
インストール

Python を入手する

　プログラミングや Python という言語についておおよそ理解できました。実際に Python を使えるようにしましょう。Python のソフトウェア（インタープリタ）は、現在の Python 開発元である Python Software Foundation の Web サイトから入手できます。Web ブラウザを起動し、以下のアドレスにアクセスしてください。

```
https://www.python.org/downloads/
```

　ここにアクセスすると、「Download the latest version of ○○」というメッセージが表示されます。この○○のところには、パソコンの OS 名が表示されます。Windows ユーザーなら、「Download the latest version of Windows」となり、macOS ユーザーなら「Download the latest version of Mac OS X」となります。Python のダウンロードページは、利用している OS をチェックして、その OS 用のソフトウェアをダウンロードするようになっているのです。

　その下には「Download Python xxx」と表示されたボタンが2つ現れます（xxx はバージョン番号です）。1つは Python 2、もう1つは Python 3 をダウンロードするためのものです。

　Python はいくつかの理由から今でも古い Python 2 が使われています。

皆さんは、これから新たにPythonを学ぶので、新しいPython 3を使いましょう。「Download Python 3.x.x」というボタンをクリックしてください（x.xはマイナーバージョンの番号）。インストールのためのソフトウェアがダンロードされます。

▼図1-21:PythonのWebサイトのダウンロードページ。ここから「Download Python ……」というボタンをクリックしてソフトウェアをダウンロードする。

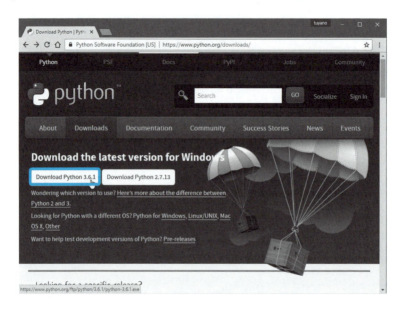

COLUMN

Pythonのバージョンについて

本書では「Python 3.6.1」というバージョンを使って説明を行います。Python 3であれば、3.6.1より新しいバージョンでも基本的に同じものと考えて良いでしょう。

また、今後更に新しいPython 3.7あるいは3.8といったバージョンが登場するかもしれません。それらも基本的には新たな機能が追加されるものであり、既にある機能がなくなったり変更されたりすることはほとんどありません。

Windowsにインストールする

インストールを行いましょう。まずはWindowsのインストールからです。Windowsの場合、「python-3.x.x.exe」というEXEファイルがダウンロードされます（x.xのところは任意のバージョン番号）。

ダウンロードしたフォルダーのPythonのインストールプログラムをダブルクリックして起動します（下図参照）。

▼図1-22：ダウンロードされたインストールプログラム。

 メモ

Windowsでのインストール中に「セキュリティの警告」や「ユーザーアカウント制御」などが表示されることがあります。これらが表示されたときは「実行」、「許可」をクリックしてインストールを続行しましょう。

● 「Install Now」を選択

プログラムを起動すると、インストーラのウインドウが現れます。ここでインストール方法を選びます。「Install Now」を選べば、必要なものをすべて自動でインストールしてくれます。

ただし、これをクリックする前に、ウインドウの下の方にある「Install Launcher for all users」「Add Python 3.6 to PATH」の2つのチェックを

ONにしておきましょう。この設定を行うとPythonの学習がしやすくなります。それから「Install Now」をクリックして、インストールを開始します。

▼図1-23：ウインドウ下部の2つのチェックをONにし、「Install Now」をクリックする。

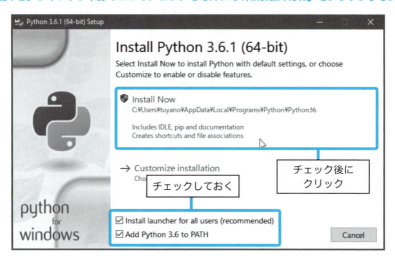

● インストール完了！

しばらく待っていると、「Setup was Successful」という表示になります。これでインストールは完了です。そのまま「Close」ボタンでインストーラを終了してください。

▼図1-24：インストールが完了したら、「Close」ボタンで終了する。

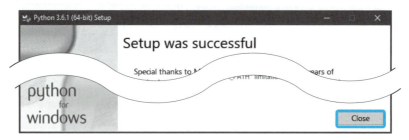

macOSにインストールする

macOSの場合、実は標準でPythonが入っています。macOS 10.13（High Sierra）の場合、Python 2.7が標準で組み込まれています。macOSの「アプリケーション」フォルダ内に用意されている「ターミナル」を起動してください。半角でこのように入力して Enter を押して実行してみましょう。

```
python --version
```

「Python 2.7.x」といったバージョンが表示されます（xの値はmacOSのバージョンによって変わります）。

本書はPython 3ベースで説明を行います。macOSにもPython 3をインストールしましょう。

▼図1-25：ターミナルから「python --version」と実行するとバージョン名が表示される。

● ダウンロードされるパッケージ

PythonのWebサイトからダウンロードされるファイルを確認しましょう。macOSの場合、ダウンロードされるのは「python-3.x.x-macos10.x.pkg」というパッケージファイルです（xには任意のバージョン番号）。これをダブルクリックしてインストーラを起動します。

▼図1-26：Macの場合、ダウンロードされるのはパッケージファイル。

● ようこそ画面

　最初に現れるのは、「ようこそPythonインストーラへ」というウインドウです。これは「ようこそ」画面と呼ばれるインストールの案内画面で、そのまま「続ける」ボタンで次に進みます。

▼図1-27：ようこそ画面。そのまま次に進む。

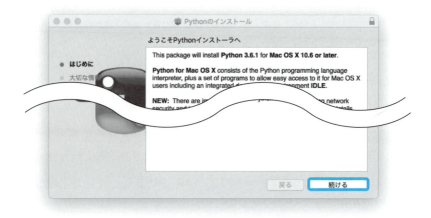

● 大切な情報

次に進むと、「大切な情報」画面に変わります。これは macOS 版 Python に関する説明です。「続ける」ボタンを押して次に進みます。

▼図 1-28：大切な情報。そのまま次に進む。

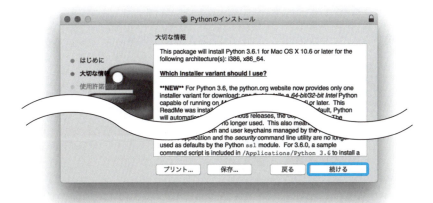

● 使用許諾契約

使用許諾契約の画面となります。「続ける」ボタンを押すと、上からダイアログシートが現れるので、「同意する」ボタンを押します。

▼図 1-29：使用許諾契約の画面。「続ける」を押すと現れるダイアログから「同意する」ボタンを選ぶ。

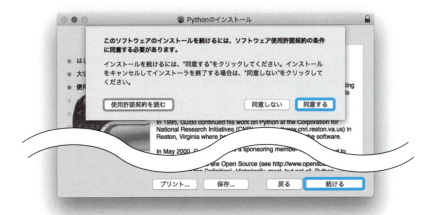

● インストール先の選択

どこにインストールするか指定します。複数のハードディスクが接続されているときは、それらのどこにインストールするかを選びます。内蔵ハードディスクだけの場合は、自動的にそれが選択されるので、そのまま「続ける」ボタンで次に進みましょう。

▼図1-30：インストール先の選択。ハードディスクを選んで次に進む。

● "○○"に標準インストール

選択したハードディスクに標準インストールを行います。下にある「インストール」ボタンを押せば、インストールを開始します。開始する際に、管理者のパスワードを尋ねてくるので入力してください。

後はインストールが完了するまで待つだけです。

1-03 Pythonのインストール

▼図1-31:「インストール」ボタンを押せばインストールを開始する。

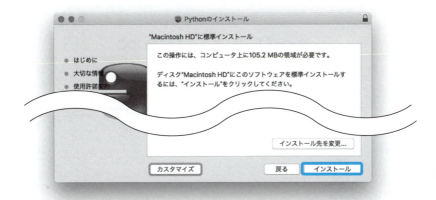

● インストールが完了しました

インストールが終わると、「インストールが完了しました」という表示になります。「閉じる」ボタンでインストーラを終了しましょう。

▼図1-32:「閉じる」ボタンでインストーラを終了する。

COLUMN

macOSの2つのPython

macOSに、Python 3.6がインストールされました。それまで入っていたPython 2.7はどうなったのでしょうか。

実は、これもそのままになっています。このPython 2.7は、AppleによってOSに組み込まれているものなので、削除すると問題が起こりかねません。そこで、標準のPython 2.7はそのままにしておき、それとは別にPython 3.6をインストールしてあるのです。

こちらは、「アプリケーション」フォルダの中に「Python 3.6」というフォルダが作成され、この中にPython 3.6関係のファイル類がまとめられています。Python 3.6を利用する際には、ここにあるものを使ってプログラムの作成や実行などを行います。

▼図1-33：「アプリケーション」フォルダの中に作成される「Python 3.6」フォルダの中身。ここにあるものを使ってPythonのプログラムを作ったり実行したりする。

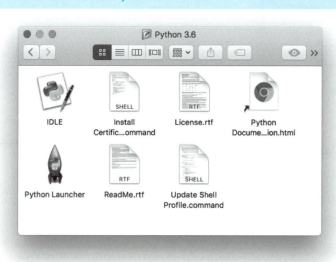

2つの実行方法

Pythonのプログラムの作成と実行は、大きく分けて2通りの方法があります。

1. インタラクティブシェルを使う

Pythonのインタープリタには、インタラクティブシェル（REPL）と呼ばれる機能が用意されています。

インタラクティブシェルは、シェル（CLI）のウインドウでPythonの文を書くと、それがその場で実行される、というものです。1行ずつ書いては実行していくので非常にわかりやすいのが特徴です。

2. インタープリタで実行する

もう1つの方法は、Pythonで実行する処理をテキストファイルとして用意しておき、これをPythonのインタープリタで実行する、というものです。長い処理になると、インタラクティブシェルのようなやり方は面倒になってしまいます。そこで、あらかじめソースコードをテキストファイルに書いて保存しておき、これをPythonのインタープリタで実行させるのです。

どちらのやり方でもほとんど同じようにPythonのプログラムを実行でき

ますが、インタラクティブシェルはその場で実行する内容を打ち込んでいくので、あまり長い処理には向きません。また汎用性のある処理で、同じ処理を何度も実行するような場合もファイルに保存して使ったほうが便利です。

その場でささっと処理を書いて動かしたり、動作を確かめたりするのに、インタラクティブシェルが向いています。

IDLEのインタラクティブシェル

インタラクティブシェルを使ったPythonの実行からPythonを体験していきましょう。コマンドラインからも実行できますが、Pythonに用意されている「IDLE」というアプリケーションを使うのが便利です。

Windowsならば、スタートメニューに「Python 3.x.x」というショートカットが作成されているはずです（xは任意のバージョン）。このフォルダの中にある「IDLE (Python 3.6.x)」という項目を選んでください。

macOSの場合、「アプリケーション」フォルダ内の「Python 3.x.x」フォルダの中にある「IDLE」というアプリケーションをダブルクリックして起動しましょう。

▼図1-34：IDLEのウインドウ（図はWindows版）。

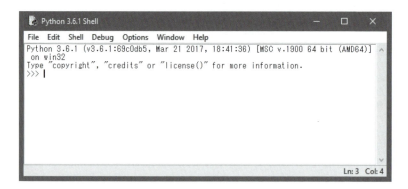

● IDLE はその場で入力・実行する

　IDLE を起動すると、1 枚のウインドウが画面に現れます。これが、IDLE で Python を動かすためのウインドウです。

　IDLE では、このウインドウに Python の文を書いて Enter または Return を実行すると、それがその場で実行されるようになっています。実際に使ってみましょう。このウインドウに、以下の文を書いてみてください。すべて半角で入力すること、大文字小文字を区別することに注意してください。

```
print('Welcome to Python!')
```

　書いたら、最後に Enter キー（Return キー）を押してください。すると、すぐその下に「Welcome to Python!」とテキストが表示されます。これが、今書いた Python の文を実行した結果です。はじめてのプログラムの実行に成功しました。

　このように、「書いたらその場で実行」を繰り返していくのがインタラクティブシェルなのです。

▼図1-35：実行すると、メッセージを表示する。

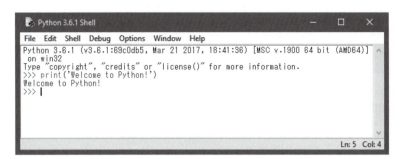

● 実行結果を記憶する

　インタラクティブシェルは、ただ「書いたものをその場で実行する」だけではありません。実行結果を記憶しています。実際に試してみましょう。

```
a = 10

b = 20

print(a * b)
```

このように1行ずつ実行してみてください。a = 10 と b = 20 を実行したときには何も反応がありませんが、最後の print(a * b) を実行すると、「200」と出力されます。

その前に実行した a と b（変数、「2-02 変数」参照）への代入を記憶していて、これらを使って計算した結果が表示されていたのです。

▼図1-36：実行すると、変数 a と b を記憶し、それらを使った計算結果を表示する。

IDLE には、インタラクティブシェルという機能がある。これを使うと、その場で Python の処理を書いて実行できる。

● シェルをリスタートする

実行した a や b は一度 IDLE を終了させると、情報が失われます。

このように新しい情報で再度プログラミングを始めたいときはシェルをリスタートさせます。＜ Shell ＞メニューから、＜ Restart Shell ＞メニューを選ぶと、Shell がリスタートされ、それまでの実行内容もクリアされます。

▼図1-37：＜ Restart Shell ＞メニューを選ぶと、シェルをリスタートできる。

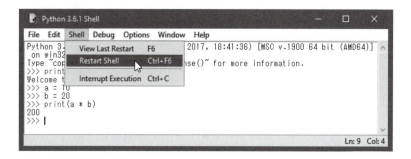

メニューを選び、シェルをリスタートさせて、以下のように実行してみましょう。

```
print(a * b)
```

すると、以下のようなエラーメッセージが表示されます。

```
Traceback (most recent call last):
  File "<pyshell#4>", line 1, in <module>
    print(a * b)
NameError: name 'a' is not defined
```

aがわからない、というエラーが発生しているのです。先ほど実行した内容（aとbの情報）が完全に消えているためです。

 python コマンドの
インタラクティブシェル

インタラクティブシェルを、「IDLE」というアプリケーションを使って実行しました。

Pythonには、コマンドプログラムが用意されています。これを使うことで、直接pythonコマンドでインタラクティブシェルを使えます。

● Windows の場合

Windows の場合、コマンドプロンプトを起動して、以下のようにコマンドを入力し、Enter キーを押して実行します。

```
py
```

この「py」は、python の短縮形です。「python」と入力しても同様に実行できます。これで、IDLE と同じように >>> という入力待ち状態を示す表示が現れます。このまま、Python の文を入力し、Enter キー（Return キー）を押せば実行できます。

▼図1-38：コマンドプロンプトから「py」を実行すると、インタラクティブシェルが起動する。

メモ

コマンドプロンプトは Windows 10 ではタスクバーの検索ボックスに「コマンドプロンプト」と入力し、表示される「コマンドプロンプト」をクリックして起動します。Windows 8.1 ではすべてのアプリ→ Windows システムツール→コマンドプロンプト、Windows 7 ではスタートメニュー→アクセサリ→コマンドプロンプトをクリックします。

メモ

コマンドプロンプトに入力するときは、半角で入力することに注意しましょう。英数字やスペースを半角で入力しないとうまく動作しません。macOS の動作も同様です。

● macOS の場合

macOS の場合、コマンドを実行する前に初回だけやっておくことがあります。

Python のフォルダ（「アプリケーション」フォルダ内に作成されている「Python 3.6」フォルダ）を開き、そこにある「Update Shell Profile.command」というファイルをダブルクリックして実行してください。これで、Python のディレクトリが環境変数（設定）に追加され、Python 3 がコマンドとして実行できるようになります。

▼図 1-39：Update Shell Profile.command を実行したときの画面。

macOS では、標準で組み込まれている Python 2.7 と、新たに追加した Python 3.6 の 2 つの Python が同居しています。このため、デフォルトで用意されている 2.7 は「python」というコマンド、3.6 は「python3」あるいは「python3.6」というコマンドで実行されるようになっています。

「アプリケーション」フォルダー、「ユーティリティ」フォルダーの「ターミナル」を起動し、以下のように実行してみてください。

```
python3
```

これで、インタラクティブシェルが実行されます。

▼図1-40:「python3」コマンドで、インタラクティブシェルが起動する。

```
Last login: Thu Apr 27 16:37:51 on ttys000
[Tuyano-MacBook:~ tuyano$ python3
Python 3.6.1 (v3.6.1:69c0db5050, Mar 21 2017, 01:21:04)
[GCC 4.2.1 (Apple Inc. build 5666) (dot 3)] on darwin
Type "help", "copyright", "credits" or "license" for more information.
>>>
```

ファイルを作成する

インタラクティブシェルは、その場でPythonのプログラムを試すことができ便利ですが、本格的なプログラミングには向いていません。

きちんとしたプログラムを作成して利用する場合は、あらかじめ処理をファイルとして保存しておき、それをコマンドで実行します。

このためには、まず、ファイルを作成しておく必要があります。テキストエディターを起動して、以下のリストを記述してください。そして、「sample.py」という名前でデスクトップに保存しましょう。

▼リスト1-1 ファイルにまとめたプログラム

```
01: def sq(p):
02:     exp = str(p) + ' × ' + str(p)
03:     sqs = ' = ' + str(p * p)
04:     return exp + sqs
05:
06: print(sq(12))
07: print(sq(345))
08: print(sq(6789))
```

メモ

OSに標準で付属するメモ帳やテキストエディットもテキストエディターです。これらを利用するときはファイルの拡張子や形式に注意しましょう。拡張子やファイル形式についてよくわからない場合はIDLEを使うことをおすすめします。

IDLEもテキストエディター

適当なテキストエディターを持っていないならば、IDLEを使いましょう。

IDLEを起動し、ウインドウの＜ File ＞メニューから＜ New File ＞メニューを選ぶと、新しいウインドウが現れます。これが、ソースコードを編集するためのテキストエディターウインドウです。

ここにリスト1-1を記述し、＜ File ＞メニューの＜ Save ＞で保存すればファイルが作成できます。

IDLEはインデントを自動で行ってくれたり、コードを色分けして表示してくれたりPythonを便利に書くための機能を多く持っています。また、IDLE内でF5を押すとPythonを自動で実行してくれる機能も持っているのでプログラムを少しずつ書くのに適しています。これはPythonのコマンド実行とおおよそ同じものです。

関数の入力時に引数に関する情報を表示するなど、高度な機能も持っています。よくわからない場合はこれらの表示は無視してかまいません。

▼図1-41：IDLEで＜ New File ＞メニューを選び、ソースコードを記述して保存する。

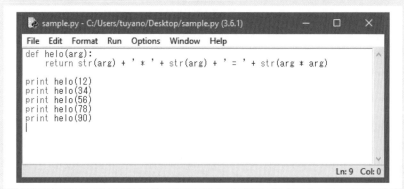

2行目のexp〜という文（プログラムの一命令）の始まり位置は、前の行よりも少し右に移動しています。テキストエディターで記述する際に、半角スペースを4つ入力して右に移動させて書いてください。

リストの内容は、これから学習が進むにしたがい理解できるようになるので、今は深く考えないでください。Pythonのプログラムのサンプルとして、そのまま書き写し利用しましょう。

● スクリプトファイルについて

このようなソースコードを記述したファイルを、「スクリプトファイル」と呼びます。

Pythonのように学習や利用が容易な言語を「スクリプト言語」、「ライトウェイト言語」とも呼びます。こうした言語で記述されたプログラムを一般に「スクリプト」と呼びます。スクリプトを記述したファイルだから、スクリプトファイルというわけです。

コマンドでファイルを実行

デスクトップにsample.pyを用意できたら、コマンドプロンプトあるいはターミナルを起動します。そして、カレントディレクトリをデスクトップに移動をします。

カレントディレクトリとは、現在、選択されている場所（フォルダ）を示すものです。コマンドプロンプトやターミナルでは、カレントディレクトリで開かれているフォルダでコマンドを実行します。ファイルなどを利用する際には、そのファイルがあるフォルダにカレントディレクトリを移動しておけば、ファイル名だけで利用できます。カレントディレクトリにファイルがないとファイルのパス（場所）を正確に記述しなければいけなくなります。

以下のようにコマンドを入力し、 Enter キーを押して実行してください。

```
cd Desktop
```

これで、カレントディレクトリがデスクトップに移動します。後は、pythonコマンドを使ってファイルを実行するだけです。以下のようにコマンドを実行してください。

・Windowsの場合（以下の2文のどちらでもOK）
```
py sample.py
```

```
python sample.py
```

・macOSの場合
```
python3 sample.py
```

これでプログラムが実行され、コマンドプロンプトあるいはターミナルのウインドウに以下のような内容が出力されます。

COLUMN

デスクトップに移動できない場合

移動できない場合はWindowsでは「cd %USERPROFILE%¥Desktop」を、macOSでは「cd ~/Desktop」を入力しましょう。

```
12 × 12 = 144
345 × 345 = 119025
6789 × 6789 = 46090521
```

ここでは、ちょっとした計算を何度も実行させています。こういう処理も、ファイルとして用意しておけば、いつでも実行できるのです。

> ### COLUMN
>
> ## Python Launcher について
>
> macOSでは、他の実行の仕方もあります。Pythonのフォルダ（「Python 3.6」フォルダ）の中に、「Python Launcher」というアプリケーションが用意されています。保存したファイル（ここでは「sample.py」）を、このPython Launcherのアイコンにドラッグ＆ドロップしてみましょう。ドロップしたファイルに書かれている処理を実行させることができます。
>
> ▼図1-42：macOSのPython Launcher。ファイルをドロップすると実行できる。
>
>

実行方法の違い

　これで、インタラクティブシェルを利用した方法と、スクリプトファイルをコマンドで実行する方法の2通りの実行方法が使えるようになりました。重要なのは、「どちらのやり方でも、同じ命令に対して実行される結果は同じ」という点です。どちらのやり方を取るかでスクリプトの内容が変わったりするわけではありません。インタラクティブシェルは1文ずつ実行していくので、結果としてスクリプトファイルを利用したものとは違ったスクリプトになってしまうことはありますが、スクリプトを実行するのに、「これは、こっちのやり方でないと動かない」といったことはありません。

　これから少しずつPythonの基本的な文法について説明をしていきます。「これはインタラクティブシェルで実行してください」、あるいは「これはス

クリプトファイルに保存して実行してください」といったことは毎回は説明しません。どちらのやり方でもかまわないところは自分で選んで実行してください。ただ、短いものならインタラクティブシェルのほうが使いやすいでしょうし、長く複雑なものはスクリプトファイルに保存して実行したほうが間違いなども見つけやすいでしょう。

　どちらのやり方をとるかは、それぞれの自由です。これは、こっちのやり方のほうがやりやすいなということを判断して、適した方法で実行するようにしてください。

▼図1-43：Pythonのスクリプトは、Pythonコマンドでもインタラクティブシェルでもどちらでも実行できる。実行方法に合わせてスクリプトを修正する必要はなく、まったく同じものがどちらでも使える。

　これで、Pythonのプログラムを書いて実行する基本的なやり方はわかりました。次の章から、Pythonの基本的な文法について説明していくことにしましょう。

この章のまとめ

- プログラムは、プログラミング言語を使って作る。

- ソースコードをまとめて変換するコンパイラ系言語と、プログラム実行時に変換しながら実行するインタープリタ系言語がある。

- インタープリタのほうが初心者に向いている。

- Pythonは、インタープリタのプログラミング言語。ソースコードの基本的な書き方（形式）まで文法としてきちんと書き方が決まっているため、誰が書いてもだいたい同じソースコードになって初心者にはわかりやすい。また文法もシンプルで覚えやすい。

- Pythonには、インタラクティブシェル機能があり、Pythonの文を1つずつ書いてはその場で実行できる。Pythonの文をすぐに実行できるため、使い方を勉強したり試したりするのに便利。

- 「py」「python」あるいは「python3」といったコマンドで実行する。WindowsとmacOSでコマンド名が違うので注意。

《章末練習問題》

練習問題 1-1

初心者が学ぶプログラミング言語にはどのようなものが向いていると考えられるでしょうか。以下の空欄を埋めなさい。

① いつでもソースコードを修正しその場で実行できる □□□□ 言語。
② しっかりとした □□□□ 指向をもつ言語。

練習問題 1-2

Pythonの開発について、以下から正しいものをすべて選びましょう。

① Python開発には、本格的な開発ツールが必要不可欠である。
② プログラミング言語に対応したテキストエディターがあると効率よくソースコードを書ける。
③ Pythonは、インタラクティブシェルという機能により、1文ずつ書いてその場で実行することができる。
④ Pythonには本格的なGUIアプリケーションがあり、これを使ってプログラムをコンパイルし実行する。

練習問題 1-3

Pythonのプログラムは、どのように実行するのでしょうか。以下の空欄を埋めなさい。

① ☐ という、1行ずつ文を実行できる機能を利用する。
② ☐ コマンドでスクリプトファイルを指定して実行する。

2章

プログラミングの基本

プログラムの基本中の基本である
「値」「変数」「演算」といったものから、
しっかりと理解していくことにしましょう。

記述の基本ルール

この章では、Pythonの文法の最も基本となる部分として、値、変数、演算について説明を行います。

まずはこれらPythonの文法説明に入る前に、Pythonのスクリプトを書く際に覚えておくべき基本的な決まりごとについて触れます。決まりごとといっても、文法などの具体的な話ではありません。それ以前の、スクリプトを書く際に知っておくべき事柄があります。「Pythonのプログラムはどうやって書くのか」がしっかりとわかっていなければ、これからプログラムを書いて動かしていくことができませんから。

● **基本は半角文字**

これはPythonに限ったものではありませんが、スクリプトは基本的に全て半角文字で書くようにして下さい。全角のアルファベットや数字を使って書いてもPythonは正しく認識してくれません。

基本的にPythonでは、全角文字は全角のテキストを値として利用するとき（例:画面に日本語でメッセージを表示する）しか使わないと考えておきましょう。

● 大文字と小文字は別の文字

これは、特に Windows ユーザーは間違いやすいので注意して下さい。Python では、大文字と小文字は別々の文字です。これらは別のものとして扱われます。例えば、この 2 つの文は、まったく違うことを行っています。

```
a = 100
A = 100
```

前者は「a」という変数に 100 を保管するのに対し、後者は「A」という変数に 100 を保管します。この a と A は、まったく別のものなのです。

1 文字だからわかりやすいですが、例えば、「WelcomeToPython」と「welcomeToPython」も別物です。長いと同じものと思ってしまうかもしれません。ある程度 Python に慣れた人でも間違えることがあるので、慣れない内はしっかりとチェックするように心がけましょう。(「2-02 変数」参照)

● スペースは任意

Python では、式や文 (「2-03 演算」内のコラム「式と文」参照) の途中にスペースを入れて見やすくすることがあります。こうしたスペースは、「ないのと同じ」という扱いになります。

```
a = 10 + 20
```

```
a=10+20
```

例えば、この 2 つの文は、まったく同じものです。しかし、スペースを入れた最初の文のほうが見やすく感じるでしょう。このように、文の各値や単語の間には、適時スペースを入れて見やすくなるように調整するとよいでしょう。スペースを入れることで文法的に問題などが起こることはありません。

ただし、この後で触れますが、スペースで文の開始位置を調整する「インデント」と呼ばれるものについては、重要な意味があるため勝手にスペースをつけたりはできません。

● 文は改行で終わる

スクリプトは、実行する命令などを1つずつ順番に書いていきます。この実行する処理を書いたもののひとかたまりを文と呼びます。

スクリプトでは、たくさんの文を記述します。Pythonでは、文は改行で終わるのが基本です。つまりPythonでは1文（1命令）は1行に収まります。読みやすさを損なうので、1行にいくつもの文を書くことはありません。

長く複雑な文の場合、1つの文を途中で改行し複数行に分けて書くことはありますが、これは特殊なケースです。基本的に、Pythonでは「1文＝1行」です。

● インデントには注意！

以後の章で改めて触れますが、Pythonではテキストのインデントは非常に重要な意味を持ちます。

インデントというのは、テキストの始まり位置をスペースなどで調整して下げることです。Pythonでは、スペースでテキストの開始位置を右にずらして書くことがあります。これは、考えなしに行っているのではありません。

Pythonのインデントは、Pythonの文法として厳格に使い方が決まっています。「ここで少し右に開始位置をずらしたほうが見やすい」などという理由で勝手にインデントの位置を変えてしまうと、文法エラーになってしまうことがあります。

「Pythonでは、インデントは勝手に変更できない」ということはしっかりと頭に入れておきましょう。具体的なインデントの使い方は、制御構文（「4-01 if文」参照）を使うようになったときに触れます。

値と型（タイプ）

Pythonの文法について説明をしていきます。まずは値（データ）についてです。

プログラミングというのは、端的に表すなら値を操作するためのものといえます。さまざまな値を取り出したり、計算したり、書き換えたりして必要な処理を行っていくのがプログラムです。値は、プログラムを作成する上でもっとも基本となる要素なのです。

● 型とは

値について説明をしていくとき、まず最初に頭に入れておきたいのは、「値には型（タイプ、データ型）がある」ということでしょう。

型というのは、値の種類のことです。Pythonには、さまざまな種類の値があり、種類によって使い方やはたらきが違ってきます。そのため、どのような型があるのかということを、あらかじめ頭に入れておかなければいけません。

Pythonに、最初から組み込まれている型は、組み込み型（標準型）と呼ばれます。まずは、この組み込み型について説明します。Pythonに用意されている型を整理すると、以下のようになります。

▼表2-1 基本となるデータのための型

型名	内容	例
int	整数	1
float	実数	1.0
bool	真偽値	True
str	文字列（テキスト）	"Pythonとは"

▼表 2-2 複雑なデータなどのための型

型名	内容	例
tuple	タプル（データのまとまり）。	('A', 1)
bytes	ASCII（英数字と一部の記号）のみの特殊な文字列。	b'Japan'
list	リスト（データのまとまり）。	[100, 200, 300]
bytearray	ASCII 文字のまとまり。	bytearray(200)
range	数のシーケンス。	range(10)
dict	辞書（データのまとまり）。	{'skill': 100, 'name': 'ts'}

▼表 2-3 特殊な型

型名	内容	例
NoneType	値が存在しないことを表す。	None
NotImplementedType	ある型に対して演算が実装されていないことを表す。	NotImplemented
Ellipsis	一部の構文で使われる特殊な値。	...
complex	複素数。	3j
builtin_function_or_method	組み込み関数・メソッド。	print

▼表 2-4 その他の型

型名	内容	例
function	関数（5 章参照）。	自分で定義した関数
type	型（クラス）。	int

　これらは、今すぐ覚える必要はありません。当分の間、使われるのは「基本となる型」に挙げた 4 種類の値です。これら 4 つについて、そのはたらきや使い方を頭に入れていきましょう。

　それ以外のものは、必要に応じて説明をしていきます。今はそういうものもあるという程度に考えてください。これらの型についても、重要なものは改めて説明を行います。今ここで覚える必要はありません。

▼図2-1: Pythonで使われる値には「型」と呼ばれる種類がある。種類ごとに値の使い方やはたらきなどが違ってくる。

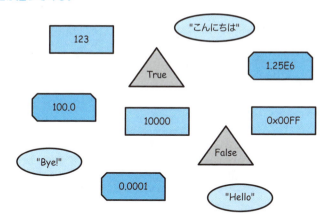

 ポイント

Pythonには多数の型(タイプ)がある。もっとも重要でよく使われるのは、「int」「float」「bool」「str」の4つ。

● 型の調べ方

型について説明をする前に、「値の型をどうやって調べるか」について簡単に説明します。

値の方は、「type」という命令(関数、5章参照)を使って調べることができます。以下のように使います。

 2-1 型を調べる

```
type(値)
```

Pythonにはインタラクティブシェルという機能がありましたが、これを利用すれば、その場で値のタイプを調べることができます。例えば、インタラクティブシェルから、次のようにプログラムを実行します。

```
type(100)
```

<class 'int'> と出力されます。'int' というのが、100 という値の型の名前です。

これから各種の型について説明をしていきますが、この type を使って値の型を確認しながら紹介していきます。ここで、type の基本的な使い方を覚えておきましょう。

メモ

IDLE で記述して実行する、あるいはコマンドで実行する場合は print(type(100)) のようにさらに print という命令を追加しないと表示できません。print は画面にデータを表示する命令（関数）です。

● リテラルについて

Python の値は、さまざまな形で利用されます。もっとも多いのは、スクリプトの中に直接、値を記述する方法です。こうしたスクリプトに直接記述される値のことを リテラル と呼びます。

リテラルは、値の最も基本となるものです。以後、それぞれの型の解説ではリテラルの書き方をまとめることにします。

 int 型（整数）

整数 の値は、int（イント、インテジャーの略）と呼ばれる型になります。int 型のリテラルは、単純に数字を記述するだけです。以下のような具合です。マイナスの値は、数字の前にマイナス記号をつけて記述します。

```
123
100000000
-987
```

実際に整数の型を確認してみましょう。インタラクティブシェルで、以下のように実行してみて下さい。

```
type(123)
```

<class 'int'> と表示されます。123 が、int 型であることが確認できます。

● 16 進数のリテラル

この他、通常の 10 進数ではなく、16 進数を使って整数値を記述することもできます。この場合は、「0x」の後に 16 進数を記述します。インタラクティブシェルでは、対応する数値が表示されて読みやすくなります。#以降は出力結果を示すコメント（「2-04 文の書き方」参照）です。入力する必要はありません。

```
0xFF  # 255
```

● 2 進数のリテラル

2 進数をリテラルとして記述することもできます。これは、「0b」の後に 2 進数を続けて記述します。以下のような形です。

```
0b00101010  # 42
```

▼図 2-2：int 型の値。一般的な整数の値だけでなく、16 進数や 2 進数の値もある。

| 123 | -100000000 | 0x2A1C | 0b10001101 |

 COLUMN

n 進数

n 個の数字や記号を使って数値を表す方法を n 進数（n 進数表記）といいます。普段使われるのは 10 進数です。例えば「0」と「1」だけで数字を表す 2 進数では、数値の 2 を「10（Python のプログラムでは 0b10）」と表記します。

16 進数では数値に加えて、アルファベットも含めた 16 文字を用います。「0123456789ABCDEF」の 16 文字です。16 進数では、数値の 15 を「F（Python のプログラムでは 0xF）」と表記します。

float型（実数）

実数は、整数以外の数値全般（複素数除く）です。わかりやすくいえば、小数を含む値のことです。Pythonでは、int型に含まれない数値は、すべて実数として扱います。

実数の値は、float（フロート）と呼ばれる型になります。このリテラルは、小数点をつけた数字として記述するだけです。例えば、「100」という値の場合、そのまま100と書けばint型（整数）になりますが、100.0と書けばfloat型のリテラルとして扱われます。

```
100.0
0.0001
123.45
```

これも、値の型を確認しておきましょう。インタラクティブシェルから以下のように実行して下さい。

```
type(123.45)
```

これで、<class 'float'> と出力されます。小数を含む値がfloat型になることがわかります。

● 特殊な書き方

桁数の大きな値は、「E」記号をつけて「10の○○乗」という形で書くことができます。例えば、以下のような具合です。これにより、桁数の非常に大きな値も比較的簡単に記述できるようになります。

```
1.23E5  #  1.23×10の5乗  →  123000.0
```

▼図2-3：float型の値。整数の100も、100.0と書けば実数扱いになる。またEを使った「○○×10のN乗」といった書き方もできる。

| 100.0 | 0.000123 | 5.678E10 |

浮動小数点数

　コンピュータの世界では、実数は特殊な値として用意されます。実数はコンピュータ内部で「浮動小数点数」として扱われます。

　浮動小数点数とは、実数の値を「符号」「小数の値（1.23……といった値、仮数）」「指数（10の○○乗という値）」の3つの組み合わせで表現するものです。小数と指数を組み合わせることで、巨大な桁数の値も扱えるようにしています。

　ただし、このやり方では、仮数の部分に保管できる桁数しか正確な値にはなりません。浮動小数点数は、1000桁の値を扱えますが、そのうち正確なのは最初の十数桁までとなります（だいたい15～17桁前後）。つまり、浮動小数は「だいたい正しい値」であり、正確な値とは限らないことは忘れないでください。例えば、インタラクティブシェルで「0.1 + 0.02」などを試してみると、この仕組みがわかるはずです。

▼図2-4：浮動小数点数は、実数の値を符号・仮数・指数の組み合わせで保管する。仮数はおよそ15～17桁程度なので、実数の有効桁数もそれぐらいになる。

bool 型（真偽値）

　ここまでの数字は日常生活でも目にする機会の多いデータでしょう。Pythonが扱うデータの中にはコンピュータの世界特有の値もあります。

bool（ブール）は、その最たるものでしょう。これは一般に真偽値と呼ばれています。「真か偽か」という二者択一の状態を表すための値です。

例えば、何かの式が正しい（成立する）かどうか、といったことを表すときに bool は用いられます。正しい状態を表す値とそうでない状態を表す値の2つの値しかないはずの問題に使います。

▼表 2-5　真偽値

データ名	内容
True	真（正しい、成立する）
False	偽（誤っている、成立しない）

bool は、値そのものは単純ですが、「どういう使い方をするか」が初心者にはつかみづらいかもしれません。この先、bool 値が必要となるケースが出てくるので、その際に改めてこういうときに使うと学ぶようにしましょう（「4-01 if 文」参照）。

▼図 2-5：真偽値は、真を表す True と、偽を表す False の2つの値だけある。

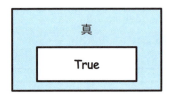
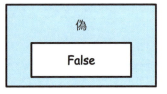

str 型（文字列）

テキスト（プログラミングの世界では文字列と呼びます）も、もちろん Python で扱える「値」です。値というのは、数字のように計算したりできるものだけではありません。文字列は、str（string の略、ストリング）と呼ばれる型になります。

文字列のリテラルは、文字列の前後をダブルクォート（"）またはシングルクォート（'）で挟んで記述します。

```
"Hello"
'abc'
"こんにちは"
'14500'
```

これも値の型を確認しましょう。インタラクティブシェルから以下のように実行してください。

```
type("Hello")
```

<class 'str'> と出力されます。str というのが str 型を示す値です。

どんな値でも前後をクオートで挟めば、それは文字列となります。例えば、14500 といった数値でも、前後をクォート記号で挟めば文字列になります。真偽値の True も、'True' とすれば文字列です。

逆に、クォートをつけなかった場合には、文字列とはみなされません。例えば、インタラクティブシェルから以下のように実行してみましょう。

```
print(こんにちは)
```

これを実行すると、エラーメッセージが発生します。「こんにちは」というものが文字列の値として認識されないのが確認できるでしょう。

COLUMN

2つのクォートの違いは？

　文字列は、シングルクォートとダブルクォートの両方が使えます。これらの違いは何なのでしょうか。
　実は役割上違いはありません。それでは、なぜ2種類あるのかというと、文字列の内容によってどちらを使ったほうが扱いやすいかが変わってくるからです。例えば、こんなテキストを考えてみましょう。

```
go to "Tokyo".
```

　これを文字列のリテラルとして記述する場合、2つのクォートそれぞれでどの

ようになるか比べてみましょう。

```
"go to "Tokyo"."
'go to "Tokyo".'
```

ダブルクォートを使うと（前者）、"go to "でリテラルが終わってしまいます。値として不正確な記述になり、このままではエラーになってしまいます。こういう場合は、シングルクォートを使えばきちんと記述できます。

基本的に「どちらかのクォートを使うか最初に決めておき、ダブルクォートを含むテキストはシングルクォートで、シングルクォートを含むテキストはダブルクォートで挟む」と考えておきましょう。本書では基本的にダブルクォートで文字列を囲みます。

COLUMN

エスケープシーケンス

文字列リテラルには「含めることができない文字」があります。ダブルクォートで挟んだ文字列リテラルには、ダブルクォートは含めません。

そこで、こうした「そのままでは文字列リテラルに含めることができない文字」をリテラル内に記述できるようにするため、「エスケープシーケンス」と呼ばれるものがPythonには用意されています。「¥文字」というように、文字の前にバックスラッシュ記号をつけて書いたものです。こうすることで、文字列リテラル内に本来含めることができない文字を記述できます。

用意されているエスケープシーケンスには以下のようなものがあります。

▼表2-6　エスケープシーケンス

表記	内容
¥newline	バックスラッシュと改行が無視される
¥¥	バックスラッシュ（¥）
¥'	シングルクォート（'）
¥"	ダブルクォート（"）
¥a	ASCII 端末ベル
¥b	ASCII バックスペース
¥f	ASCII フォームフィード

\n	ASCII ラインフィード
\r	ASCII キャリッジリターン
\t	ASCII 水平タブ
\v	ASCII 垂直タブ
\ooo	8 進数 ooo を持つ文字（ooo は任意の 8 進数）
\xhh	16 進数 hh を持つ文字（hh は任意の 16 進数）
\N{name}	ユニコードで name という名前の文字
\uxxxx	16bit の 16 進数 xxxx を持つ文字
\Uxxxxxxxx	32bit の 16 進数 xxxxxxxx を持つ文字

　これらは、今すぐ全て覚える必要はありません。シングルクォートとダブルクォート、バックスラッシュの3つだけ覚えておくと、文字列リテラルを書く際に役立つでしょう。それ以外のものは、必要に応じてこのページを参照して利用方法を確認してください。

▼図 2-6：文字列は、テキストの前後をダブルクォートまたはシングルクォートで挟んで記述する。リテラル内では、エスケープシーケンスを使って特別な記号類を記入できる。

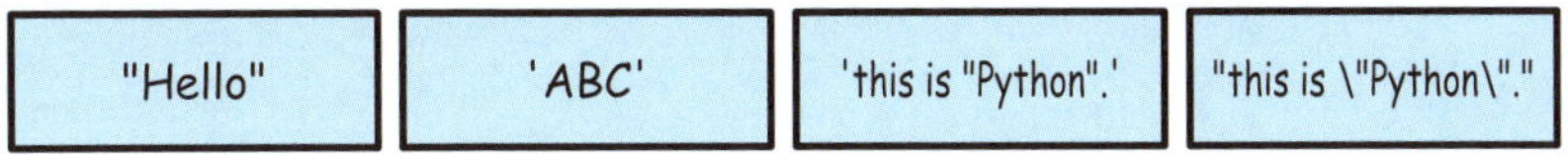

```
"Hello"     'ABC'     'this is "Python".'     "this is \"Python\"."
```

変数と代入

　ここまで、さまざまな値について説明をしてきました。値は、プログラムの最も基礎となる要素です。

　しかし、値だけ（値のリテラルだけ）でプログラムを作成することは、まずありません。通常は、値を変数に保管し、この変数を使って必要な演算などを行っていきます。

● 変数

　変数は、「値を保管するための入れ物」です。

　値を一時的に保管できる箱があれば、データをプログラム中で取り扱いやすくなります。値を入れたり（代入）、値を取り出したりできます。

▼図 2-7：変数は、値を保管しておく入れ物のようなもの。値を入れたり、取り出したりできる。

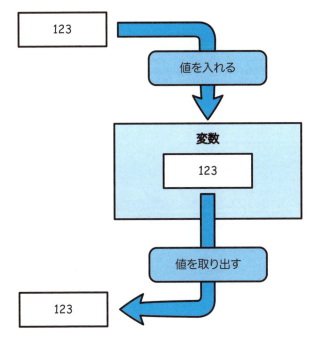

● 変数の作成と代入

変数は、いつでも簡単に作ることができます。変数を作成するときは、以下のように実行します。

構　文　　2-2　変数の作成
変数名 = 値

「＝」記号が変数に値を代入するための演算子です。これは、右辺の値を評価し、その結果を左辺の名前で変数を作成して、そこに保管します。このように実行すると、Python は指定の名前の変数と値をひもづけます。

▼図2-8：イコール記号は、左辺の名前の変数を作り、そこに右辺の値を代入するはたらきをするイメージ

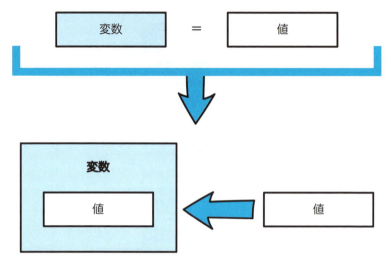

● 変数の利用

作成された変数は、値のリテラルと同じように式の中で使えます。利用例を見てみましょう。インタラクティブシェルで、以下を行ごとに順に実行します。

```
a = 100
b = 200
c = a + b
print(c)
```

最後に「300」と結果が表示されます。これが、変数 c の値です。

変数 c には、a + b の値が代入されています。a と b には 100 と 200 が代入されています。つまり、100 + 200 の結果が変数 c に代入されています。

変数はリテラルと一緒に式を作成するのに使えます。変数は、そこに代入されている値そのものとまったく同じように扱うことができるのです。

> **ポイント**
>
> 変数は、値を保管するための入れ物。＝演算子を使い、値を代入すると自動的に作成される。

● 変数と型

　変数にはさまざまな値を代入することができます。値は、それぞれ型があります。つまり、値を代入する変数も、それぞれ型が決まっていることになります。int型の値を入れた変数は、int型の値として扱われる、すなわち「int型変数」と考えてよいでしょう。

　変数は、値と同じように扱えます。変数を使った演算などを行う際にも、変数の型を考えなければいけないこともあります。a + bという演算を行うとき、aとbがint値ならば結果はint値になりますし、どちらかがfloat値なら結果はfloat値になります（演算と型の関係については、「2-03 演算」を参照）。

　プログラムを作成する際には「この変数には、どんな値が代入されているか」をしっかりと把握するようにしましょう。

▼図2-9：代入する値に応じて、変数の型も設定される。int型の値を代入すれば変数もint型となり、float値を代入すれば変数もfloat型になる。

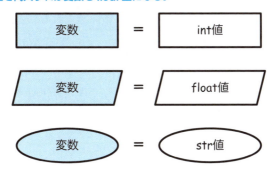

 代入と型

　変数への代入は、最初に変数を作成したときだけでなく、必要に応じて何度でも行えます。ここで注意したいのは、「現在、変数にどんな値が入っているか、見た目からはわからない」という点でしょう。
　こんな例を考えてみましょう。

```
x = 100
y = x * 2
x = "abc"
```

　変数xに100を代入し、このxを使った計算結果を変数yに入れています。ここまでは、ごく普通の変数の使い方です。しかし、その後に、変数xに"abc"という文字列を代入しています。int型の値を入れていた変数にstr型の値を入れるのは奇妙に感じるかもしれませんが、まったく問題はありません。変数にはどんな値も入れられて、自由に入れ替えることができます。
　しかし、変数xをint値だと思って処理を作成していた場合、xにstr型の値が入っていると、エラーにつながってしまうかもしれません。
　変数を利用する際には、「この変数にはint値を入れる」というように、代入する値の型を明確にしておくようにしましょう。「int型の値が入っていた変数にstr型の値を代入する」というようなことは混乱の元になります。このような場合は、それぞれ別の変数を用意して代入し利用するべきです。

 変数名について

　変数には、自分で名前をつけます。この名前は、基本的には自由につけて構いませんが、「どのようにつければいいか」という基本的なルール（マナー）

があります。簡単に整理しておきます（「12-03 Python の慣習 - PEP8」参照）。

● **使えるのは半角英数字とアンダースコア**

変数名に使えるのは、半角の英数字とアンダースコア（_）記号だけです。その他の記号類や全角文字などは使えません。

また、最初の文字だけは数字は使えません。英文字かアンダースコア記号のみです。

● **大文字と小文字を区別する**

変数名でも、大文字と小文字は別の文字として区別されます。ですから、例えば Abc と abc は別の変数として扱われます。間違えないようにしてください。

● **予約語は使えない**

プログラムには初めから予約されている単語があります。各種の構文などで利用するための単語で、予約語といいます。こうしたものは、変数名として使うことができません。

例えば、以下のような分を実行するとエラーになります。

```
if = 10
```

これは、変数名の「if」が、Python の構文で使うものとして予約されているからです。予約語を使おうとするとエラーとなってしまいます。

● **全て大文字は定数扱い**

これは基本的なマナーであって守らなければならないことではありませんが、Python では、定数（後で値を変更したりしない特殊な変数）として扱う変数は、すべて大文字の名前をつけるのが一般的です。例えば変数 ABC は定数です。

このように命名ルールを決めておくことで、「すべて大文字の変数は、絶対に値を変更しない」というように、プログラミング時の変数の使い方を明確にできます。

● **アンダースコアで始まる変数は内部利用**

　これは、オブジェクトを利用するようになったときに必要となる考え方です。アンダースコアで始まる変数は、オブジェクトの内部でのみ利用するものとして扱われます（オブジェクトについては6章を参照）。

 算術演算

　値は、それ単体でのみ使われるのではありません。いくつかの値を利用して演算を行い、さまざまな結果を得て処理をしていきます。

　値を使った計算のことを、プログラミングでは演算と呼ぶのが一般的です。演算は、さまざまな種類のものが用意されています。

　演算のもっとも基本となるものは、算術演算です。これは、数値を使った演算で、わかりやすくいえば、四則演算（足し算、引き算、掛け算、割り算）のことだと考えて良いでしょう。以下にその演算のための記号（演算子）をまとめておきます。なお、わかりやすいように、AとBという2つの値を演算する形でまとめておきます。

▼表 2-7　算術演算子

表記	内容
A + B	AとBをたす。
A - B	AからBを引く。
A * B	AにBをかける。
A ** B	AのB乗。
A / B	AをBで割る（割り切れるまで）。
A // B	AをBで割る（小数点以下は切り捨て）。
A % B	AをBで割った余りを得る。

▼図 2-10：算術演算子。掛け算、割り算と累乗演算は一般的な四則演算とは少し違っている。

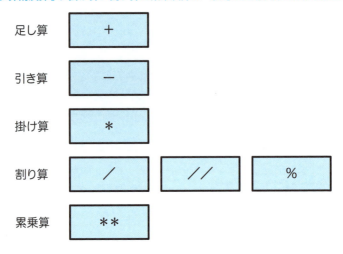

この他、演算の優先順位を指定する（）記号も利用できます。

算術演算では、四則演算に +-*/ といった記号を用います。×や÷は使いません。この +-*/ は、コンピュータで計算をする時によく用いられます。パソコンのテンキーにもこれらの記号が四則演算用に用意されているので、見たことがあるでしょう。

この他、累乗の計算に ** 記号が用意されています。また割り算は 3 種類の演算子が用意されています。これは「割り切れるまで割る」「整数の値のみ」「割った余り」というように、割り算の結果をさまざまな形で取り出せるようにしているためです。

```
123 + 45          # 168
67 / 8 * 9        # 75.375
5 ** 4 // 3       # 208
(123 + 456) % 7   # 5
```

実際にインタラクティブシェルから、例に挙げた演算を実行して、結果を確認しましょう。演算記号を使った式がどのような結果になるかよくわかります。

これ以後も、各種の演算について説明をしていきます。インタラクティブシェルで確認しながら読み進めると、演算のはたらきがよくわかります。

▼図 2-11：演算の例をインタラクティブシェルから実行したところ。

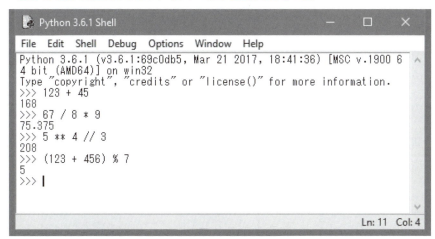

 ポイント

算術演算は、+, -, *, /, //, % といった演算子を使って式を書き実行する。
×や÷などは使えないので注意！

 ## 算術演算と結果の型

算術演算を行うとき、注意しておきたいのが「結果の値の型」です。数値には、int 型と float 型があります。演算した結果はどちらの型の値として得られるのか、いくつかの基本的なルールを覚えましょう。

● 同じ型の値の演算

同じ型の値どうしを演算する場合、結果も同じ型になります。

例外は割り算で、/ による割り算の結果は、値が int 型で、完全に割り切

れたとしても float 値になります。// ならば、int 型の値の結果は int 型になります。インタラクティブシェルで以下の演算を行って試してください。

```
12 / 3
12 // 3
```

前者は 4.0 となり、後者は 4 となります。どちらも同じ値ですが、型が異なります。/ は、割り切れるまで割り算するため、int 型どうしの演算でも結果は float 型になります。

▼図 2-12：int どうしの演算。基本は結果も int 値だが、割り算だけは注意が必要だ。

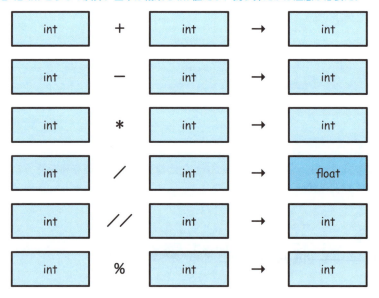

● 異なる型の演算

型の異なる値どうしを演算させた場合はどうなるのでしょうか。int 型と float 型を演算した場合の結果は float 型になります。どちらか一方が float 型だと、結果も float 型になるのです。これは、結果が int 型として得られるような場合でも変わりありません。

```
123 + 45.0
```

例えば、これは 168.0 になります。小数点以下はゼロですから 168 でも良さそうですが、int 型ではなく float 型になります。

基本的に、結果が int 型となるのは、「int 型と int 型を演算するとき」だけだと考えると良いでしょう。それ以外のケース（どちらか一方が、あるいは両方が float 型）は、結果は float 型になるのです。

▼図 2-13：演算とタイプの関係。int 型と int 型どうしのときは結果も int 型になるが、それ以外のケースは結果は float 型になる。

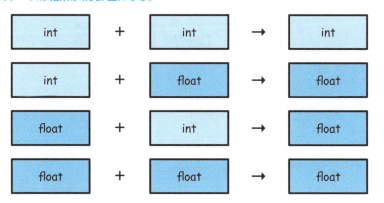

 ポイント

数値演算では、int 型と int 型の演算の場合のみ結果は int 型となる。それ以外はすべて float 型になる。

 真偽値の演算

数値以外の型の値も算術演算に利用することはあります。真偽値は、数値と同様に四則演算できます。この場合、真偽値の値は int 型に変換されて計算されます。

▼表 2-8 True/False の変換

True	「1」に変換されます。
False	「0」に変換されます。

　True + True + False ならば、1 + 1 + 0 に変換され、結果は「2」になります。これは真偽値どうしの演算だけでなく、数値（int 型や float 型）と真偽値を合わせて演算する場合、「1 + True」も同様に int 値に変換されます。

▼図 2-14：真偽値は、四則演算の際には 1 または 0 の int 値に変換される。

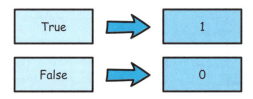

文字列の演算

　文字列も、実は演算できます。文字列を演算するというと、何ができるか想像しにくいかもしれません。対応しているのは足し算と掛け算のみなので例を追えば理解は簡単です。

● 文字列の足し算

　足し算の演算子（＋）は、2 つの文字列をつなげて 1 つの文字列にするはたらきをします。例えばこんな具合です。

```
"Hello" + "Bye"  #→ "HelloBye"
```

● 文字列の掛け算

　掛け算の演算子（＊）は、左側に文字列、右側に int 型の値を指定して利用します。これにより、文字列を指定した数だけつなげることができます。

```
"Abc" * 3  #→ "AbcAbcAbc"
```

▼図2-15:文字列の足し算と掛け算。足し算は2つの文字列を1つにつなぐ。掛け算は文字列を決まった数だけつなぎ合わせる。

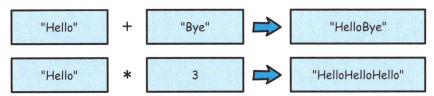

 ポイント

文字列は、＋演算子で1つにつなげることができる。また＊演算子で同じ文字列をいくつもつなげることができる。

 COLUMN

文字列リテラルの自動連結

　文字列リテラルは、＋を使うことで連結し1つの文字列にできます。実はPythonでは、ただ複数の文字列リテラルを記述するだけで自動的に1つに連結することもできます。

```
"abc" "xyz"
```

　上のように記述すると、自動的に "abcxyz" という文字列として扱われます。＋記号をつけなくとも1つにつなげることができるのです。

　ただ、よりわかりやすいソースコードを考えたとき、「＋をつけてつなげる」という書き方のほうがひと目見て理解しやすいです。自動連結は、「そういう機能も実は持っている」程度に考えておくと良いでしょう。

 ## キャスト（型変換）

　真偽値の演算では、True の値が1に、False の値が0に変換されました。このように、ある型の値が、演算などの際に別の型の値に変換されることを

キャスト（型変換）と呼びます。

真偽値の値のように、演算する際にPythonによって自動的に変換されることを暗黙的キャストといいます。これはPythonが必要に応じて自動的に行うため、私たちは意識することはほとんどないでしょう。

これとは別に、明示的キャストというものもあります。プログラムを書く人間が「これはこの型に変換して使う」ということを明確に指示するためのものです。組み込み関数（5章参照）で行います。

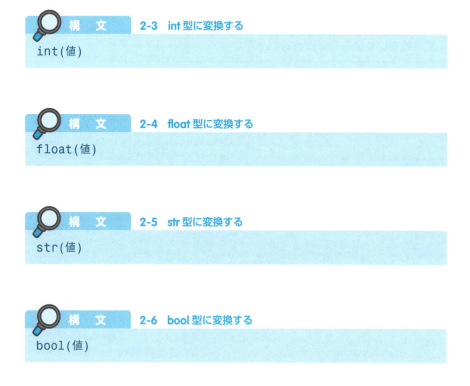

構文　2-3　int型に変換する
```
int(値)
```

構文　2-4　float型に変換する
```
float(値)
```

構文　2-5　str型に変換する
```
str(値)
```

構文　2-6　bool型に変換する
```
bool(値)
```

組み込み関数については改めて説明します。ここでは、使い方だけ覚えておきましょう。「このように書けば、値を別のタイプにキャストできる」ということがわかればそれで十分です。

● 明示的キャストの必要性

　明示的キャストは、暗示的キャストで値が自動的に変換されないような場合に用いられます。例えば、文字列と数値の演算を考えてみましょう。

```
"123" + 45
```

　このようにインタラクティブシェルで実行すると、すぐ下に以下のようなエラーメッセージが表示されます。

```
Traceback (most recent call last):
  File "<pyshell#80>", line 1, in <module>
    "123" + 45
TypeError: must be str, not int
```

　最後に「TypeError: must be str, not int」と書かれています。「型（タイプ）エラー：int 型の値ではなくて str 型の値が必要」という意味です。つまり、"123" + 45 では、45 ではなく別の str 型の値が必要というエラー（7 章参照）が発生しているのです。

```
"123" + str(45)
```

　このようにすれば、"123" + "45" となり、"12345" という文字列が得られます。あるいは、文字列を整数に変換して、

```
int("123") + 45
```

　このようにすれば、123 + 45 となり、「168」という int 型の値が結果として得られます。このように、どのタイプに値をキャストするかによって、得られる結果も変わってくるのです。

▼図 2-16：キャストによって、str 型の値を int 型の値にしたり、int 型の値を str 型の値にしたりできる。

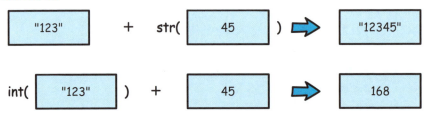

数値と文字列を演算する場合、明示的にキャストして型を揃える。

float の演算問題

演算を行う場合、特に注意しておきたいのが「float 型の演算」です。先に触れましたが、float 型は正確な値を保管できません。どうしても演算時に誤差が生じてしまいます。

例えば、以下のような計算を行ってみましょう。

```
0.1 + 0.1 + 0.1
```

この結果は、普通に考えれば「0.3」です。誰が考えても間違いようのない単純な計算です。ところが、インタラクティブシェルで実際に実行してみると、結果として以下のような値が表示されるはずです。

```
0.30000000000000004
```

結果に誤差が含まれています。このように、float 値は我々から見て正確な値を表現できないため、演算時にわずかに誤差が含まれてしまいます。

0.1は、循環小数！

「どうして0.1を足すだけで誤差が混じってしまうのか」と疑問を感じた人もいたはずです。もっと複雑な計算を行ったときに誤差が生じるのは仕方がないとしても、0.1を3回足しただけでどうして誤差が生じるのでしょう。

これは、コンピュータの内部で値がどのように扱われているかに関係してきます。コンピュータの内部では、データはすべてゼロか1の2進数で表現されています。10進数のまま処理されているわけではありません。これが重要です。

実は、0.1という値は、2進数では「循環小数」となるのです。循環小数というのは、10 / 3の結果（3.333333……）のように割り切れない小数のことです。コンピュータでは、永遠に桁数が続く値など扱えませんから、どこかで切り捨てなければいけません。そして切り捨てたところで必ず誤差が混じるわけです。例えば、10 / 3を3.33とすると、0.003333……が切り捨てられてるために誤差が生じます。これと同じことが、0.1というfloat値でも起こっているのです。

比較演算

算術演算については一通りわかりました。文字列の連結もその1つです。Pythonに用意されている演算は算術演算だけではありません。

比較演算は、2つの値を比較し、結果を真偽値（bool型の値）で返す式です。比較演算子と呼ばれる演算子を使って式を作成します（「2-01 基本のデータ」の「bool型（真偽値）」参照）。

▼図 2-17：比較演算は、2 つの値を比べる演算子を使った式。式が正しければ True、そうでなければ False の値になる。

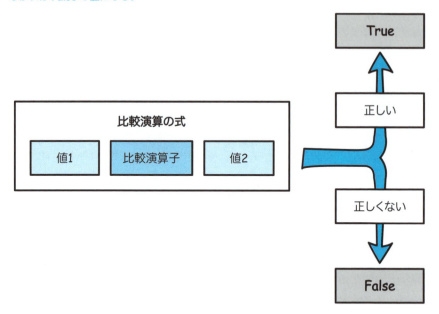

● 比較演算の値を確認する

実際に簡単な式を実行してみましょう。インタラクティブシェルから以下の文を実行してみて下さい。

```
1 == 1
```

実行すると、「True」と表示されます。この式は「1 と 1 は等しい」という意味です。実行すると、「True」という値になることが確認できます。

今度は以下のように実行してみましょう。

```
type(1 == 1)
```

type は、値のタイプを調べるものでした。これを実行すると、<class 'bool'> と表示されます。True からも明らかでしたが、1 == 1 で得られるのが bool 型の値であることもわかります。

● 比較演算子

比較演算子にはどのようなものが用意されているのか、以下に整理します。なお、わかりやすいように、AとBの2つの値を比較する式としてまとめておきます。

▼表2-9 比較演算子

記述例	内容
A == B	AとBは等しい。
A != B	AとBは等しくない。
A < B	AはBより小さい。
A <= B	AはBと等しいか小さい。
A > B	AはBより大きい。
A >= B	AはBと等しいか大きい。

これらは、さまざまな型の値で用いることができます。<, <=, >, >= のようにどちらが大きいかを比較するような演算子は、数値・真偽値・文字列では使えますが、それ以外の値（より複雑な値やオブジェクト）では使えない場合があります。==、!= は、ほぼすべての型の値で使うことができます。

```
5 == 10     # False
5 != 10     # True
5 < 10      # True
5 >= 10     # False
```

比較演算を利用することになるのは、制御構文を使うときがほとんどです。制御構文というのは、処理の流れを制御するためのもので、その際に実行する処理の条件として比較演算の式を多用します。「この条件が正しいならこの処理を実行せよ」というように処理の仕方を記述するのに、比較演算が非常に使いやすいのです（4章参照）。

 ポイント

比較演算は、2つの値を比較して結果をbool値で示す。これは制御構文で多用される。

 代入演算

　変数などに値を代入する場合、Pythonではイコール記号を使います。これにより、右辺の値を左辺の変数に代入できました。

　複雑な計算になると、変数に代入した値を変更することもよくあります。非常に多いのが、変数の値に値を足す処理です。例えば、「変数aを10増やす」といった場合、どのように記述するでしょうか。

```
a = 1
a = a + 10
print(a)      # 11と表示される。
```

　一般的には、このようになるでしょう。a + 10の値をaに代入する、という処理です。こういう処理はプログラミングではよくあるものですが、慣れていないと「変数の値を、変数自身を使って計算する」というのが奇異に感じるかもしれません。

　こうした処理は、実はもっと直感的に書くことができます。例えば、a = a + 10という文は、以下のように書くこともできるのです。

```
a = 1
a += 10
print(a)
```

　非常にシンプルですね。+= というのはここまでの代入や算術演算の経験から、感覚的に「aに10を足しているんだろう」と想像できます。

　この += は、「足し算と代入を一緒にしたもの」といえます。「足し算した結果を変数に代入する」という処理をまとめて行うようにしたものなのです。

● 代入演算子

　このような四則演算と代入を1つにまとめたものを代入演算と呼びます。Pythonには、代入演算を行う代入演算子がいくつか用意されています。以

下に整理します。

▼表 2-10　代入演算子

使い方	説明	別表記
変数 += 値	変数に値を加算する。	変数 = 変数 + 値 と同じ。
変数 -= 値	変数から値を減算する。	変数 = 変数 - 値 と同じ。
変数 *= 値	変数に値を乗算する。	変数 = 変数 * 値 と同じ。
変数 /= 値	変数を値で割り切れるまで除算する。	変数 = 変数 / 値 と同じ。
変数 //= 値	変数を値で除算する。	変数 = 変数 // 値 と同じ。
変数 %= 値	変数を値で除算した余りを代入する。	変数 = 変数 % 値 と同じ。

　これらは、通常の代入と四則演算で書けるものです。無理に覚える必要はありません。ただし、変数の値を加減乗除する処理は、この代入演算子を使ったほうがはるかに自然に表せるので覚えて損はありません。

▼図 2-18：通常は、四則演算の式を計算した結果を変数に代入するが、代入演算子を使うと、変数に値を直接加減乗除できる。

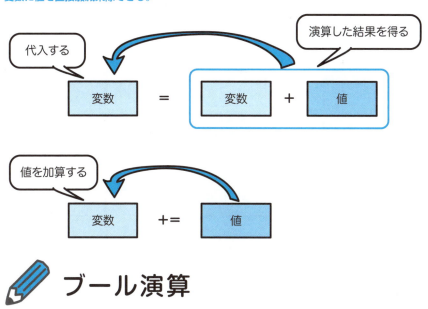

ブール演算

　ブール演算は、複数の真偽値によって結果を得る演算です。これは、先ほどの比較演算による式を複数組み合わせて複雑な条件で条件分岐を行いたい

ときなどに用います。例えば、「x の値が 5 以上」と「x の値が 10 以下」を組み合わせて、「x の値が 5 以上 10 以下」といった演算を行いたいような場合、ブール演算が用いられます（「4-01 if 文」参照）。

ブール演算は、3 つの種類が用意されています。

● and 演算（論理積）

and は、一般に論理積と呼ばれます。以下のような形で記述します。A と B の 2 つを真偽値と見なして演算する形で記述しています。

```
A and B
```

この式は、「A と B の両方が True ならば True、そうでないならば False」となります。両方が True の場合のみ True を返すのが and です。

▼図 2-19：and 演算。2 つの真偽値の両方が True の場合のみ結果は True になる。

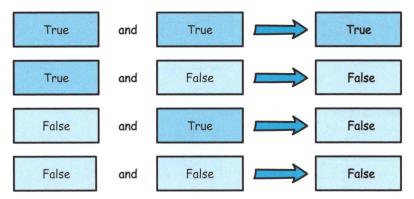

● or 演算（論理和）

or は、一般に論理和と呼ばれています。以下のような形で記述します。これも A と B を使って演算する形になります。

構文　2-8　or 演算

A or B

　この式は、「A か B かいずれかが（あるいは両方とも）True ならば True、両方共に False の場合にのみ False」となります。どちらか一方でも True ならば結果も True にする、これが or の特徴です。

▼図 2-20：or 演算。2つの真偽値のうち、どちらか一方でも True ならば結果は True になる。

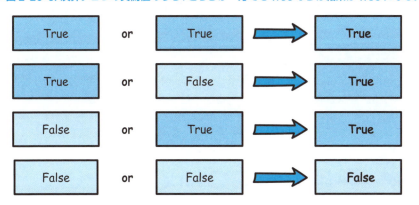

● not 演算（否定）

　and や or は、2つの真偽値による演算でしたが、not は違います。1つの真偽値のみに対する演算子です。以下のように記述します。A という値を利用する場合です。

構文　2-9　not 演算

not A

　この not は、用意された真偽値とは反対の値を返します。not A とあるとき、A の値が True ならば False に、False ならば True になります。

▼図2-21:notは、値を逆にする。TrueならばFalseに、FalseならばTrueになる。

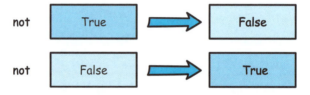

これらについて、実際にコードで見てみましょう。

```
print(True and False)     # 右側が偽なのでFalseが返ってくる。
print(True or False)      # 左側が真なのでTrueが返ってくる。
print(not True)           # Falseが返ってくる。
```

 ポイント

ブール演算には「and（論理積）」「or（論理和）」「not（否定）」の3種類がある。実は真偽値以外にも使えるがここでは解説しない。

評価の順について

andとorのブール演算では、「評価の順番」について理解しておく必要があります。評価というのは、式に使われている値の値を実際に演算して調べることです。例えば、このような式があったとしましょう。

```
A and B
```

ここでは仮にAとBという値にしていますが、これらは真偽値の値かもしれませんし、真偽値の値を返す式かもしれません。例えば、先ほど説明した比較演算の式がAとBに設定されているかもしれないのです。

このとき、AとBはどういう順に評価されるのでしょうか。AとBの値を同時に取得するわけではありません。ブール演算は、必ず左側にあるものから順に評価していきます。

このとき、「1つ目の値の評価で、既に結果がわかってしまった場合」にはどうするのでしょうか。例えば、こういうケースです。

- and 演算で、1つ目の値が False だった場合。2つ目の値がなんであっても、必ず結果は False になる。
- or 演算で、1つ目の値が True だった場合。2つ目の値がなんであろうと必ず結果は True になる。

このような場合、1つ目の値がわかった時点で結果がわかってしまいます。このようなとき、Python は2つ目の値を評価せず、1つ目の値だけで結果を出します。2つ目の値は調べません。

▼図 2-22：1つ目の値を評価した時点で結果がわかった場合は、2つ目の値は調べない。

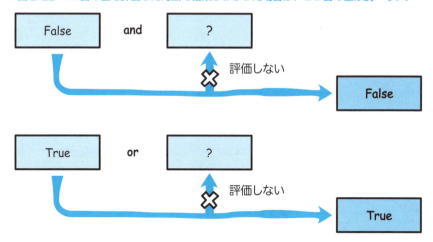

COLUMN

式と文

Pythonのプログラムは式と文から構成されます。式は値を表現し、文は命令を表現します。これだけだと少し難しいので具体例を出して考えてみましょう。

例えば以下はいずれも式です。式は値を表現できるので、変数に代入できます。とりあえず式は変数に代入できるもの、データと考えてください。

```
1
'1'
str(1)
[1, 2, 3]  # 3章参照。
```

以下はいずれも文です。プログラムに対する命令や規則を表現するときに使います。式は変数には代入できないものと考えてください。

```
# 4章参照
if True:
    print('python')

# 4章参照
for i in [0,1]:
    print(i)
```

ビット演算

最後に、ビット演算について簡単に説明しておきます。

ビット演算は、「2進数の各ビットの値を操作する演算」です。数値というのは、コンピュータの内部では2進数のデータとして扱われています。例えば、「10」という値は、「1010」という2進数になります。

この2進数の各桁（ビットといいます）の値を操作するのがビット演算です。これには「ビットシフト演算」と「ビット単位演算」があります。

● ビットシフト演算

ビットシフト演算は、2進数の各ビットの値を指定した桁数だけ右や左に移動するはたらきをします。これは、以下のようなものがあります。

 2-10 左シフト

値 << 桁数

 2-11 右シフト

値 >> 桁数

いずれも、桁数には整数値を指定します。例えば、「10 << 2」ならば、10を2桁左にビットシフトすることを意味します。ビットシフトするとどうなるのか、10を例にいくつか演算結果を見てみましょう。

```
0b1010 << 1   # 20 (0b10100)
0b1010 << 2   # 40 (0b101000)
0b1010 >> 1   # 5 (0b101)
0b1010 >> 2   # 2 (0b10)
```

10進数の値ではなく、2進数で表した値をよく見て下さい。各ビットの値（1か0かいずれかの値）が、そのまま左や右に桁数分だけ移動しているのがわかるでしょう。これがビットシフトです。左にシフトした場合、一番右側の空になった桁にはゼロがはいります。また右にシフトした場合、一番右側の桁は収める場所がなくなるので消えます。

ビットシフトを行うと、「左シフト＝2倍」「右シフト＝2分の1」に値が変わります。左に3シフト動かせば、2×2×2＝8倍の値になります。

▼図2-23：2進数の値をビットシフトすると、2進数の各桁の値が左右に移動する。

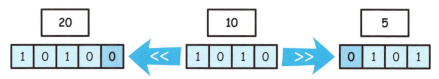

● ビット単位演算

　これは、2進数の各桁の値を論理演算のように演算するものです。論理演算（and 演算や or 演算）は、2つの真偽値の値を演算するものでした。2進数の値は、0か1かどちらかですから、各桁の値は bool 値とみなすこともできます。各桁の値を bool 値として and や or のような論理演算をするのがビット単位演算なのです。「&」「|」「^」の演算子があります。

　「&」は、2進数の各桁の値を and 演算するものです。つまり、2つの2進数の値で、両方が1の場合のみ1、それ以外は0になります。

```
1010 & 1100  #  1000
```

　「|」は2進数の各桁を or 演算するものです。2つの2進数の値で、両方が0の場合のみ0、それ以外は1になります。

```
1010 | 1100  #  1110
```

　「^」は、「排他的論理和（xor）」と呼ばれるものです。これは、2つの2進数の値で、両方の値が同じ場合には0、違う場合は1になります。

```
1010 ^ 1100  #  0110
```

▼図 2-24：ビット単位演算は、各桁の値を and、or、xor 演算するもの。

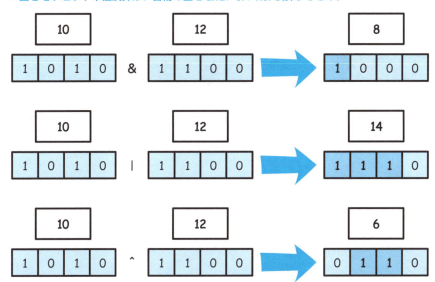

ビット演算は何のため？

　ビット演算は、2進数の各桁ごとに値を操作するものです。一般的な演算とは使い方が異なります。

　コンピュータの内部では、すべてのデジタルデータは2進数の値として記録されています。これを決まった桁数ごとに取り出し、1つ1つのビットを操作するような場合に、ビット演算は役立ちます。

　ビット演算は、他の演算と比べあまり一般的に必要とされるものではありません。最初から理解する必要はありません。ここでは、「Python に用意されている演算」の1つとして説明しましたが、初心者のうちは、「そういう演算もある」という程度に記憶していれば十分でしょう。

文と見かけの改行

　Pythonのプログラムの基本的な書き方について、値と変数を中心に説明をしてきました。他にも知っておきたい事柄がいくつか残っています。それらについて最後にまとめて説明しておきましょう。

　まずは、「見かけの改行」についてです。テキストエディタでプログラミングしているとき、文や式などが非常に長くなってくると、ソースコードが見づらくなりますし、後で編集するときも大変です。このような場合には、見かけの改行をすることができます。

　見かけの改行というのは、「見た目には改行されているけれど、Pythonには1行につながっているように認識される」というものです。文末に￥をつけて記述します。

メモ

円記号（￥）は一部の環境ではバックスラッシュとして表示されます。いくつかの事情から日本語圏では、英語圏ではバックスラッシュで表示されるところが円記号で表示されます。

　例えば、こんな文を考えてみましょう。

▼リスト2-1　1行が長めのプログラム

```
01: name = "Taro"
02: age = "35 years old"
03: msg = "Hello! I'm " + name + ", " + age + "."
04: print(msg)
```

これらをコマンドで実行すると、messageの内容が以下のように表示されます。

```
Hello! I'm Taro, 35 years old.
```

messageに値を代入している部分を、見かけの改行を使って2行に改行して書いてみましょう。

▼リスト2-2　1行を短かくしたプログラム

```
01: name = "Taro"
02: age = "35 years old"
03: msg = "Hello! I'm " + name + ", " ¥
04:       + age + "."
05: print(msg)
```

3行目の末尾に、¥がつけられています。これが見かけの改行のための記号です。これにより、次の行も続いていると認識されるようになります。横に長く書くより、このほうが見た目もすっきりしてわかりやすいですね。

見かけの改行は、2行だけでなく何行でも改行することができます。

メモ

見かけ上の改行を入れられるのは、スペースが入れられる箇所だけです。変数を途中で区切るような使い方には対応していません。

▼図 2-25：見かけの改行を使うと、長い文も途中で改行して見やすく書ける。

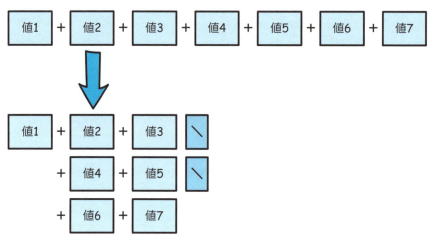

 ## 三重クォートによるテキストの記述

　値（リテラル）を記述するとき、一番問題となるのが文字列でしょう。短い単語のようなものならば簡単ですが、複数行に渡るような長いテキストを値として利用したいようなときはどうすればよいのでしょうか。Python ではただクォートで囲むだけでは改行させられません。

　エスケープシーケンスに改行を表す記号（¥r や ¥n など）があるので、それらを使って改行させながらリテラルを記述することもできます。実はもっと簡単な方法もあります。それは、三重クォートを利用する方法です。

構　文　2-12　三重クォートでテキストを囲む

'''……テキストを記述……'''
"""……テキストを記述……"""

　このように、テキストの前後に 3 つのクォート記号を続けて書きます。このようにすると、途中でテキストを改行することができます。インタラクテ

ィブシェルで実際に各行ごとに実行してみましょう。

```
str1 = """Hello.
Welcome to Python.
Bye!"""
str1
```

改行されたままで文字列が取得されます。変数 str1 に三重クォートを利用した複数行のテキストを設定しています。三重クォートで始まるテキストリテラルは、次の三重クォートまでをすべて1つのリテラルとしてまとめて認識します。

これをインタラクティブシェルで実行すると、str1 の値として以下のように出力されます。

```
'Hello.\nWelcome to Python.\nBye!'
```

改行したところに、\n という改行を示すエスケープシーケンスが挿入されていることがわかるでしょう。つまり、三重クォートによるリテラルは、途中にエスケープシーケンスを使って改行を記述したリテラルとまったく同じものというわけです。三重クォートを利用することで、エスケープシーケンスを使わず、自然に複数行のリテラルを記述できるようにしていたのです。

 メモ

インタラクティブシェルでは返り値（値、データ）を実行ごとに逐一表示するため str1 のように変数を記入して実行するだけで値が確認できます。ファイルに書き込んで実行する場合は行ごとに逐一値を表示してくれるわけではないため、print(str1) のように書き換えて表示させます。

▼図 2-26：三重クォートによるリテラルは、改行を自動的に ¥n エスケープシーケンスに変換したリテラルを作成する。

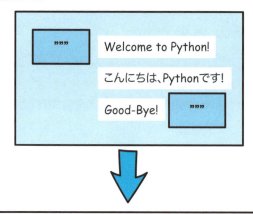

 文字列のフォーマット

　変数などを使って複雑なテキストを生成する場合、文字列リテラルと変数をつなぎ合わせていかなければいけません。これは、長く複雑なテキストを生成しようとするとかなり面倒な作業になります。
　先に、こんなサンプルを作ったのを思い出してみましょう。

▼リスト2-3　リスト2-1をもとにコメント（説明）を追加

```
01: name = "Taro" # 名前
02: age = "35 years old" # 年齢（文字列）
03: # 名前と文字列を組み合わせて表示する
04: msg = "Hello! I'm " + name + ", " + age + "."
05: print(msg)
```

　変数 name と age を用意し、これらと文字列リテラルを組み合わせて長いテキストを作成しています。このようにリテラルと変数をいくつも組み合わせていく場合、ちょっとした書き間違いでエラーになってしまいます。ど

れが変数でどれが文字列かも一目では判別できません。もう少し、わかりやすく整理された書き方ができれば、こうした問題を回避できます。

このようなときに用いられるのがフォーマット済み文字列リテラルです。これは、文字列リテラルの中に、変数を埋め込んで記述したものです。これは以下のような形で記述されます。

構文　2-13　フォーマット済み文字列リテラル

f"……リテラル……"

リテラルの直前に「f」という記号を付けて記述します。このように値の手前に記述する記号をプレフィックスと呼びます。これで、このリテラルはフォーマット済み文字列リテラルとして処理されるようになります。

ここには、{}記号の中にPythonの式を記述できます。変数や式などをこの中に用意して、値をそこにはめ込んだテキストを生成します。

▼図2-27：フォーマット済み文字列リテラルでは、{}の部分に変数や式などをはめ込んでリテラルを作成できる。

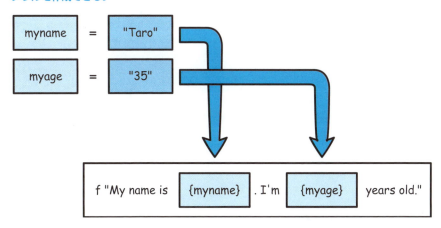

● フォーマット済み文字列を使う

リスト2-1をフォーマット済み文字列リテラルを使って記述すると、このようになります。

▼リスト 2-4　文字列をフォーマットする

```
01: name = "Taro"
02: age = "35 years old"
03: msg = f"Hello! I'm {name}, {age}."
04: print(msg)
```

　これで、リスト 2-1 とまったく同じ内容になります。インタラクティブシェルで実行すると、以下のように結果が表示されます。

```
Hello! I'm Taro, 35 years old.
```

　ここでは、{name} と {age} というように、2 つの変数をリテラル内に埋め込んでいます。これらの変数の値がこの {} の部分に置換されてテキストが生成されるのです。

　変数以外にも {} 内には記述できます。例えば、式を埋め込んだ例を見てみましょう。

```
price = 12300
f"{price}円の税込価格は、{price * 1.08}円です。"
```

　インタラクティブシェルで実行すると、以下の表示がされます。

```
'12300円の税込価格は、13284.0円です。'
```

　{price * 1.08} の部分に、price * 1.08 の演算結果が組み込まれています。このように、式の結果などを直接テキストの中に埋め込むことができます。

コメント

　ソースコードには、実行する Python の文以外の情報は書けません。実際にプログラムを書いてみると、記述した内容の説明などをメモしておきたい

ことも多いでしょう。こうした時に用いられるのがコメントです。

コメントは、ソースコード内に記述できる、コードと認識されないテキストです。以下のように記述します。

● 1行のみのコメント

コメントの冒頭に # 記号をつけます。この記号以降、改行するまでのテキストはコメントと見なされ、実行時には無視されます。

● 複数行のコメント

Pythonには、複数行に渡って記述できるコメント機能はありません。基本的に、1行ずつ冒頭に # をつけて記述することになります。

複数行のコメントを代替する方法として三重クォートがあります。三重クォートは、文字列リテラルを記述するものですが、コメントとしても使えます。

コメントを文字列リテラルとして記述すると、ただ「使用されないリテラル」が作成されるだけで他の処理にはまったく影響を与えません。そのためファイルに書いて実行するときは、コメントの代用として利用できます。

メモ

三重クォートのコメントはインタラクティブシェルでは値が表示されてしまうため機能しません。コメントは基本的にはテキストエディタである程度長いプログラムを書く時のための機能で、あまりインタラクティブシェルでは使いませんが注意しましょう。

● コメントの利用例

コメントの利用例を挙げておきます。1行のコメントと、三重クォートをコメント的に使ったものを用意した例を考えてみます。デスクトップのsample.py にテキストエディターで記述します。

▼リスト2-5　コメントを変えたプログラム

```
01: # 金額を変数に代入する
02: price = 123400
03: #税率を変数に代入する
04: TAX = 1.08
05: '''
06: 金額に税率をかけた結果を計算する。
07: これで消費税込み価格が計算できる。
08: '''
09: print (price * TAX)
```

＃で1行だけのコメントをつけています。これが純粋なコメント文です。

また、'''〜'''に複数行のコメントを記述しています。これは、正確にはコメントではなく文字列リテラルですが、Pythonでは文字列リテラルだけを書いた行（命令）がプログラムの実行に影響を与えないため、コメント的に利用できるのでした。

▼図2-28：＃によるコメントは実行時には無視され、三重クォートによる文字列リテラルも処理には影響を与えないため、コメントと同様に利用できる。

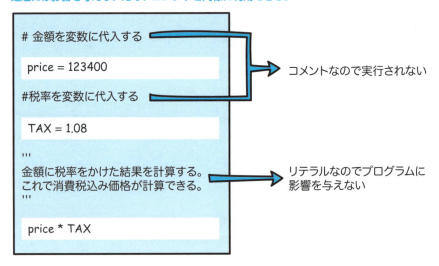

このプログラムをコマンドで実行すると、コメント部分は無視されて133272.0が表示されます。

この章のまとめ

- 値にはいくつかの型（データ型、タイプ、種類）がある。もっとも基本となるのは、int 型、float 型、bool 型、str 型の 4 つの型。これらのリテラルの書き方をしっかりと覚える。

- 演算には、算術演算、比較演算、ブール演算などがある。それぞれの演算子とその使い方をしっかりと理解する。

- 変数は、さまざまな値を保管する入れ物。値を代入した変数は、一般のリテラルなどの値とまったく同じように式などで使うことができる。

《章末練習問題》

練習問題 2-1

以下の値の中で、正しく書かれていないものをすべて挙げなさい。

```
1200
F4A1
True
3,500
0.0012
```

```
"Hello"
'Yes, I'm here!'
False
0b00010102
"""this is document'''
```

練習問題 2-2

以下の演算式で、結果が int 値となるものはどれでしょう。すべて挙げて下さい。

```
123 + 45
1000 / 10
'10 + 20'
True + True - False
```

練習問題 2-3

下のソースコードをインタラクティブシェルで実行した場合、結果はなんと表示されるでしょうか。

```
x = 100
y = 200
num = 123 + 45
x < num and num < y
```

3章

データ構造

Pythonには多数の値をまとめて管理する「コンテナ」が
用意されています。複雑なデータを扱うときに役立ちます。
「リスト」「タプル」「レンジ」「セット」「辞書」
について使い方を解説します。

 データとリスト

　前章では、数値やテキストなどの値（基本的なデータ）と変数について説明をしました。多量のデータを扱うようになると、これらの単純な値や変数だけでは処理が難しくなります。1つ1つの値をそれぞれ変数に収めて処理するようなやりかたでは対処しきれなくなるからです

　こんなとき、「多数の値をまとめて扱えるもの」があれば、ずいぶんとデータ処理もはかどります。Pythonには、こうした役割を果たすためのデータをまとめるデータ形式がいくつか用意されています。これらは「コンテナ」と呼ばれます。

　この章では、Pythonに用意されている各種のコンテナを説明します。

● リストの作成

　まず最初に取り上げるのはリスト（list）です。リストは、多数の値を順番に保管するのに用いられます。リストは、以下のように記述します。[ ]記号の中に、保管したい値をカンマ (,) で区切って記述していきます。これで、リストの中に値の保管場所が用意され、そこに値が代入されます。あわせてインタラクティブシェルでの実行例も見てみましょう。

構文　3-1　リスト

[値1, 値2, ……]

```
>>> [15, 55, 160]
[15, 55, 160]
>>>  ['name']  # 値が1つだけのリストも作れる
['name']
>>> ['number',1]  # 異なる種類のデータを使える
['number', 1]
```

リストもデータなので変数に代入できます。

```
>>> x = [1, 2, 3, 5, 7]
>>> x
[1, 2, 3, 5, 7]
```

メモ

インタラクティブシェルでの実行を想定して入力と出力の例をいずれも記入しています。実際には「>>>」右に続く部分だけ入力して実行してください。

COLUMN

リストの記法

[ ]を使った方法の他に、「list」で作ることもできます。

`list(値1, 値2, ……)`

listの後の()の中に、保管する値を記述していきます。どちらの書き方でも作られるリストは同じです。このlistは、関数と呼ばれるものです。関数については改めて説明をするので、ここでは「listという命令で、リストを作れる」ということだけ理解しておきましょう（5章参照）。

 リストの値

　リストの中にはたくさんの値が保管されていますから、利用の際には「どの値を利用するか」を指定できなければいけません。そのために利用されるのが**インデックス**です。

　リストに用意されている値の保管場所には、それぞれインデックスが割り振られています。このインデックスは、各保管場所に割り振られる通し番号です。一番最初の値にはゼロ（0）が割り振られ、その次が1、更にその次が2……というように、ゼロから順番にインデックスが割り振られます。

▼図3-1:リストは、いくつもの値をひとつにまとめたもの。すべての保管場所には、インデックスという番号が割り振られる。

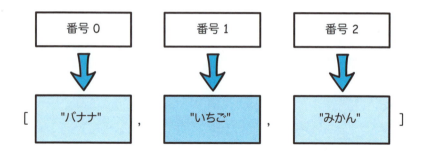

　リストは、保管している値を取り出したり、別の値を保管場所に代入したりできますが、こうした作業はすべてインデックスで保管場所を指定して行います。リスト内の値を指定するには、このように、リスト名の後に[]記号を使い、インデックス番号を指定します。

構文　3-2　リストの値の取得

リスト [番号]

　これで、リスト内のどの保管場所にある値を利用するか指定できます。こ

の []の部分は、「添字」と呼びます。添字から配列内の要素の変更も可能です。実際に使ってみましょう。

```
>>> [1, 2, 3][0]
1
>>> [1, 2, 3][2]
3
>>> x = [1, 2, 3]
>>> x[1]= 5
>>> x
[1, 5, 3]
```

構　文　　3-3　リストの値の変更

リスト [番号] = 値

このように、[]でインデックス番号を指定することで、その保管場所にある値を取り出したり、指定の保管場所に別の値を代入したりできます。

▼図3-2：リストは、インデックス番号を指定して、特定の値を取り出したり、別の値を代入したりできる。

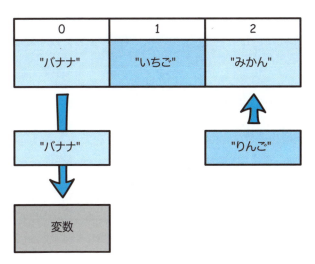

ポイント

リストは、[] か、list() で作成する。作ったリストは、[] にインデックス番号を指定して操作できる。

● リストの利用

　リスト内に用意されている保管場所と、そこに保管されている値は、一般の変数とまったく同じように利用できます。四則演算など各種の演算の式の中でリストを使うことができるのです。

　リスト内に保管できる値は、特に制約はありません。整数、実数、真偽値、文字列、さらにはリストやどんな値でも入れることができます。また、どこにどんなタイプの値を入れても他の保管場所には影響を与えません。1つ1つの保管場所は独立しているのです。実際に利用例を挙げます。

▼リスト3-1　リストの利用例

```
01: arr = [0, 100, 200, 300, 400]
02: arr[0] = arr[1] + arr[2] + arr[3] + arr[4]
03: print(arr)
```

　ここでは、「arr」というリストを作成し、そこにある値を加算して結果をインデクス0に保管しています。これを実行すると、以下のような値が出力されます。

```
[1000, 100, 200, 300, 400]
```

　これが、実行後のリスト arr の内容です。インデクス番号0の値が1000に変わっています。

　ここでは、arr[1] + arr[2] + arr[3] + arr[4] というように、インデクス番号1～4に保管されている値をすべて加算し、インデクス番号ゼロの arr[0] に代入しています。このようにリストに保管されている値も、普通の変数などとまったく同じ感覚で式の中などで利用することができます。

リストに保管されている値に置き換えると、以下のように実行していることがわかるでしょう。

```
arr[0] = arr[1] + arr[2] + arr[3] + arr[4]
```
↓
```
arr[0] = 100 + 200 + 300 + 400
```

これで、保管されている 4 つの値の合計が計算され、インデクス 0 に保管されたというわけです。「インデクス番号を正しく指定する」ということさえ忘れなければ、リストは簡単に利用できます。

▼図 3-3：リストを使った式は、インデクスで指定された保管場所にある値による式に置き換えて考えることができる。

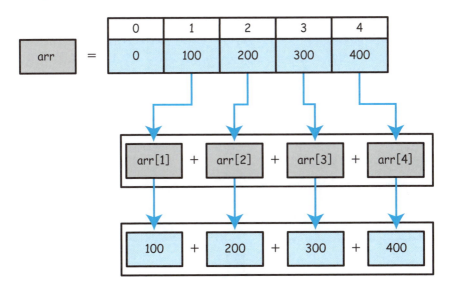

リストの演算

リストはいくつかの演算に対応しています。使い方をまとめます。

● リストの加算

リストどうしは、「+」演算子を使って1つのリストにまとめられます。

 **3-4 リストの加算**

リスト + リスト

これで、2つのリストを1つにつなげたものが得られます。作成されるリストは、左辺にあるリストの後に右辺のリストがつなげられた形になります。実行すると2つのリストが1つにまとめられていることがわかるでしょう。

```
>>> [1, 2, 3] + [10, 20, 30]
[1, 2, 3, 10, 20, 30]
```

▼図3-4:リストは+で1つにつなげることができる。このとき、右辺のリストはインデックスが変更されるので注意すること。

0	1	2
10	20	30

\+

0	1	2
100	200	300

0	1	2	3	4	5
10	20	30	100	200	300

COLUMN

リスト結合はリストどうしで

加算によるリストの結合は、演算する値が共にリストでなければいけません。

```
>>> [1, 2, 3] + 4  # 動作しない！エラーが表示されてしまう！
>>> [1, 2, 3] + [4]  # 両方リストだとリストが作れる
[1, 2, 3, 4]
```

COLUMN

リストの乗算

　リストは、乗算もサポートしています。といっても、これはリストどうしの演算ではありません。リストに数値（整数）を掛けると、リストをその数だけ繰り返しつなげることができます。

　例として、インタラクティブシェルから以下のように実行してみましょう。

```
>>> [1, 2, 3] * 3
[1, 2, 3, 1, 2, 3, 1, 2, 3]
```

　左辺にあった [1, 2, 3] が3つつなぎ合わせられていることがわかるでしょう。つまりリストの乗算というのは、以下のように機能するのです。

```
[1, 2, 3] * 3
```
↓
```
[1, 2, 3] + [1, 2, 3] + [1, 2, 3]
```

　同じ値を繰り返し用意するようなときに、この乗算はとても役立ちます。例えば、データを処理するために、「ゼロで初期化した、1万項目のリストを用意する」ということを考えてみましょう。

```
data = [0, 0, 0, 0, 0, 0, 0, 0, 0, 0, 0, 0, 0, 0, 0, 0,
0, ……
```

　こんな具合に、1万個のゼロを記述していくのは、とてつもない労力がかかります。また実際に書いたとしても、本当に1万個あるのか確認するのも大変です

し、リストも延々とゼロが記述されていくことになり非常にわかりにくくなります。このように乗算を使って書けば、圧倒的にすっきりとわかりやすく記述できますね。

```
data = [0] * 10000
```

▼図 3-5：乗算を使うと、リストを決まった数だけ繰り返しつなげていくことができる。

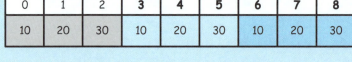

リストも演算ができる。

値をリストにまとめる

　リストを利用する場合、あらかじめ保管する値の数がはっきりとわかっていればいいですが、「いくつの値を保管するか事前にわからない」ということもあります。例えば動物園の来場者とその性別をリストにまとめたいと思っ

たとき、リストの長さ（その日の来場者数）は事前にはわかりません。

このような場合は、とりあえず空のリストを作っておき、必要に応じてリストに値を追加していくことになります。

リストを操作するには、専用の機能を呼び出して行うことも多いのですが、既に説明した「リストの演算」を使うことで値を追加していくこともできます。簡単な例を挙げます。3つの値がリストに追加されていることがわかります。

```
>>> visitor = []
>>>
>>> visitA = '女性'
>>> visitB = '男性'
>>> visitC = '女性'
>>>
>>> visitor += [visitA] + [visitB] + [visitC]
>>> visitor
['女性', '男性', '女性']
```

ここでは、visitA、visitB、visitC という3つの変数と、空のリスト visitor を用意しています。これに変数の値を追加しています。

```
>>> visitor += [visitA] + [visitB] + [visitC]
```

この文で加算しています。リストは＋演算子で加算できますが、＋＝で代入演算を行うこともできます。このようにして、必要な値をリストにしておけば、加算でどんどんリストに組み込んでいけるのです。

▼図 3-6：値をリストに追加したいときは、各値をリストにして＋で加算する。

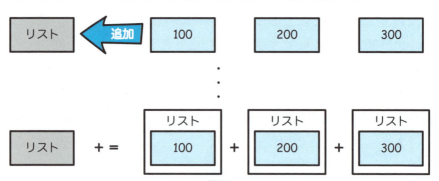

 ## その他のシーケンス演算

　＋や＊による演算の他にも、リストにはさまざまな演算が用意されています。これらはシーケンス演算と呼ばれます。

　シーケンスというのは、保管する値に番号（インデクス）をつけて整理するコンテナの総称で、リストもシーケンスの仲間です。このシーケンスに共通する演算が、シーケンス演算です。既に説明した＋や＊による演算も、シーケンス演算の一種です。その他のシーケンス演算についてここでまとめて説明しましょう。

● 値が含まれているか調べる

　リストの中に、指定した値が含まれているかどうかを調べます。2通りの記法があります。

構文   3-5 リストの中の値を調べる

```
値 in リスト
値 not in リスト
```

in は、リストに値が含まれていれば True、いなければ False を返します。not in は、反対に含まれていれば False、いなければ True を返します。

インタラクティブシェルで試してみましょう。10 in arr で、10 は arr の中に含まれているか、20 not in arr で、20 は arr に含まれていないか、をそれぞれチェックしています。

```
>>> arr = [10, 20, 30]
>>> 10 in arr # 10が存在するか。
True
>>> 20 not in arr # 20が存在しないか。
False
```

▼図 3-7：in、not in は、値がリストの中にあるかどうかを調べる。in はあれば True。not in はあれば False（なければ True）。

  in

  not in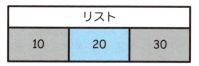

● 指定範囲の要素を取得

リスト内の特定の要素を取り出すには、[] を使い、取り出したい要素のインデックス番号を指定しました。このやり方では、取り出せる値は 1 つだけです。例えば「2 番目から 5 番目の値をまとめて取り出したい」というようなときはどうすればいいでしょうか。

このような、一定範囲の要素をまとめて取り出したい場合、Pythonには非常に良い方法が用意されています。以下のように開始位置と終了位置の情報を定めた[]を記述するのです。これにより、指定した範囲の要素をリストとして取り出すことができます。では、実際にやってみましょう。

 構　文　3-6　範囲を指定して取り出す

リスト[開始位置：終了位置]

```
>>> arr = [10, 20, 30, 40, 50]
>>> arr[1:4]
[20, 30, 40]
```

リストから一部分だけ取り出す例です。[1:4]のように指定するとリストが返ってきます。

このやり方では取り出す最初の位置と最後の位置を指定しますが、これを「取り出す要素のインデックス番号」と考えるとわかりにくいです。それよりも、「要素と要素の間」を番号づけしたものと考えるとわかりやすくなります。

[10, 20, 30, 40, 50]というリストでは、一番最初の10の手前が「0」番の位置になります。そして、10と20の間が「1」、20と30の間が「2」……というように考えます。

すると、arr[1:4]というのは、10と20の間が開始位置、40と50の間が終了位置になります。したがって、その間にある「20」「30」「40」がリストとして取り出される、というわけです。

▼図3-8：リストは、番号を使って範囲を指定し、その部分を新たなリストとして取り出すことができる。

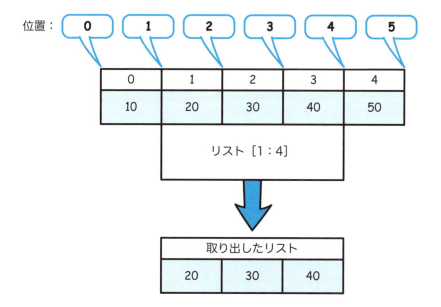

● 要素数・最小値・最大値

「リストにいくつの要素が保管されているか」「リストに保管されている中でもっとも大きな値は何か」「リストに保管されている中でもっとも小さな値は何か」といった事柄については、組み込み関数で簡単に得ることができます。

組み込み関数とは、Pythonに最初から組み込まれている関数です。関数は「特定の処理のための命令」です（5章参照）。ここまで紹介してきたデータだけでは命令して意味のあるプログラムを作るのは難しいので、関数で命令していきます。関数を呼び出すことで、必要な情報が得られるようになっています。

要素数・最小値・最大値の取得を書いてみましょう。これらの関数は、使い方も非常に簡単ですからすぐに覚えられます。

arrの要素の数、最大値、最小値が表示されていることがわかるでしょう。

このように、組み込み関数を利用すれば、リストの情報を簡単に手に入れることができます。

3-7　要素数を得る

```
len(リスト)
```

3-8　最小値を得る

```
min(リスト)
```

3-9　最大値を得る

```
max(リスト)
```

```
>>> arr = [10, 20, 30, 40, 50]
>>> len(arr)
5
>>> max(arr)
50
>>> min(arr)
10
```

リスト操作のメソッド

　リストは、オブジェクトと呼ばれるものの一つです。オブジェクトは「さまざまな値や処理をひとまとめにして扱えるようにした特別な値」の総称です（詳しくは「6-01 オブジェクト指向」参照）。

　オブジェクトには、「メソッド」と呼ばれる処理が組み込まれています。このメソッドを呼び出すことで、オブジェクトを操作できます。メソッドは関数と同じく「特定の処理のための命令」です。

　リストも、リスト自身に関連する命令（メソッド）を利用できます。例えば、

あるメソッドを呼び出すことで、リストの内容を変更できます。

リストに用意されている主なメソッドについて簡単に説明します。

メモ

メソッドのはたらきについては5章と6章で改めて説明します。ここでは「このように書いて実行すればリストを操作できる」という、使い方だけ覚えておきましょう。

▼図3-9：リストには、保管する値の他に、リストの内容を操作する「メソッド」と呼ばれるものも用意されている。

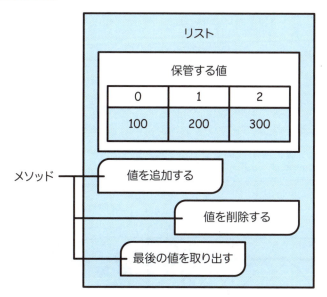

● 値を追加する

リストどうしならば、+演算子でリストを追加することができますが、一般的な値をリストに追加する場合は、「append」というメソッドを使います。

構文　3-10　リストの最後尾に値を追加する

リスト.append(値)

メソッドは、リストの後にドットをつけて記述します。例えば、「arr」というリストを代入した変数があるならば、arr.append〜と記述します。メソッド名の後には()をつけ、この中に追加する値を用意します。このようにメソッドに与えるデータのことを「引数」と呼びます。利用例を見てみましょう。

```
>>> arr = [100]
>>> arr.append(200)
>>> arr.append(300)
>>> arr
[100, 200, 300]
>>> [1].append(1)  # 表示されない。
```

[100]の後に、2つの値が追加されていることがわかります。これが、appendのはたらきです。appendは、リストの最後に値を追加します。このメソッドは変数に代入していない状態でも使えますが、変更を確認できません。

▼図3-10：appendは、リストの一番後ろに値を追加する。

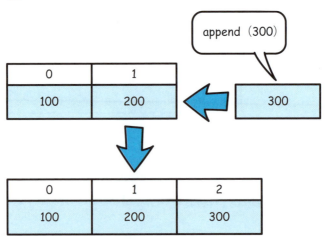

● 値を挿入する

appendは最後に値を追加しましたが、リストの特定の場所に値を挿入し

たいこともあります。こうしたときに用いられるのが「insert」メソッドです。次のように使います。

構文　3-11　リストの指定位置に値を追加する

リスト.insert(インデックス, 値)

insertの()には、2つの値が必要です。1つ目は、値を挿入する場所を示すインデックスで、ここで指定した場所に値が挿入されます。2つ目は挿入する値になります。利用例を見てみましょう。

```
>>> arr = [100, 200, 300]
>>> arr.insert(1, 1000)
>>> arr
[100, 1000, 200, 300]
```

ここでは、arr.insert(1, 1000) というようにして値を挿入しています。これは、「インデックス1の場所に1000という値を挿入する」というはたらきをします。

インデックスの1というのは、[100, 200, 300]というリストでは「200」の値の場所になります。ここに1000が挿入されることになります。200の場所(インデックス=1)に1000が挿入されるため、200はインデックス2に、300はインデックス3にずれていきます。

▼図 3-11：insert では、指定したインデクスの場所に新しい値を追加する。

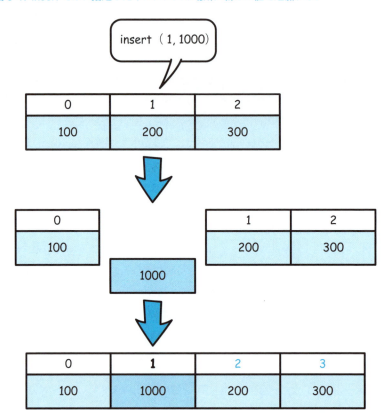

ポイント

リストの最後に値を追加するには、append を使う。指定の場所に挿入するには、insert を使う。

● 要素の削除

既にリスト内に保管されている値を取り除く場合には、「remove」というメソッドを利用します。以下のように記述します。

3-12　リストから値を削除する

```
リスト.remove(値)
```

remove メソッドは、引数を 1 つ持っています。() の部分に、削除する値を指定して、値の要素を削除します。もし、同じ値が複数あった場合には、一番最初のものだけ削除します。

```
>>> arr = [100, 200, 300]
>>> arr.remove(200)
>>> arr
[100, 300]
```

arr.remove(200) により、200 の値が削除されていることがわかります。このように、値を指定することでリストから不要な値を取り除けます。

▼図 3-12：remove は、指定した値をリストから取り除く。

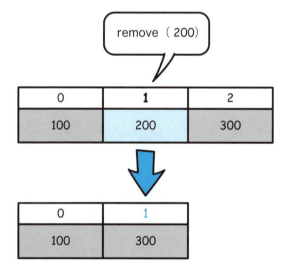

● del による削除

remove は、値を指定して削除しましたが、「○○番目の値を削除したい」というように、インデックス番号を指定して要素を削除したい場合もあります。

この場合は、「del」を利用します。del は、オブジェクトの削除を行うキーワードです。以下のように利用します。

 **構　文**　　3-13　指定したオブジェクトを削除する

```
del オブジェクト
```

　これで、指定のオブジェクトを削除できます。例えば、arr というリストがあり、そのインデックス番号 1 の値を削除したければ、このように実行すればいいわけです。

```
del arr[1]
```

　del arr とは行わないようにしましょう。こうすると、リスト arr そのものが消されてしまいます。

　del はメソッドではなく、オブジェクトを伴う文です。関数やメソッドとは別の特別な命令と考えてください。振り返って確認してみると remove などのメソッドとは書き方が違うことが構文からわかります。del 文はリストから要素を削除する他に、変数を削除するのにも使えます。

```
>>> a = 200
>>> a
200
>>> del a
>>> a
エラーが表示される
```

　del による削除の例を挙げておきます。先ほどの remove のサンプルを書き直したものです。今回は、インデックス番号 1 の値を削除しています。インデックス番号 2 の 200 が削除されていることが確認できるでしょう。

```
>>> arr = [100, 200, 300]
>>> del arr[1]
>>> arr
[100, 300]
```

▼図 3-13：del arr[1] とすると、arr のインデックス番号 1 を削除できる。del arr だと、arr 全体をまるごと削除するので注意！

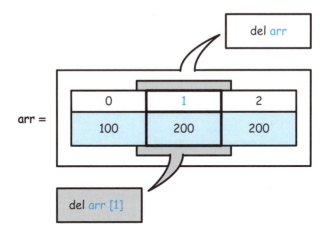

 ポイント

指定の値をリストから削除するには、remove を使う。指定のインデックス番号の値を削除するには、del を使う。del は他にも用途がある。

COLUMN

値の位置を調べる

　delを使い、インデックス番号を指定して値を削除するような場合、「値がリストのどこにあるか」を調べたいこともあります。そんな場合に用いられるのが「index」というメソッドです。

```
リスト.index(値)
```

　indexは、引数に探したい値を指定して実行します。これで、その値のインデクスを調べて返します。もし、調べたい値がいくつもあった場合は、最初のインデクスを返します。値が見つからなかった場合はエラーになります。

　delと合わせて覚えておくと便利でしょう。

▼図3-14：indexは、値がある場所（インデックス番号）を調べる。

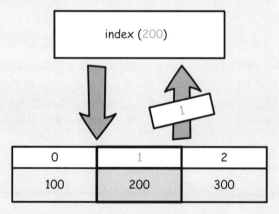

● 最後の値を削除する

　appendでは、リストの最後に値を追加しましたが、「最後の値を削除する」というメソッドもリストには用意されています。それが「pop」です。

 構　文　　3-14　最後の値を削除する（取り出す）

```
リスト.pop()
```

popは、()に何も値を用意する必要がありません。ただ、popを呼び出すだけで、最後の値が取り除かれます。例を挙げます。arr.pop()を実行するごとに、削除された値が表示されていきます。最後にarrの内容を表示しています。

```
>>> arr = [100, 200, 300, 400, 500]
>>> arr.pop()
500
>>> arr.pop()
400
>>> arr.pop()
300
>>> arr
[100, 200]
```

　インタラクティブシェルを使うとpopを呼び出すごとに、削除された値が表示されます。これはpopが単に値を削除するだけでなく、削除した値を返しているためです。「値を返す」というのは、このarr.pop()が、取り出した値をプログラム中で再利用できるように出力していると考えてください。これは変数に代入したり、関数の引数にしたりできます。ここでは、arr.pop()を実行すると、取り出した最後の値がそのまま出力されます。

▼図 3-15：pop は、呼び出すごとにリストの最後にある値を取り除いていく。

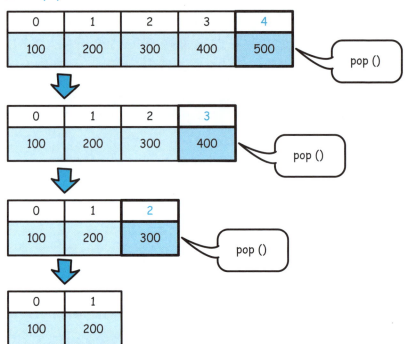

● リストをクリアする

1つ1つの値を削除するのではなく、リストにある値をすべてまとめて消去したい場合に用いられるのが「clear」メソッドです。以下のように実行します。

3-15　リストのクリア
リスト.clear()

実行すると、中に保管されていた値はすべて消去され、値を持たないリストになります。これは、以下のようにリストを作成したのと同じような状態と思えば良いでしょう。

```
arr = []
```

▼図 3-16：clear は、リストの値をすべて消去する。

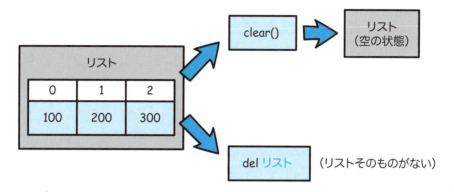

● 並び順を反転する

リストは、インデックス番号により順番に値が並んでいます。これを逆順にするのが「reverse」です。

3-16　リストの並びを反転させる

```
リスト.reverse()
```

reverse は、() 部分の値（引数）はなにも必要ありません。ただ呼び出すだけで並び順が逆になります。例を挙げましょう。最初に arr に代入されたリストの状態と要素が逆並びになっていることがわかるでしょう。

```
>>> arr = [100, 200, 300]
>>> arr.reverse()
>>> arr
[300, 200, 100]
```

▼図 3-17：reverse は、リストの中に並んでいる値を逆順に変更する。

● 並べ替える

リストに保管されている要素を並べ替えるにはいくつかの方法がありますが、ここではメソッドを使ってやり方を説明しましょう。

構文　3-17　リストの並べ替え

```
リスト.sort()
```

並べ替えは、このように「sort」というメソッドを呼び出して行います。これだけで、リストに保管されている値が並べ替えられます。数値が保管されている場合は数の小さい順に、テキストなどの場合はアルファベット順（あいうえお順）に並べ替えます。

もし、逆順に並べ替えたいときには、() 内に必要な値を追記しておきます。

```
リスト.sort(reverse= 真偽値)
```

() の中に、「reverse= 真偽値」という値を追加します。この真偽値の部分がTrue だと、逆順に並べ替えられます（False だと普通にアルファベット順や数字の小さい順に並べ替えます）。必要な値、引数は 5 章で解説します。こ

れもサンプルを挙げておきます。

```
>>> arr = [10, 100, 1000, 20, 200, 2000, 30]
>>> arr.sort()
>>> arr
[10, 20, 30, 100, 200, 1000, 2000]
>>> arr.sort(reverse=True)
>>> arr
[2000, 1000, 200, 100, 30, 20, 10]
```

　1つ目では、正順（昇順アルファベット順や数字の小さい順）で並べ替えられているのがわかります。また2つ目は、逆順（降順アルファベットならzyx順、数字なら大きい順）に並べ替えた状態になります。それぞれ、数字が小さい順・大きい順に並べ替えられていることが確認できます。

▼図3-18：sortメソッドは、リストの中にある値を小さい順（あるいはアルファベット順）に並べ替える。

0	1	2	3	4	5	6
10	100	1000	20	200	2000	30

sort()

0	1	2	3	4	5	6
10	20	30	100	200	1000	2000

タプルとは

多数の値をまとめて使うことができるものは、リストだけではなくいくつか存在します。中でも、非常にユニークなはたらきをするのがタプル（tuple）でしょう。

タプルは、いくつかの値をセットにして扱うためのコンテナです。以下のように作成します。

 **3-18　カンマで記述する**
値1, 値2, ……

 3-19　カッコでくくる
(値1, 値2, ……)

Pythonでは、いくつかの値をカンマでつなげて記述すると、タプルと認識されます。より明示的に表すなら、タプルにまとめる値の前後を()でくくって書きます。こう書くと、どの値をまとめてタプルを作るかが一目瞭然ですし、リストの中でタプルを書くことができるようになります。

タプルの値も、リストと同様にインデックス番号が割り振られています。タプル内の値は、リストと同じく添字（[]部分）を使い、インデックス番号を指

定して取り出すことができます。

簡単な例を挙げておきます。作成されたタプル tp に収められている値が、[] を使って簡単に取り出せることがわかるでしょう。

```
>>> tp = (10, 'a', True)
>>> tp[0]
10
>>> tp[1]
'a'
>>> tp[2]
True
```

▼図 3-19：タプルは複数の値を 1 つにまとめたもの。リストと同様、保管された値にはインデクス番号が割り振られている。

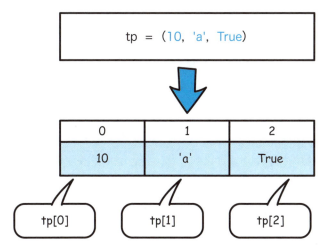

 ポイント

タプルは、複数の値をひとまとめにして扱うためのもの。() の中に値をカンマで区切って記述する。

 ミュータブルとイミュータブル

ここまで見てわかるように基本的な扱いはリストと似ています。リストも

タプルも、あらかじめ値を用意して作成でき、インデックスを使って値を取り出せます。ただし、両者には決定的な違いがあります。それは、「タプルは値の変更ができない」という点です。

Pythonのデータを扱うオブジェクトには「ミュータブル」と「イミュータブル」という特徴があります。

ミュータブル
──値の変更が可能なもの

イミュータブル
──値の変更が不可能なもの

それぞれ可変（変更可能）、不変（変更不可能）を意味する言葉です。プログラミングの用語としてはミュータブル、イミュータブルが使われるため本書もこの表記を採用します。

今まで扱ったものの多くはリストはじめ、ミュータブルです。作成した後、いくらでも値を変更できます。対して、ここで出たタプルはイミュータブルです。作成した後で内容を変更することができません。リストで体験したインデックスに応じた値の代入や削除は行えません。

値の変更ができないため、「必要に応じてデータを保存したり書き換えたりして処理する」という使い方には向いていません。「あらかじめ用意しておいたデータを参照して使う」ような、必要な値を取り出すだけの使い方になるでしょう。

▼図 3-20：リストとタプルの違い。タプルは、値の変更ができない。

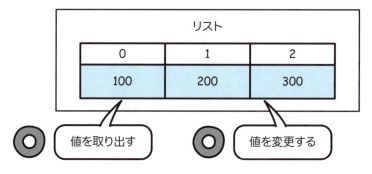

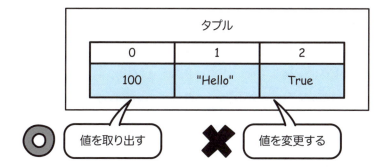

> **ポイント**
>
> ミュータブルは、変更可能。リストがこれに当たる。イミュータブルは、変更不可。タプルがこれに当たる。

タプルの算術演算

タプルはどのような操作ができるのか。算術演算から見てみましょう。

リストでは、+ や * による演算に対応していました。タプルも、この点は同じです。+ と * による演算が可能です。

● **タプルの加算**

タプルは、+演算子を使い、2つのタプルを1つにまとめられます。リストと同様、左辺のタプルの後に右辺のタプルが追加されたような形でまとめられます。

```
(100, 'a') + (200, 'b') # (100, 'a', 200, 'b')
```

注意したいのは、リストと加算はできない点でしょう。リストとタプルは似ていますが、別のものです。タプルとリストを足すことはできません。

● **タプルの乗算**

タプルは、*演算子を使うことで複数のタプルを1つにつなぐことができます。このように記述して使います。リストと同様です。これで、左辺のタプルを右辺の整数の数だけ繰り返しつなげたものが作成されます。

```
(100, 'a') * 3 # (100, 'a', 100, 'a', 100, 'a')
```

実際の利用例を挙げておきます。インタラクティブシェルから以下のリストを順に実行していってください。

```
>>> tp = (10, 'a')
>>> tp += (20, 'b')
>>> tp
(10, 'a', 20, 'b')
>>> tp *= 2
>>> tp
(10, 'a', 20, 'b', 10, 'a', 20, 'b')
```

加算と乗算をしている後で tp を実行していますが、ここでそれぞれ以下のようにタプル tp の内容が出力されます。(10, 'a') に (20, 'b') を足し、更にそれを2倍にしています。タプルもリストと同じように演算できます。

ポイント

タプルも、＋演算子で2つのタプルを1つにまとめることができる。また、＊演算子でタプルを連続してつなげることもできる。

COLUMN

イミュータブルなのに足し算できる？

　タプルは、イミュータブル（変更不可）です。が、足し算や掛け算の例を見ると、中身を変更しているように見えるかもしれません。イミュータブルなのに、どうして足し算や掛け算ができるんでしょうか。

　これは、実は単純な話で、「足し算や掛け算をして、新しいタプルを作っている」からです。つまり、既にあるタプルを書き換えているわけではなく、変更された新しいタプルを作っているだけなのです。

　イミュータブルというのは、あくまで「自分自身を書き換えることができるか」であって、自分自身をもとに新しい値を作るのはまったく問題ないのです。

タプルのシーケンス演算

　タプルも、リストと同じく「シーケンス」と呼ばれるコンテナの一種です。リストに用意されていた「シーケンス演算」と呼ばれる演算もタプルで利用することができます。

構文　　3-20　値が含まれているか調べる

```
値 in タプル
値 not in タプル
```

　タプルの中に、値が含まれているかどうかを調べます。in は含まれてい

ればTrue、not in は含まれていたらFalse になります。

 **3-21　指定範囲の値を取り出す**

タプル[開始位置：終了位置]

タプルの中から指定した範囲の値をタプルとして取り出します。

 3-22　要素数を得る

len(タプル)

タプルに用意されている要素の数を調べます。

 3-23　最小値を得る

min(タプル)

 **3-24　最大値を得る**

max(タプル)

それぞれタプルに保管されているもっとも小さな値ともっとも大きな値を取り出します。

　これらの中で注意したいのは、min と max です。これらは、タプル内にある値がすべて同じタイプの値でなければうまく動きません。タプルは、異なるデータ型の値（例えば数値と文字列）を 1 つにまとめることが多いのですが、こうしたものでは min/max は動かない（エラーになる）ので注意しましょう。

 ## 範囲を表すレンジ

　もう 1 つ、シーケンスなオブジェクトの range（レンジ）があります。
　レンジは、一定の範囲内の整数の集まり（数列）をまとめて扱うためのも

のです。例えば、「5 から 10 までの整数」というようなものを値として扱いたい時に利用します。こういうとき、「5, 6, 7, 8, 9, 10」といった数列を値に持つコンテナを用意すればいいでしょう。これを行うのがレンジです。

レンジは、「整数の範囲」を扱うためのコンテナです。実数などの値をレンジで使うことはできません。レンジは、以下のように作成します。

 3-25　ゼロから指定の値までのレンジ

range(終了値)

range の後の () に整数を指定すると、ゼロからその値の手前までの範囲を示すレンジが作られます。

range(10) # 0～9のレンジ

 3-26　指定した範囲のレンジ

range(開始値 , 終了値)

例えば「5 ～ 10 の範囲」というように、ある値から別の値までの範囲を示すレンジを作成します。

range(5, 11) # 5～10のレンジ

 3-27　一定間隔のレンジ

range(開始値 , 終了値 , ステップ)

指定した範囲内で、「いくつおきに値を取り出す」というようなレンジです。ステップは、値の間隔を示します。

range(10, 20, 2) # 10, 12, 14, 16, 18のレンジ

▼図3-21：レンジは、指定した範囲の整数をまとめて扱うためのもの。

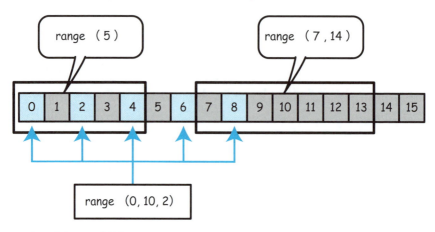

● インデックスの利用

レンジも、リストやタプルと同様、保管されている値にインデックス番号が割り振られています。[]を使い、番号を指定することで特定の値を取り出すことができます。

```
>>> rg = range(10, 20, 2)
>>> rg[0]
10
>>> rg[1]
12
>>> rg[2]
14
```

レンジの変数 rg には、10 から 2 ずつ値を増やしながら数字が保管されています。rg[5] などを入力して試せば、範囲も 20 までであるとわかります。

 ポイント

レンジは、指定した範囲の数列を扱うもの。range() で作成する。保管されている値は、[] でインデックスで取り出せる。

● レンジはイミュータブル

インデックスで値を取り出すことはできますが、変更はできません。レンジ

もタプルと同様に「イミュータブル」だからです。したがって、レンジは値を取り出すことだけができると覚えてください。

レンジとシーケンス演算

レンジは、リストやタプルのように加算・乗算による算術演算はサポートしていません。しかし、レンジもシーケンスの仲間です。シーケンス演算をサポートしています。簡単に整理しておきましょう。

構文　3-28　値が含まれているか調べる
```
値 in レンジ
値 not in レンジ
```

レンジの中に、値が含まれているかどうかを調べます。in は含まれていれば True、not in は含まれていたら False になります。

構文　3-29　指定範囲の値を取り出す
```
レンジ [開始位置 : 終了位置]
```

レンジの中から指定した範囲の値をレンジとして取り出します。

構文　3-30　要素数を得る
```
len(レンジ)
```

レンジに用意されている要素の数を調べます。

構文　3-31　最小値を得る
```
min(レンジ)
```

レンジに保管されているもっとも小さな値を調べて取り出します。

構文 3-32　最大値を得る

```
max(レンジ)
```

レンジに保管されているもっとも大きな値を調べて取り出します。

COLUMN

レンジは、繰り返し構文で役立つ

　レンジは、これだけ見ても使い方がよくわからないかもしれません。同じ処理を何度も行う「繰り返し」と呼ばれる構文を利用するようになると活躍します。4章で解説します。

シーケンス間の変換

　リスト、タプル、レンジの3つは、いずれもシーケンスです。すべてインデックスで値が管理されており、インデックス番号で値を取り出せます。またシーケンス演算にも対応しており、使い方も非常に近いものがあります。

　ただし、細かなはたらきなどは違うため、まったく同じものとしては扱えません。例えば、リストとタプルを＋演算子で1つにつなげることはできません。こうした場合、タプルからリストに変換する作業が必要になってきます。

　リスト、タプル、レンジの値は、それぞれ簡単な操作で他のオブジェクトに変換（実際は生成）できます。この方法について整理します。

構文 3-33　リストに変換する

```
list(値)
```

3-34 タプルに変換する

```
tuple(値)
```

3-35 レンジに変換する

```
range(値)
```

　()内に、変換しようと思っている値を記述して実行すれば、指定の型に変換された値が変数などに代入できます。

　それでは、実際に利用例を見てみましょう。ここでは、リスト、タプル、レンジの値をそれぞれ用意し、それらをリストにまとめています。インタラクティブシェルから実行すると、最後に以下のような値が出力されます。すべてのデータがリストになっていることがわかります。

```
>>> list1 = [100, 200, 300]
>>> tpl1 = (123, 'ok', True)
>>> rng1 = range(10, 20)
>>> result = list1 + list(tpl1) + list(rng1)
>>> result
[100, 200, 300, 123, 'ok', True, 10, 11, 12, 13, ↵
14, 15, 16, 17, 18, 19]
```

▼図 3-22：リスト、タプル、レンジはそれぞれ簡単に別のタイプの値に変換できる。

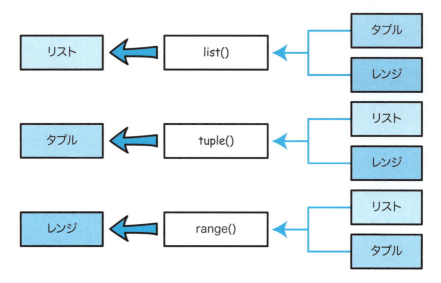

 ポイント

リスト、タプル、レンジは、それぞれ list()、tuple()、range() で相互に変換できる。

COLUMN

変換ではなく「新規作成」

　list()、tuple()、range() といった関数が行っているのは、正確には値の変換ではなく作成です。これらは、引数に指定した値をもとにリスト、タプル、レンジの新しい値を作成します。あるデータ型の値を他のデータ型に変換することはキャストと呼ばれます。ここでは厳密には型だけ変えているわけではなく、新しい値を作成していることに注意しましょう。

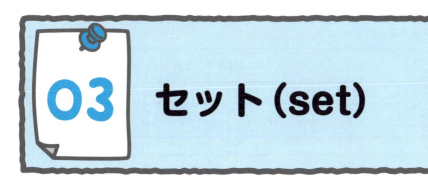

セットとは

　リストなどのシーケンスな値は、用意された値にインデクス番号を割り振り、順番に整理しています。これらは、「○○番の値」と番号を指定すれば、特定の値を取り出すことができます。番号を指定して値を入れれば、同じ値をいくつでも用意できます。リストはデータの中身には興味がなく、順番を気にします。

　それとは反対に順番には興味がなく、「すべての値がユニーク（異なる値だけ、同じ値が他にない）である」ということを前提にデータの塊、値を管理したいこともあります。数学の「集合」に相当する考え方です。

　これを実現するのがセット（set）というコンテナです。セットは、同じ値を複数保管しません。また、値にはインデクスがつけられず、順序づけて管理されていません。

▼図3-23：セットは、同じ値が複数保管されることはない。また値は番号で整理されておらず、並び順なども特にない。

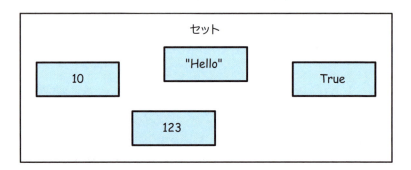

● セットの作成

セットは、{}記号を使って作成します。この他、「set」を使って作ることもできます。引数は、シーケンスの値（リストやタプル、レンジなど）としてまとめておきます。

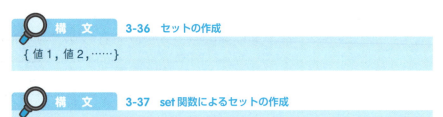

3-36　セットの作成
```
{ 値1, 値2, ……}
```

3-37　set 関数によるセットの作成
```
set(シーケンス値)
```

 ポイント

セットは、集合を扱うもの。同じ値を複数持つことはできない。また値は順序だてて整理されていない。{}を使うか、set()を使って作成する。

セットの値の利用

セットは、値をインデクスで管理していません。ただ、値をそのまま保管しているだけです。よって番号を指定して、セットの中から必要な値を取り出す使い方はできません。

「セットの中に、この値があるか」を簡単に調べられます。セットは、集合です。「この値は、この集合に含まれるか」を調べる、その集合の仲間かどうかを調べることで値を探して利用します。

セットを利用するために必要な機能についてまとめましょう。

構文　3-38　値があるか調べる

```
値 in セット
値 not in セット
```

セットの中に値が含まれているかどうかを調べるには「in」「not in」を使います。これらは、リストなどのシーケンス演算にあったものと同じです。セットはシーケンスではありませんが、シーケンスと同じ演算がいくつかサポートされています。

構文　3-39　値を追加する

```
セット.add(値)
```

セットに値を追加するには、「add」というメソッドを使います。これで値がセットに追加されます。もし、既にその値がセットに含まれていた場合は、何もしません。

構文　3-40　値を取り除く

```
セット.remove(値)
```

セットにある値を取り除く場合は「remove」メソッドを使います。これで、指定した値がセットから取り除かれます。もし、その値がセットになかった場合にはエラーになります。

これらを利用した例を挙げます。インタラクティブシェルから以下のリストを順に実行してみてください。「st」を実行した際、次行にセット st の内容が表示されます。また、「'hello' in st」の後には hello が st に含まれているかどうかを真偽値で出力します。

```
>>> st = {'hi', 'hello', 'ok'}
>>> st.add('welcome')
>>> st.remove('ok')
>>> st
{'welcome', 'hi', 'hello'}
>>> 'hello' in st
True
```

セットには、add() で値を追加できる。また remove() で値を削除できる。

● セットの内容に関する演算

セットに保管されている値に関するいくつかの演算も用意されています。これらはいずれもリストなどのシーケンス値でおなじみだったものです。

3-41　要素数を得る

```
len(セット)
```

セットに用意されている要素の数を調べます。

3-42　最小値を得る

```
min(セット)
```

構文　3-43　最大値を得る

max(セット)

それぞれセットに保管されているもっとも小さな値やもっとも大きな値を調べて取り出します。

セットの演算

セット同士で比較するための演算が可能です。セットは集合に相当するデータ型です。集合を理解していると、これらの演算の理解もしやすいです。

● セットの比較演算

セットには、2つのセットを比較するための演算が用意されています。これは、比較演算子を使って行うことができます。以下に、AとBという2つのセットを比較する形で整理しましょう。

▼表 3-1　セットの演算

表記	内容
A == B	A と B は同じ（含まれる値がまったく同じ）。
A != B	A と B は異なる（含まれる値が違っている）。
A < B	A は B に含まれる（A の値はすべて B に含まれている）。
A <= B	A は B と同じか、B に含まれる。
A > B	B は A に含まれる（B の値はすべて A に含まれている）。
A >= B	B は A と同じか、A に含まれる。

図3-24：セットは集合だ。ある集合Yの内容が別の集合Xの中にすべて含まれているなら、X > YはTrueになる。「ある集合が、別に集合に含まれるか、あるいは等しいか」といったことを比較演算で調べることができる。

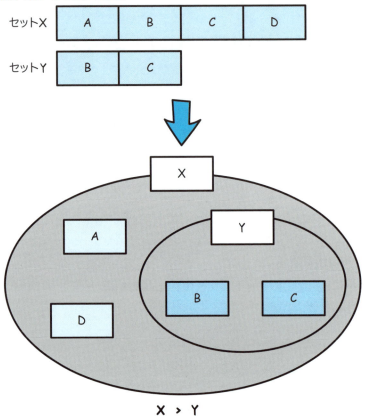

● セットの論理演算

比較演算の他に、2つのセットを合成して新しいセットを作成するための演算もあります。これも、AとBの2つのセットを使った形で整理してみます。

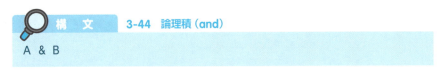

A & B

論理積「&」は、AとBの両方に含まれている値だけをセットとして取り

出します。どちらか一方にしか含まれないものは取り除かれます。

▼図3-25：A & B は、A と B の両方に含まれているものを示す。

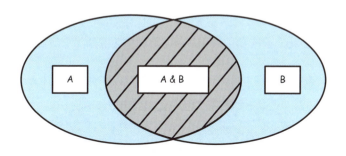

構文　3-45　論理和（or）

A | B

論理積「|」は、A と B の両方に含まれているすべての値をセットとして取り出します。どちらか一方にしかないものも、両方に含まれているものもすべて取り出されます。

▼図3-26：A | B は、A と B に含まれているすべてのものを示す。

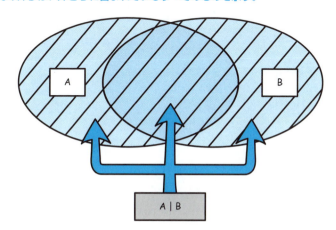

排他的論理和「^」は、AとBのどちらか一方にだけ含まれている値をセットとして取り出します。論理和から、論理積を取り除くのと同じです。

▼図3-27：A ^ B は、AかBかどちらか一方にのみ含まれているものを示す。

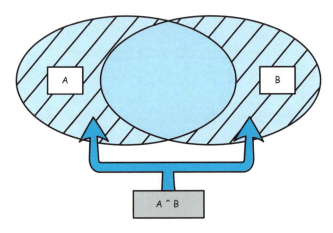

この他、セットは－演算子による「引き算」で新たなセットを作成することができます。例えば、このようにすると、AからBに含まれている値を取り除いた残りをセットとして取り出します。

▼図 3-28：セットの引き算、A - B は A から B に含まれる部分を除いた残りを、B - A は B から A に含まれる部分を除いた残りをそれぞれ示す。

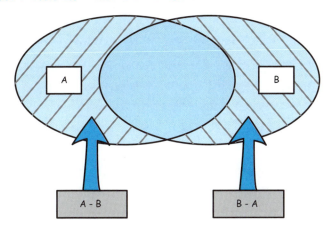

● 演算の利用例

実際にこれらの演算の利用例を挙げます。インタラクティブシェルから以下のリストを順に実行してみて下さい。論理演算とセットの引き算の結果がよくわかります。また、表示されるセットの内容から、セットが値を順序をもって整理していないこともよくわかるでしょう。

```
>>> st1 = {10, 20, 30, 40, 50}
>>> st2 = {0, 20, 40, 60, 80}
>>> st1 & st2
{40, 20}
>>> st1 | st2
{0, 40, 10, 80, 50, 20, 60, 30}
>>> st1 ^ st2
{0, 10, 80, 50, 60, 30}
>>> st1 - st2
{10, 50, 30}
```

COLUMN

イミュータブルなセット、frozenset

　セットは、必要に応じて要素を追加したり取り除いたりして利用するためミュータブルです。「値を読み取りたいが、変更をされると困る」ときは最初に用意しておいたセットのまま使う必要があるような場合には、イミュータブル（変更不可）なセットを利用することができます。これが「frozenset」です。

```
frozenset(セットやシーケンスの値)
```

　frozensetは、値の変更ができないという違いはありますが、基本的な性質は通常のセットと同じです。lenやmin, maxで内容を調べたり、inやnot inで値が含まれているか調べたりできます。また比較演算や論理演算で他のセットと合成して新しいセットを作ることもできます。

　比較演算や論理演算などで2つのセットを演算する場合、両方がfrozensetならば得られるセットもfrozensetになります。どちらか一方でも通常のセットなら、結果も通常のセットになり、frozensetにはなりません。

04 辞書 (dict)

 ## 辞書とは

　ここまで、大きく分けて2種類のコンテナについて説明をしてきました。1つは、シーケンスの仲間。これはインデックスという番号をつけて値を管理するものでした。もう1つは、集合（セット）。これは保管されている値を1つ1つ指定するような機能は持っていませんでした。

　保管している値を個々に取り出して操作したい場合は、シーケンスならインデックスを使うことになります。しかし、この「番号で整理する」というやり方は、順序づけて値を管理するにはよくても、データの内容がわかりやすいものではありません。

　例えば、電話番号をまとめて管理することを考えてみましょう。1つ1つの電話番号にインデックス番号をつけて管理することはできますが、これでは「その電話番号が誰のものか」はわかりません。けれど電話番号を管理するときは、それが一番重要なことのはずです。

　もし、番号ではなく、名前をつけて電話番号を管理できたら、もっとわかりやすくデータを管理できます。「山田」という名前を指定したら山田さんの電話番号が得られる。実にわかりやすいと思いませんか？

　このような方式で値を管理するのが辞書（dict）コンテナです。3種類目のコンテナです。

▼図3-29:Pythonには、シーケンス、セット、辞書といったコンテナが用意されている。

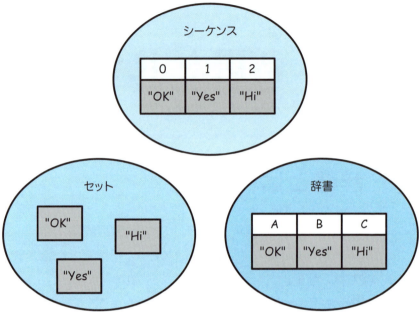

● 辞書の作成

　辞書は、セットと似て順番を持たないコンテナです。特徴としては「キーワード（キー）」によって値を記述したり、値を取り出したりできるためセットよりもデータが参照しやすいことなどが挙げられます。辞書を作成するには、{}記号の中にキーワードと値を記述していきます。キーワードというのは、値につけられるラベルのようなものです。辞書では、インデックスの代わりにキーワードを使って値を管理します。

　この他、dict関数で作成することもできます。dictでは「キー = 値」という形でキーワードと値を記述していきます。記述が{}を使った場合とdict()を使った場合で異なる点に注意が必要です。

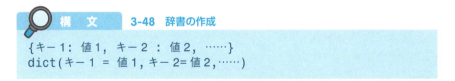

構　文　　3-48　辞書の作成

```
{キー1: 値1, キー2 : 値2, ……}
dict(キー1 = 値1, キー2=値2,……)
```

● 値の操作

辞書では値の指定は [] 記号をつけて行います。[] 内に指定するのはインデックス番号ではなく、キーワードです。

 構文　3-49　値を取り出す

辞書 [キー]

 構文　3-50　値を変更する

辞書 [キー] = 値

インデックス番号がキーワードに変わっているだけで、基本的な使い方はシーケンスのコンテナとまったく変わりありません。

▼図 3-30：辞書では、キーワードを指定して値を取り出す。

dic = { "山田" : "090-999-999" , "田中" : "080-888-888" , "鈴木" : "070-777-777" }

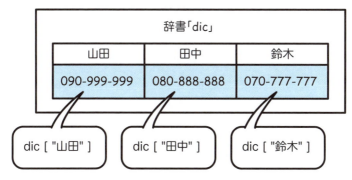

 ポイント

辞書は、キーワードで値を管理する。{} を使うか、dict() で作成できる。
値は、[] にキーワードを指定してやりとりする。

● **辞書を利用する**

　かんたんな辞書の利用例を挙げます。下のリストをインタラクティブシェルから実行してみて下さい。辞書のキーは文字列です。キーを ' や " で囲むことを忘れないでください。

　ここでは、辞書 dc を作成し、この値を操作してどのように内容が変わるかを試しています。

```
>>> dc = {'a':100, 'b':200, 'c':300}
>>> dc['d'] = 1000
>>> dc['a'] = dc['b'] + dc['c']
>>> dc
{'a': 500, 'b': 200, 'c': 300, 'd': 1000}
```

　最初の dc からの変化をよく見て下さい。ここでは、dc['d'] に値を代入しています。'd' というキーワードは、最初に辞書を作成したときにはなかったものですが、このようにキーワードを指定して値を代入すれば、その値が辞書に追加されます。リストやセットのように、append や add のようなメソッドを呼び出す必要はありません。ただキーワードを指定して代入すれば、いくらでも値を辞書に追加していけます。

● **値の削除**

　値がかんたんに追加できることはわかりました。既にある値を削除するにはどうするのでしょう。del を利用します。

構　文　　3-51　辞書の値の削除

```
del 辞書[キー]
```

　このように、辞書のキーワードを指定して実行すると、そのキーワードの値を取り除きます。

キーワードと値の取得

　辞書はミュータブルなコンテナで、自由に値を操作できますが、インデックスを使わない（つまり、シーケンスでない）ため、シーケンス演算は原則として使えません。利用できるのは以下のものです。

▼表 3-2　辞書に使える関数

関数	内容
len	要素数を得る。
min	最小値を得る。
max	最大値を得る。

　ただし、min/max は、「値の最小値・最大値」ではないので注意が必要です。これらで得られるのは、キーワードの最小値・最大値なのです。

　また、「in」「not in」についても同様で、これらでチェックされるのは「キーワードがあるかどうか」です。値があるかどうかをチェックするわけではありません。

　キーワードを調べるなら、これらは役に立ちますが、保管されている値を調べたいという場合には使うことができないのです。

● 全キー、全値の取得

　辞書には「すべてのキーワードや値をまとめて取り出す」という機能が用意されています。

構　文　3-52　すべてのキーワードを得る

辞書.keys()

構　文　3-53　すべての値を得る

辞書.values()

構文　3-54　すべての項目を得る

辞書.items()

　これらは、キーワードや値などをコンテナにまとめて取り出します。最後のitemsは、キーワードと値をタプルにまとめたものを取り出します。

　これらのメソッドで得られるのは「ビューオブジェクト」と呼ばれる特殊な値であるため、利用の際にはリストなどにキャストして使います。利用例を見てみましょう。

```
>>> dc = {'a':100, 'b':200, 'c':300}
>>> list(dc.keys())
['a', 'b', 'c']
>>> list(dc.values())
[100, 200, 300]
>>> list(dc.items())
[('a', 100), ('b', 200), ('c', 300)]
```

　['a', 'b', 'c'] がキーワードをリストにまとめたもの、[100, 200, 300] が値をリストにまとめたものです。[('a', 100), ('b', 200), ('c', 300)] は、よく見ると ('a', 100) というようにキーワードと値がタプルになったものをリストにまとめていることがわかります。

　こうして辞書に保管されているキーワードや値をまとめて取り出せるようになれば、後はそれらから必要な値を調べて取り出せます。

 ポイント

辞書は、keys()、values()、items() でキーワード、値、両者をタプルでまとめたものをリストにまとめて取り出せる。

コンテナと繰り返し

　ここまででシーケンスに関連するリストとタプル、セット、辞書と、Pythonに標準で用意されているコンテナとして機能するデータ（データ型）について一通り説明をしました。基本的な使い方はわかったはずです。

　ただし、肝心の「どういうときにこれらをどう使うのか」ということについては、今ひとつピンとこなかったかもしれません。

　それもそのはずで、こうしたコンテナを使いこなすには、まだ必要な知識が一部不足しています。それは、「コンテナの値を順に処理していくための構文」です。

　プログラミング言語には、処理の流れを制御するための構文（制御構文）が用意されています。これを利用することで、コンテナにあるすべての値をまとめて処理することができるようになります。これができるようになってコンテナの利用価値がよりわかりやすくなります。

　次の章では、この「処理の流れを制御するための構文」を解説します。ここで、今回説明したコンテナの活用法についても改めて説明します。

　また、実際に複雑なプログラムを作成するときは、このようにデータをまとめて扱えることは必須になります。Pythonで本格的なアプリケーション開発を行うときのためにも、この章は復習しておくと役立ちます。

この章のまとめ

- 多数の値をまとめて管理するコンテナには、リスト、タプル、レンジ、セット、辞書がある。

- リスト、タプル、レンジはインデックスという番号で値を管理する。

- セットは同じ値を複数持たない集合。

- 辞書はキーワードで値を管理する。

- コンテナには、ミュータブル（書き換え可能）とイミュータブル（書き換え不可）がある。タプルとレンジはイミュータブルであり、その他のものは基本的にミュータブルである。

《章末練習問題》

練習問題 3-1

以下のようにインタラクティブシェルからプログラムを実行しました。すべての文を実行し終えたとき、リスト lst はどのようになっているでしょうか。

```
lst = [10, 20, 30]
lst += [50]
lst.append(100)
lst.remove(20)
del lst[2]
```

練習問題 3-2

5種類のコンテナについて、空欄を埋めなさい。

- リストやタプル、レンジのようにインデックス番号で値を順番に整理するコンテナは、① と呼ばれます。
- 集合のはたらきを持つコンテナは ② です。
- 辞書は、値に ③ と呼ばれる名前をつけて管理します。

練習問題 3-3

リスト、タプル、レンジ、セット、辞書について、ミュータブルなコンテナとイミュータブルなコンテナに整理しなさい。

解答は P.592

4章

制御構文

プログラムの処理の流れを制御するために用意されているのが「制御構文」です。ここではPythonの制御構文である「if」「for」「while」について説明します。またリストの生成に用いられる「リスト内包表記」とよばれる記述法についても押さえておきましょう。

 制御構文とは

　この章では、プログラムの処理の流れをコントロールする制御構文を説明をします。

　ここまでの章で、簡単なプログラムのサンプルを作成し実行してきました。これらはいずれも、ただ用意された文を順番に実行するだけのものでした。ごく単純な処理であれば、これでもいいでしょう。しかし、複雑な処理を行う場合、このやり方では限界があります。

　例えば、「その日の各支店の売上を合計する」というプログラムを考えてみましょう。1つ1つの売上を足していくだけですから、これまでのように実行する文を並べていくだけでも作ることはできます。ただし1つずつ書いていくと手間はかかりますし、ミスも起きやすくなるはずです。

　さて、もう一歩踏み込んで、「今週の売上と利益を合計する」という処理はどうなるでしょう。作成したプログラムを、「月曜日の集計をするもの」「火曜日の集計をするもの」という具合に1週間分書いていきますか？　それはどう考えても非効率的です。

　また、「利益が黒字の場合と赤字の場合で異なる処理をする」という場合はどうすればいいでしょう。こうなると、ただ処理を順番に並べていくだけでは不可能です。処理をしている中で、「黒字か、赤字か」を判断し、それによって実行する処理を変えるような仕組みが必要になります。

このように、プログラムが複雑になると、「実行する処理を制御するための仕組み」が必要となります。そのために用意されているのが制御構文です。

▼図 4-1：同じような処理をひたすら続けて実行するよりも、必要に応じて処理を繰り返したり、異なる処理を実行させることができたら、はるかに効率的にプログラムを作れる。

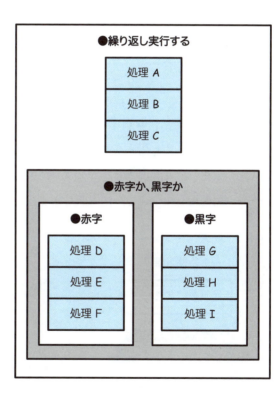

● 制御構文の種類

制御構文は、プログラムを自由に制御できるようにするために不可欠なものです。どのようなものが用意されているのでしょうか。

実はたった「2種類」しかありません。

条件分岐
──必要に応じて処理を分岐させるためのもの

繰り返し
──必要に応じて用意された処理を繰り返し実行させるためのもの

このたった2つだけで、プログラムを自由に制御できるようになります。

制御構文には2種類しかありませんが、Pythonでは繰り返しに2種類の構文が用意されているため、全部で3つの制御構文用の文法があります。この3つさえ覚えれば、制御構文をマスターできるのです。

これらの制御構文について順に説明します。

▼図 4-2：制御構文は、「条件分岐」と「繰り返し」の2種類がある。

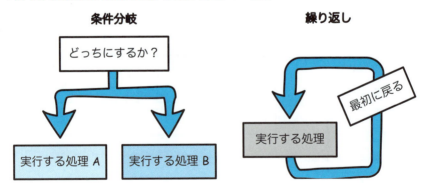

条件分岐と if 文

まずは、条件分岐からです。条件分岐とは、名前の通り、「条件に応じて、実行する処理を分岐する」というはたらきをする構文です。プログラムを実行しているとき、変数の値などさまざまな状態によって異なる処理を行わせる、これが条件分岐です。

Python に用意されている条件分岐は if 文と呼ばれます。

条件となる部分と、それによって実行する処理の部分からなります。基本的な構文の形を整理しましょう。

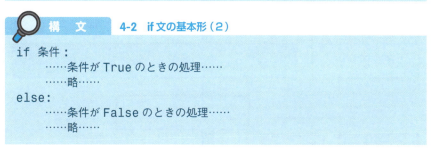

if 文は、一番最初に、分岐のための条件を記述する文を用意します。if の後に条件（条件式など）を用意し、最後にコロン（:）記号をつけます。コロンにより、ここまでが if の条件で、この後に実行する処理が続くとわかるようになっています。

条件は原則、bool 値として得られるものを指定します。bool のリテラル、変数、結果が bool 値になる式など、bool として得られるものならばどんなものでも条件に設定できます。

ifのある行の次行は、インデントして、条件がTrueだったときの処理を記述します。インデントの位置さえ揃えていれば、この処理を何行書いても「条件がTrueのとき実行する処理」として扱ってくれます。

　条件がFalseだったときの処理は、その後に「else:」をつけて記述をします。else: は、インデントの位置をifと同じ位置に揃えます。その後に続く実行文は、インデントでelse: よりも右にずらして記述します。

　この部分（else: ～の部分）は、不要ならば書かなくともかまいません。その場合は、条件がFalseなら何もせずに次に進みます。

▼図4-3：if文の仕組み。ifの後にある条件をチェックし、それがTrueかFalseかで実行する処理が変わる。

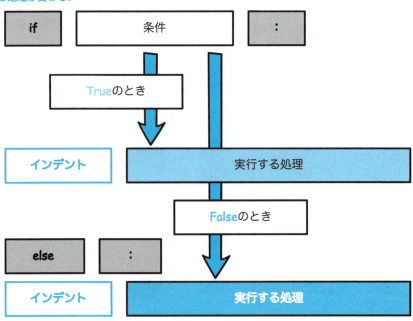

> **ポイント**
> if 文は、条件が True ならば処理を実行する。else: を使って、False の場合に実行する処理を用意することもできる。

インデントの重要性

　if 文では、条件の次行には、インデントして条件が True だったときに実行する処理を書きます。また、else: の次行には、同じくインデントして条件が False だったときの処理を用意します。

　ここで重要なのは、処理の文は必ずインデントするという点です。

　既に説明したように、Python では「文の始まりの位置」が非常に重要な意味を持ちます。制御構文では、「その構文の中で実行する処理」は、構文の始まりの文よりも右にインデントしていなければいけないのです。このインデントにより、Python はここが実行部分だと認識します。

　例えば、こんな形で書かれている処理を考えてみて下さい。

```
if ○○ :
    処理A
    処理B
else:
    処理C
処理D
処理E
……
```

　このようになっているとき、if の構文内となるのは、処理 A ～処理 C までです。条件が True ならば処理 A・処理 B を実行し、False ならば処理 C を実行します。その後の処理 D 以降は、if 文が終わって、もとの状態に戻ったところにある処理です。

　つまり、今まで同じく処理 D と処理 E は上から並んだ順に実行されます。ここでは「処理 A →処理 B →処理 D →処理 E」もしくは「処理 C →処理 D →

処理 E」と実行されます。

インデントの「どの位置で文が始まるか」を見れば、実行されるのがどこからどこまでなのかひと目でわかるわけです。これは、if 文に限らず、すべての構文で同様です。

逆に、インデントが正確でないと、構文の中で実行すべきものが実行されなかったり、関係ない構文の中で実行されてしまったりします。

Python では、常に「この文のインデントはどの位置か」を考えながらプログラムを記述するよう心がけましょう。

▼図 4-4：構文の中で実行する処理は、必ず構文の開始位置より右にインデントされている。どんなに複雑な処理でも、インデントの位置を見れば、どこからどこまでがどの構文の範囲かひと目でわかる。

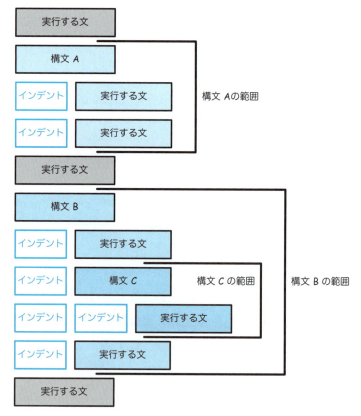

ポイント

Pythonでは、構文内で実行する部分はインデントする。インデントが正しくないとエラーになるので注意！

 ## ifを使う

実際にif文を使ってみましょう。条件分岐や後で解説する繰り返しの構文を使うようになると、これまでのようにインタラクティブシェルから実行して動作確認をするのは少し面倒になってきます。これ以後は、主にテキストエディターを使ってスクリプトファイルを作成するとわかりやすいでしょう。

 COLUMN

テキストエディターで編集

もし、適当なテキストエディターがない、使い方がわからないなら、Pythonのインストール時に付属するIDLEを使って記述しましょう。既に紹介したようにIDLEはテキストエディターとしても使えます。以下の手順で作業しましょう。

1. IDLEを起動します（「1-04 プログラムの実行」参照）。
2. ＜File＞メニューの＜New File＞メニューを選びます。現れたウインドウが、IDLEのテキストエディターです。ここでソースコードを記述します。
3. ＜File＞メニューの＜Save＞メニューを選んで、ファイルを保存します。
4. ＜Run＞メニューの＜Run Module＞メニューを選ぶと、保存したファイルをその場で実行できます。

後は、ソースコードを編集し、保存しては＜Run Module＞メニューで実行する、という作業を繰り返していけばいいでしょう。

▼図 4-5：＜ Run Module ＞メニューを選ぶと、編集中のスクリプトファイルをその場で実行できる。

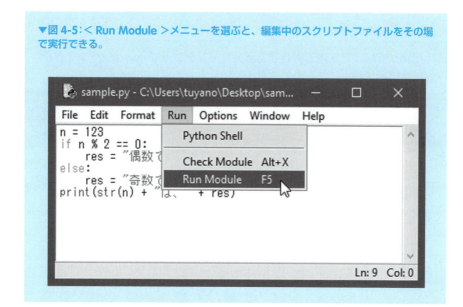

● サンプルスクリプトを動かす

　サンプルを書いて動かします。テキストエディターで以下のようにソースコードを記述して下さい。インデント部分は半角スペースを4つ入力します。

▼リスト 4-1　True を使った if 文の例

　これを実行すると「if 文」という文字が表示されるはずです。

▼リスト 4-2　False を使った if 文の例

　これを実行すると「if 文」という文字が表示されませんが、エラーも起きません。文法的には正しいが、実行されない部分をプログラム中に記入できたことがわかります。

このように条件分岐では条件に合致する（True）のときは処理、合致しない（False）のときは処理しないというようにプログラムの実行に影響を与えることができます。

インタラクティブシェルでは1行ごとに実行内容を確認できます。IDLEでファイルを作成している場合は、ファイルを保存し、エディタウインドウの＜ Run ＞メニューから＜ Run Module ＞を選ぶと、編集中のスクリプトファイルを実行できます。

 if と else を使う

ifだけでなく、ifに合致しなかった場合の処理を行う else も使ってみます。ここではあわせて比較演算の式（比較演算を用いた条件を求める式、「2-03 演算」参照）も利用しています。

▼リスト 4-3　if-else 形式の if 文
```
01: n = 123
02: if n % 2 == 0:
03:     res = "偶数です。"
04: else:
05:     res = "奇数です。"
06: print(str(n) + "は、" + res)
```

記述したら、適当なファイル名で保存しておきます。ここでは「sample.py」という名前にします。これを実行してください（「1-04 プログラムの実行」を参照）。すると以下のように出力されます。

123は、奇数です。

これは、変数 n の値が偶数か奇数かをチェックし、その結果を表示する、というものだったのです。動作を確認したら、ソースコードの最初にある「n = 123」の値をいろいろと変更してみましょう。いくつに設定しても常に正しく「偶数か、奇数か」を判断します。

このソースコードの動作を確認していきます。

● 処理を確認する

どのような条件を使って分岐を行っているのか見てみましょう。ここでは、以下の式を条件に設定しています。

```
n % 2 == 0
```

n を 2 で割ったあまり（n ％ 2）がゼロである、という比較演算の式（「2-03 演算」参照）です。この式を実行し、その結果が True か False かで異なる処理を実行しています。

True の場合は、変数 res に「偶数です。」と代入します。False の場合は「奇数です。」と代入しています。

そして if 文を抜けた後にある print で、変数 n と res を 1 つにつなげて表示をします。この print 文は、もう if とは関係のないものです。インデントの位置を見るとそれがよくわかります。

n ％ 2 == 0 では n ％ 2 と 0 が等しいかどうか（つまり、変数 n を 2 で割ったときにあまりがでるかでないか）を調べています。結果が True なら、n は 2 で割り切れる、つまり偶数ということになります。False なら、n は 2 で割り切れない、つまり奇数になることがわかります。

COLUMN

インデントはタブ？ スペース？

　実際に構文を使ったプログラムを書いてみると、一番迷うのは「どうやってインデントをつければいいのか」ということでしょう。

　インデントは、Tabキーを押してタブ（TAB）文字で行うやり方と、半角スペースをいくつか入れて行うやり方があります。Pythonのソースコードの書き方について説明している「PEP8」というドキュメントでは、インデントは「半角スペース4つ」が推奨されています。したがって、特に理由がないなら、半角スペース4つを入れてインデントをつけましょう。

　なお、IDLEのテキストエディターでは、Tabキーを押すと、タブ文字の代わりに半角スペースが4つ挿入されるようになっています。

条件と比較演算

　if文を使いこなすためには、条件をどのように設定するかが重要になります。ifの条件は、既に説明したように、「bool値として得られるもの」を指定します。bool値、TrueかFalseであれば、どんなものでもかまいません。

　ただし読みやすさの観点から、条件分岐の条件には「比較演算の式を使うのが基本」と覚えましょう。

　比較演算というのは、==や<, >といった記号で2つの値を比較するものでした。この式は、式が成立するならTrue、しないならFalseが結果となります。条件には、まさにうってつけのものなのです。

　先ほどの例でも比較演算を条件にしています。

▼図 4-6：if の条件には比較演算の式を用意する。式の結果が True か False かで処理を分岐できる。

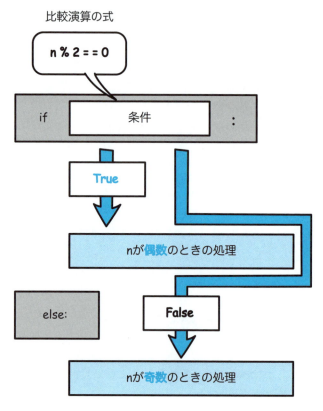

 ポイント

if 文の条件は、比較演算の式を使うのが基本。

ブール演算による条件

より複雑な条件を設定する場合、ブール演算も利用できます。

ブール演算とは、複数の真偽値の式や値を組み合わせて結果を出すための演算です。これによって、より高度な条件設定ができます。

例えば、「変数 n が、10 以上 20 以下」の場合に処理を実行する、という条件を考えてみましょう。これは、「n >= 10」と「n <= 20」という 2 つの比較演算式を組み合わせなければいけません。先ほど作成したスクリプトファイル（sample.py）を以下のように書き換えて実行してみましょう。

▼リスト 4-4　ブール演算による条件の組み合わせ

```
01: n = 15
02: if 10 <= n and n <= 20:
03:     print(str(n) + 'は範囲内です。')
04: else:
05:     print(str(n) + 'は範囲外です。')
```

実行すると、「15 は範囲内です。」と出力されます。n の値が 10 以上 20 以下ならば「範囲内」と表示されます。リスト 1 行目の「n = 15」の値をいろいろと書き換えて試してみましょう。

ここでは、ブール演算の演算子「and」を使い「10 <= n and n <= 20」と条件を設定しています。「10 <= n」かつ「n <= 20」を満たす、両方の条件が True の場合だけ True と判断されます（「2-03 演算」の「ブール演算」参照）。

 ## elif による複数の分岐

ここまで紹介したのは「二者択一」の分岐です。条件に応じて、2 つある処理のどちらか一方だけを実行してきました。

しかし、ときには「3 つ以上に処理を分岐したい」と思うこともあります。例えば、ジャンケンのプログラムは、出した手がグー、チョキ、パーのいずれかで処理が変わります。すなわち 3 つの分岐が必要となるのです。

3 つ以上の分岐に対応した条件分岐の構文も用意されています。if 文の「elif」を使って以下のように記述します。

elif は、if 文で、else: と同じ位置に記述します。ここで elif: の後に次の条

件を記述します。elif: はいくつでも記述できます。

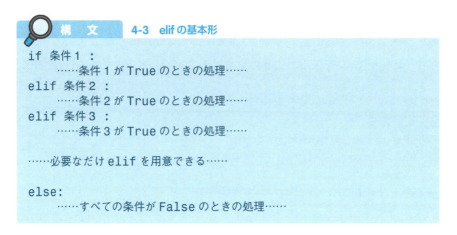

構文　4-3　elif の基本形

```
if 条件1 :
    ……条件 1 が True のときの処理……
elif 条件2 :
    ……条件 2 が True のときの処理……
elif 条件3 :
    ……条件 3 が True のときの処理……

……必要なだけ elif を用意できる……

else:
    ……すべての条件が False のときの処理……
```

▼図 4-7：elif: は、第2、第3の条件を追加する。最初の条件が False なら次の elif: の条件へ、それが False なら更に次の elif: へ……と進んでいく。

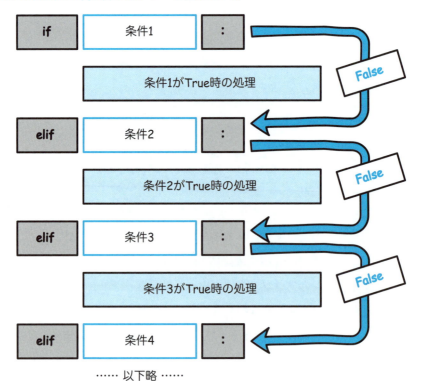

● elif 利用時の処理の流れ

これを実行すると、どのように処理が進められていくのでしょうか。処理の流れを見てみましょう。

1. if の条件 1 をチェックする
    ・True なら、その後の処理を実行
    ・False なら、2 へ
2. elif の条件 2 をチェックする
    ・True なら、その後の処理を実行
    ・False なら、3 へ
3. elif の条件 3 をチェックする
    ・True なら、その後の処理を実行
    ・False なら、4 へ

……必要なだけ elif の条件をチェック……

x. すべての条件が False だった場合
    ・else の処理を実行

処理の流れを見ていくと、条件 1 から順にチェックをしていくことがわかります。条件が True ならばそのまま処理を実行し、False ならば次の条件をチェックする。これが True ならそこにある処理を実行し、False ならまた次の条件をチェックする……というように、「条件が False なら次の条件に進む」ということを繰り返していくのです。

ポイント

elifは、ifの条件がFalseのとき、次の条件を設定して分岐処理を行うもの。必要に応じていくつでも続けることができる。

elifの利用

elifを使ってみましょう。先ほど作成したスクリプトファイル（sample.py）を以下のように書き換えて実行して下さい。

▼リスト4-5

```
01: te = 'チョキ'
02: if te == 'グー':
03:     res = "パー"
04: elif te == "パー":
05:     res == 'チョキ'
06: elif te == 'チョキ':
07:     res = 'グー'
08: else:
09:     res = '不明'
10: print('あなたは、' + te + "。私は、" + res)
```

実行すると、コンソール画面に以下のメッセージが表示されます。

> あなたは、チョキ。私は、グー

最初の変数「te」に、「グー」「チョキ」「パー」のいずれかの値を設定して実行すると、じゃんけんした結果を表示します。ただし、ここでは常に相手が勝つようになっています。teの値を書き換えて動作を確認してみましょう。

ここでは、以下のような順番に条件のチェックを行っています。

▼表4-1 条件とプログラムの対応

条件チェック	プログラム中の該当箇所
最初の条件チェック	if te == 'グー':
最初の条件が False のとき	elif te == "パー":
2回目の条件が False のとき	elif te == 'チョキ':

　このように、te の値を順番にチェックして相手が何を出したかを確認し、それに応じた処理を行っていた、というわけです。いくつもの条件を用意して処理するのはちょっと面倒ですが、「順番に条件をチェックしていく」という処理の流れがわかれば、多数の分岐も意外と簡単に作れるようになるでしょう。

COLUMN

in による分岐

　elif を使って複数の条件による複数の分岐を行う方法はわかりました。しかし、1つ1つの値についていちいち条件を設定していくのはなかなか面倒です。

　例えば、「今が何月かを設定すると、その季節を表示する」というプログラムを考えてみましょう。この場合、月の値として設定されるのは1～12の12個の値が考えられます。となると、if と elif で、12個の値について1つ1つ条件を設定しなければいけないのでしょうか。

　季節は4つしかないので、「これとこれとこれは、春」というように、いくつかの値をまとめてチェックできればずいぶんと楽になりますね。

　このような場合に役立つのが、コンテナのところで説明した「in」による演算です。in は、以下のような演算でした。

```
値 in コンテナ
```

　値がコンテナの中に含まれていれば True、いなければ False の結果が得られるというものでした。利用できるコンテナには、リストなどのシーケンス、セットがあります。

　あらかじめ用意しておいた値の中に含まれているかどうかをチェックできます。in を利用すれば、値ごとに分岐を設ける必要はなくなります。

● in による条件を使う

では、実際に in を使った条件分岐の設定を利用してみましょう。先ほどの「1 〜 12 の値を設定すると、その月の季節を表示する」というサンプルを考えてみることにします。

▼リスト 4-6　in を用いた if 文

```
01: month = 6
02:
03: if month in {12, 1, 2}:
04:     season = "冬"
05: elif month in {3, 4, 5}:
06:     season = "春"
07: elif month in {6, 7, 8}:
08:     season = "夏"
09: elif month in {9, 10, 11}:
10:     season = "秋"
11: else:
12:     season = "不明"
13:
14: msg = (str(month)) + "月の季節は、" + season + " です。"
15: print(msg)
```

実行すると、以下のようなメッセージがコンソールに書き出されます。

6月の季節は、夏 です。

プログラムでは、変数 season というものを用意し、これに調べたい月の値を整数値で代入します。後は、if と elif で値をチェックしていくだけです。これは以下のように行っています。

```
if month in {12, 1, 2}:        # 冬の処理
elif month in {3, 4, 5}:       # 春の処理
elif month in {6, 7, 8}:       # 夏の処理
elif month in {9, 10, 11}:     # 秋の処理
```

このように、各季節の月をまとめて in でチェックすれば、4つの条件ですべての月をチェックすることができます。

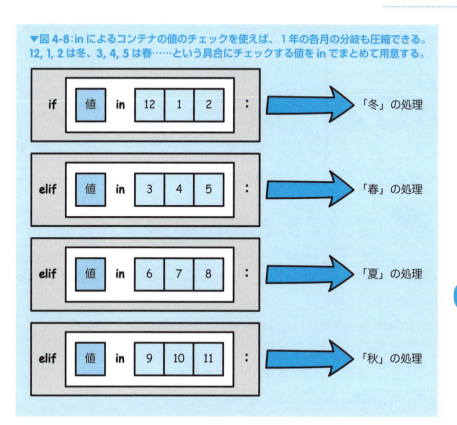

▼図4-8：inによるコンテナの値のチェックを使えば、1年の各月の分岐も圧縮できる。12, 1, 2は冬、3, 4, 5は春……という具合にチェックする値をinでまとめて用意する。

02 for文

コンテナと反復処理

続いて、繰り返しの構文です。繰り返し構文は2つあります。その1つ、for文から説明します。

for文は、コンテナを利用した繰り返しです。

データをまとめて扱うための各種のコンテナの使い方について、3章で説明をしました。これらは、複数のデータをひとまとめにして保管し管理することができます。

こうした多量のデータを扱う場合、全てのデータに対して同じ処理を行う作業が必要となることがあります。例えば、全データの平均を計算するときは、まず全データを合計する処理を行わないといけません。コンテナの全データを順に取り出して変数に足していくといった作業が必要になります。

こうしたコンテナにあるデータを順に取り出して同じ処理をする作業を行うために用意されているのがfor文です。以下のように記述します。

構文　4-4　for文の基本形

```
for 変数 in コンテナ :
    ……繰り返す処理……
```

for文は、コンテナと変数を用意します。繰り返す処理の部分は、必ず右にインデントして記述します。

この構文は、コンテナから値を取り出して変数に代入し、繰り返す処理を実行します。実行後、またforに戻ってコンテナから次の値を取り出して変数に代入し、また繰り返す処理を実行します。こうして、コンテナから順に値を取り出しては処理を実行する、ということを繰り返していきます。

　すべての値をコンテナから取り出し終えたら、構文を抜けて進みます。

▼図4-9：for文は、コンテナから値を変数に取り出し、処理を実行する。実行後、またもとに戻って次の値を取り出し、処理を実行する。これを繰り返し、コンテナから順にすべての値を取り出して処理する。

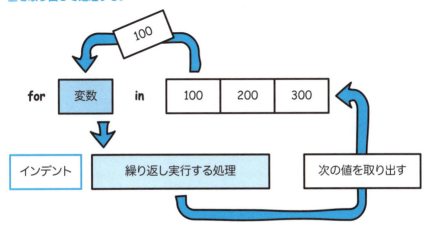

 ポイント

forは、コンテナから順に値を取り出して処理を行うための構文。繰り返し実行する部分は、右にインデントして書くこと。

 ## forを利用する

　簡単な例で試してみましょう。タプルの中の文字列を表示するサンプルです。コンテナの中の要素を変数wordに代入して、繰り返し表示しています。

▼リスト 4-7　単純な for 文の例

```
01: for word in ( 'Python' , 'パイソン' ) :
02:     print(word)
```

▼実行結果

```
'Python'
'パイソン'
```

　実は繰り返しに使う変数は繰り返し処理の中で使わなくても問題はありません。次の例を試すと、コンテナの中の要素の数の分だけ繰り返していることがわかります。

▼リスト 4-8　変数を用いない for 文の例

```
01: for word in ( 'Python' , 'パイソン' , 'ぱいそん' ):
02:     print( '繰り返し' )
```

▼実行結果

```
繰り返し
繰り返し
繰り返し
```

　より具体的に for を使った例を見てみましょう。あらかじめデータをまとめたコンテナを用意しておき、その合計と平均を計算させてみます。

▼リスト4-9　実践的なfor文の例

```
01: # inの後ろに指定するコンテナは変数でも問題ありません。
02: data = [98, 76, 59, 86, 71, 64, 53, 99, 48]
03: # totalはforの繰り返しの中で使う変数です。あらかじめ指定しておきます。
04: total = 0
05: for n in data:
06:     total += n
07: ave = total // len(data)
08:
09: msg = "合計:" + str(total) + " 平均:" + str(ave)
10: print(msg)
```

これまでと同様、作成してあるスクリプトファイルを書き換えて実行します。実行すると、以下のような結果が表示されます。

```
合計:654 平均:72
```

ここでは、リスト「data」にデータを用意しておき、これを使って合計と平均を計算しています。実行して動作を確認したら、dataの内容をいろいろと書き換えて動作を確認しましょう。値を書き換えても、またデータの数を増減しても、きちんと合計と平均が計算されることがわかります。

● for のはたらきを確認する

ここでは以下のようにしてdataから値を取り出し合計を計算しています。

```
for n in data:
    total += n
```

for n in data: で、dataから順に値を変数nに取り出し、処理を繰り返しています。繰り返し実行しているのは、total += n という一文で、dataから取り出したnをtotalに加算しています。これで、繰り返しを抜けるときには全値の合計がtotalに保管されていることになります。

▼図 4-10：for のはたらき。コンテナの最初の値から、繰り返すごとに順番に値を変数に取り出していく。

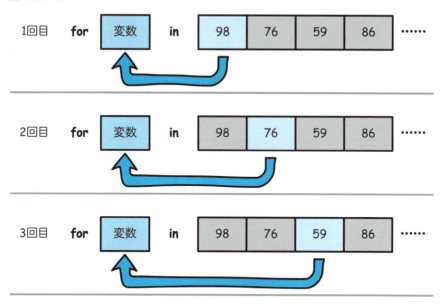

 # レンジによる範囲指定

　決まった回数（決まった値の範囲）を繰り返し処理する作業が必要なこともあります。ごく単純な例として、1 〜 100 までの合計を計算する処理を考えてみましょう。

　これも、for で簡単に処理できます。しかし、「1 〜 100 の値をまとめたリスト」を作るのが大変です。100 ならまだ手作業でコードを書けますが、これがさらに増えたら、とてもリストを手書きできないでしょう。

　このようなときに役立つのが range 関数で作成できるレンジです。レンジはシーケンスの仲間で、コンテナです（「3-02 タプル（taple）とレンジ（range）」参照）。レンジを使うと、一定の整数の範囲をコンテナにまとめることが簡単にできます。

```
range(終了値)
```

上のように記述すると「繰り返したい回数」分、0 から 1 ずつ数を増やすレンジが作成されます。for 文と組み合わせて確認します。

▼リスト 4-10　range と for 文の組み合わせ (1)

```
01: for i in range(10):
02:     print(i)
```

▼実行結果
```
0
1
2
3
4
5
6
7
8
9
```

range 関数は書き方が大きく分けて 3 通りあります。

```
range(開始値，終了値)
range(開始値，終了値，ステップ)
```

これらは先に紹介したものと比べて、記述する量は増えますがより柔軟に使えます。こちらもためしてみましょう。なお、「繰り返し終了の数」はレンジには含まれず、それより小さい数しか含まれません。

▼リスト4-11　rangeとfor文の組み合わせ（2）

```
01: for i in range(1,10):
02:     print(i)
03: print('---------------区切り線----------------')
04: for i in range(1,10,3):
05:     print(i)
06:
```

```
1
2
3
4
5
6
7
8
9
---------------区切り線----------------
1
4
7
```

より具体的な例で試してみましょう。0から決まった数（整数）までの合計を計算する処理を考えてみます。

▼リスト4-12　rangeである数までの合計を求める

```
01: num = 1234
02: total = 0
03: for n in range(num + 1):
04:     total += n
05:
06: msg = str(num) + "までの合計：" + str(total)
07: print(msg)
```

ここでは、変数numまでの合計を計算させています。これを実行すると、以下のようにコンソールに出力されます。

```
1234までの合計：761995
```

とても簡単に合計が計算できることがわかります。ここでは、以下のように for 文を作成しています。

```
for n in range(num + 1):
```

レンジを使って、ゼロから num までの数列のコンテナを用意し、これを使って繰り返しを行っています。注意したいのは、「レンジは引数に指定した値の手前までで作られる」という点です。したがって、num までの数列を作りたければ、num + 1 を引数に指定する必要があります。

▼図 4-11：レンジを使うことで、数列のコンテナを for に設定することができる。

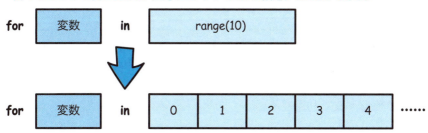

 辞書と for

コンテナは、基本的にどの種類の値でも for で利用できますが、注意しておきたいのは辞書を扱う場合です。

辞書は、キーワードで値を管理しています。これも for に利用できます。

```
for 変数 in 辞書 :
```

このように記述することになりますが、このとき、変数に取り出されるのは、「値」ではありません。「キーワード」なのです。したがって、値を利用するには、このキーワードで辞書から値を取り出す必要があります。

▼図 4-12：辞書を for で使う場合、変数に取り出されるのは「キーワード」で、値ではない。

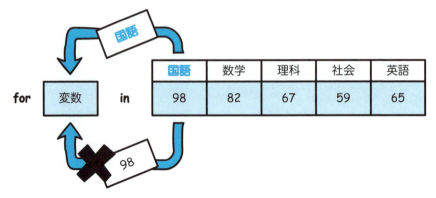

辞書を for で利用する場合、取り出されるのは値ではなくキーワード。これを元に、改めて辞書から値を取り出さないといけない。

● 辞書を for 文で利用する

実際に辞書を for 文で利用します。簡単なサンプルを挙げておきます。

▼リスト 4-13　辞書と for 文

```
01: data ={'国語':98,'数学':82,'理科':67,'社会':59,'英語':65}
02: total = 0
03: for k in data:
04:     print(k + ":" + str(data[k]))
05:     total += data[k]
06: ave = total // len(data)
07: msg = "合計:" + str(total) + " 平均:" + str(ave)
08: print(msg)
```

実行すると、変数 data に保管される 1 つ 1 つの項目を表示し、最後に合計と平均を表示します。コンソールには以下のように出力されます。

```
国語：98
数学：82
理科：67
社会：59
英語：65
合計：371 平均：74
```

ここでは、変数 data という辞書に各教科名をキーワードにして点数のデータを保管しています。ここから、for を使って教科名（キーワード）と点数データを以下のように取り出しています。

```
for k in data:
    print(k + ":" + str(data[k]))
    total += data[k]
```

for k in data: で変数 k に取り出されるのは、data に保管されているデータのキーワードです。したがって、値はそこから data[k] というようにして取り出して利用することになります。この「for で取り出されるのはキーワードだ」という点さえ間違えなければ、辞書による for の利用は決して難しいものではありません。変数 k だけ表示するなどソースコードを編集して試すと理解が深まるでしょう。

 メモ

実は for 文は「これが最後のデータなのでここで for 文を終了させよう」という仕組みでは動いていません。もうこれ以上データがないことは、最後のデータの次のデータを処理しようとして繰り返し処理を失敗するまで気づきません。つまり、「とにかくデータを繰り返し処理していき、繰り返しに失敗したらそこの1つ前でデータは最後だった」と判断しています。これは Python のプログラム実行上は隠蔽されているので気づきにくい部分です。

elseによる全データ取得後の処理

for文は、コンテナから順にデータを取り出していき、最後のデータを処理し終えたら次の文に抜けます。

このデータがなくなった後の処理は、for文で実行する処理とは別に処理を用意できます。「else」を使います。

構文　4-5　for文でelseを使う

```
for 変数 in コンテナ :
    ……繰り返す処理……
else:
    ……全データ取得後の処理……
```

このように、elseで全データを取り出し終わった後の処理を用意します。

▼図4-13：全データを取り出し終えた後でforに呼び出されると、「else」というところにジャンプして処理を実行できる。

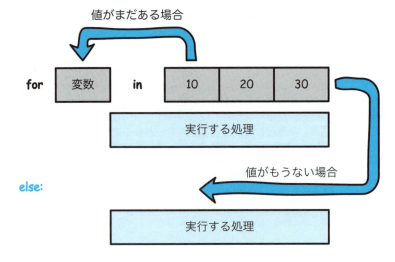

4-02 for文

● else による処理を利用する

　実際に else がどのようなはたらきをするか確かめてみましょう。リスト 4-13 を少し修正し、全データ取得後の処理を追加してみます。

▼リスト 4-14　else を使った繰り返し

```
01: data ={'国語':98,'数学':82,'理科':67,'社会':59,'英語':65}
02: total = 0
03: for k in data:
04:     print(k + ":" + str(data[k]))
05:     total += data[k]
06: else:
07:     print("=======データは以上です=======")
08: ave = total // len(data)
09: msg = "合計:" + str(total) + " 平均:" + str(ave)
10: print(msg)
```

　これを実行すると、コンソールには以下のように出力されるでしょう。

```
国語:98
数学:82
理科:67
社会:59
英語:65
=======データは以上です=======
合計:371 平均:74
```

　for では、data からキーワードと値を取り出してその内容を print で出力しています。そしてすべてのデータを取り出し終わったら、else の print を実行します。出力された内容を見ていくと、全データを出力した後で、else の print が出力されていることがわかります。

continue と break

　繰り返しは、基本的に最後まで順番に実行されます。for 文に用意してあったコンテナからすべての値を取り出し終えたら、構文を終了します。

　しかし、時には途中で繰り返しを終わりにしたいこともあるでしょう。また、「今回の処理はこれで OK。残りはやらずに次の繰り返しに進もう」という場合もあるはずです。

　このようなときに用いられるのが「conitue」と「break」です。これらは繰り返しを途中で中断するためのものです。

```
continue
```

　これは、その場で「次の繰り返し」に進むためのものです。これがあると、それより後にある処理はすべて省略され、次の繰り返しに進みます。

```
break
```

　これは処理を中断するためのものです。これがあると、その場で for 文から抜け出し、次に進みます。

　2 つは似ていますが、はたらきはまるで違います。continue は「次の繰り返しに進む」ためのものであるのに対し、break は「構文そのものを中断して次に進む」ためのものです。

▼図 4-14：continue は、次の繰り返しに進む。break は構文を抜けて次に進む。

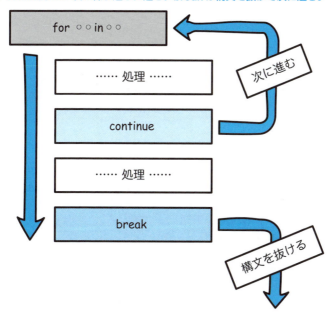

 ポイント

continue は、次の繰り返しに進む。break は構文を抜けて次に進む。

● continue を使う

　実際に利用します。先ほどの例を修正し、用意されているデータから 3 教科だけの合計を計算するようにしてみます。

▼リスト4-15　continueによるfor文の制御

```
01: data ={'国語':98,'数学':82,'理科':67,'社会':59,'英語':65}
02: total = 0
03: for k in data:
04:     if k in {'国語', '数学', '英語'}:
05:         print(k + ":" + str(data[k]))
06:     else:
07:         continue
08:     total += data[k]
09: else:
10:     print("=======データは以上です=======")
11: ave = total // 3 # 3教科で計算
12: msg = "合計:" + str(total) + " 平均:" + str(ave)
13: print(msg)
```

これを実行すると、コンソールには以下のように出力がされます。

```
国語:98
数学:82
英語:65
=======データは以上です=======
合計:245 平均:81
```

国語・数学・英語の3教科だけの合計と平均が計算されているのがわかります。ここでは、forの繰り返し部分で、以下のようなif文を用意しています。

```
if k in {'国語', '数学', '英語'}:
```

forで取り出されたキーワードが、「国語」「数学」「英語」のどれかなら、内容を表示しています。そうでない場合（else:部分）には、continueで次の繰り返しに進みます。

取り出した値を変数totalに加算する処理は、このif文の後にあります。本来ならifの条件がTrueかFalseかに関係なく、totalに加算されるはずです。しかし、continueによりすぐに次の繰り返しへと進むため、ifの条件がFalseの際には加算されないのです。

while のはたらき

もう1つの繰り返し構文は、while 文です。

while 文は、「繰り返しのための条件」を持った構文です。条件をチェックし、結果に応じて繰り返しを行うか決めます。以下のように記述します。

構　文　　4-8　while 文の基本形

```
while 条件:
    ……繰り返す処理……
```

while 文は、とてもシンプルな構造をしています。while の後に、繰り返しのための条件が用意されています。while では、まずこの条件をチェックし、結果が True であれば、その後にある繰り返す処理の部分を実行します。この処理部分は、必ず右にインデントして記述します。

実行後、再び while に戻り、条件をチェックし、True ならばまた繰り返し処理を実行します。こうして条件のチェックと処理の実行を繰り返していき、条件が False になったら繰り返しを抜けて次へと進みます。

▼図 4-15：while では、条件が True ならば処理を実行する。False になったら構文を抜けて次に進む。

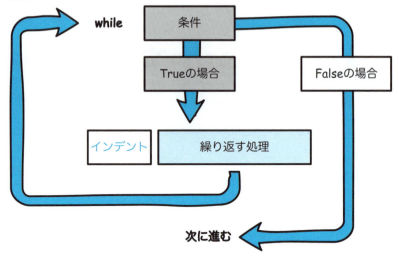

● 条件は、if と同じ

　while の条件は bool 型です。すなわち、True か False かで値が得られるものはすべて設定可能です。if の条件とまったく同じです。

　if 文と同じく、「条件は、比較演算の式を使うのが基本」と考えておきましょう。2つの値を比較する式です。

 ポイント

while は、条件に設定した値が True の間、処理を繰り返し続ける。繰り返す処理部分は右にインデントすること。

● while 文を利用する

　実際に while 文を使ったサンプルを作ってみましょう。while 文は、コンテナとは特に関係なく繰り返しを行います。データの処理以外のことで繰り返し処理を行うようなものにも使えます。

　例えば、数字を少しずつ増減させながら計算を行うようなものは、while の得意とするところでしょう。

▼リスト4-16　約数を求める

```
01: num = 12345
02: n = 2
03: res = []
04: while n <= num // 2:
05:     if num % n == 0:
06:         res += [n]
07:     n += 1
08: print(str(num) + "の約数")
09: print(res)
```

これは、ある数字の約数（割り切れる数）を調べるサンプルです。変数numの約数を調べてすべて表示します。これを実行すると、コンソールに以下のように出力されます。

```
12345の約数
[3, 5, 15, 823, 2469, 4115]
```

「約数を調べる」というと何だか難しそうですが、考え方としては実は意外に単純です。2から順番に、整数で割り切れるか割り算をしていき、割り切れるもの（余りがゼロのもの）を全部リストなどに入れてまとめていけばいいのです。

ここでは、numの他に、割り算する値を入れておく変数n、見つかった約数を保管しておくリストresといったものを用意してあります。そして、whileでは以下のように条件を設定しています。

```
while n <= num // 2:
```

変数nの値が、numの2分の1以下の間は繰り返す、という意味になりますね。numの半分より大きくなったら繰り返しを抜けます。numの半分より大きくなったら、もうnumを割り切れる数字はないので、それより大きくなったら終わりというわけです。

繰り返し部分では、if num % n == 0: でnumをnで割った余りがゼロなら、

割り切れたということなので res に値を追加します。そして n の値を 1 増やして次の繰り返しに進みます。これをひたすら繰り返しています。

繰り返すごとに n の値が 1 ずつ増えていき、num // 2 より大きくなったら while を抜けて結果を表示します。

無限ループの恐怖

サンプルを見ればわかることですが、while では、繰り返すごとに、条件に使われている式の結果や変数の値などが変化していきます。これは非常に重要です。毎回、少しずつ変化しているからこそ、最終的に値が True から False へ変わり、構文を抜けられます。もし、まったく変化しない条件を設定してしまったら、どうなるでしょうか。

▼リスト 4-17　無限ループのサンプル

```
01: print('start.')
02: num = 0
03: while num == 0:
04:     num = 0
05: print('end.')
```

こんなサンプルを実行してみましょう。すると、コンソールには「start.」と表示されたきり、いくら待ってもプログラムは終了しません。よく見ればわかるように、ここでは、num == 0 という条件を設定していますが、while では num = 0 を実行しているため、いくら繰り返しても num == 0 は False にはならないのです。永久に True のままです。

このように、「永久に抜け出せない繰り返し」を、一般に「無限ループ」と呼びます。for は、コンテナから順に値を取り出して、なくなれば終わりですから、無限ループに陥る危険はほとんどないでしょう。しかし、while は、条件の設定と、繰り返し内での処理によっては、この無限ループを作り出し

てしまう危険があります。

　whileを利用するときは、「繰り返すごとに、条件がどう変化するか」をよく確認するようにしましょう。そして、「変化しない条件」は、作らないように心がけて下さい。

　実行してしまった場合、IDLEやコマンドプロンプトで実行している場合「CtrlキーとCキーの同時押し（macOSならcontrolキー＋Cキー）」でPythonの実行を中断できます。

▼図4-16：whileでは、繰り返し処理の中で、条件が変化することが重要。まったく条件が変化しないと、無限ループに陥る。

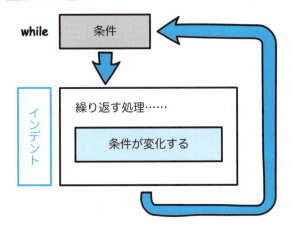

 ## elseの利用

　whileにも、「else」が用意されています。whileは、毎回、繰り返しを行う際に条件をチェックしていますが、結果がFalseだった場合は何もしないで構文を抜け次に進みます。elseは、この結果がFalseだった場合の処理を用意します。

　elseは「whileを抜け出す時に実行する処理」と考えてよいでしょう。ただし、breakで抜け出すときはelseは実行されません。whileの条件がFalseになって抜け出す時に実行される処理だからです。

利用例を見てみましょう。

▼リスト 4-18　最大約数を求める

```
01: num = 10203
02: n = num // 2
03: print("計算開始……")
04: while num % n != 0:
05:     n -= 1
06: else:
07:     print("※解けました。")
08: msg = str(num) + "の最大約数：" + str(n)
09: print(msg)
```

先ほどの約数を調べるサンプルの応用です。今回は、一番大きな約数を調べて表示します。実行すると、以下のようにコンソールに出力されます。

```
計算開始……
※解けました。
10203の最大約数：3401
```

while で、num % n != 0 という条件をチェックしています。num を n で割った余りがゼロでない間は繰り返す（つまり、num を n で割り切れたら抜け出す）という条件です。この条件で抜け出す際に、else の print 文を実行しています。

▼図4-17：whileの条件がFalseになったとき、elseにある処理を実行してから構文を抜ける。

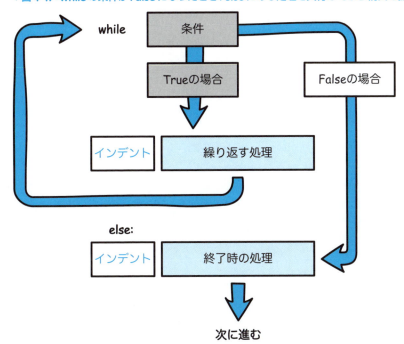

 COLUMN

continue と break

forには、次の繰り返しに進むcontinueや、繰り返しを中断して抜けるbreakといったものが用意されていました。これらは、whileでももちろん使うことができます。使い方もforとまったく同じです。

これらは既に説明済みですから、改めて使い方を説明する必要はありませんね。利用例だけ見てみましょう。

▼リスト4-19　breakによる中断

```
01: num = 9876
02: n = num // 2
03: print("計算開始……")
04: while True:
05:     if num % n == 0:
06:         break
07:     n -= 1
08: msg = str(num) + "の最大約数：" + str(n)
09: print(msg)
```

先ほどの最大約数を計算するサンプルを書き換えたものです。実行するとコンソールに以下のように出力されます。

```
計算開始……
9876の最大約数：4938
```

ここでは、非常にユニークなwhileの使い方をしています。「while True:」と記述されていますね。条件にはTrueが設定されています。つまりこれは、「永遠に繰り返し続ける」という条件です。先ほど「やってはいけない」と説明した無限ループを作っているのです。

この繰り返しの中では、以下のようなif文が用意されています。

```
if num % n == 0:
    break;
```

numをnで割った余りがゼロなら（つまり割り切れるなら）、breakでwhileを抜け出るようにしています。つまり、whileはエンドレスで繰り返すようにしておき、繰り返しを終了する条件をifで用意しておいた、というわけです。

このやり方は、繰り返しを抜け出る条件が複数あるような場合には有効です。無理にwhileの条件にはめ込もうとすると、条件が複雑になってしまうでしょう。それより、whileの中で、必要な数だけ抜け出すためのifを用意して、必要に応じてbreakしたほうがプログラムとしてはわかりやすくなります。

リスト内包表記

リスト内包表記とは

　繰り返しでは、for 文を介してコンテナを非常によく使います。コンテナは、多数の値を扱いますから、繰り返し処理と相性が良いのです。また、実践的なプログラミングの分野においても、まとめて扱いたいデータはコンテナに入れておくのが推奨されています。

　コンテナを使う場合は、多数の値をいかに用意するかを考えなければいけません。あらかじめデータが用意されているならば、それを元にリストなどを作成すれば良いでしょう。「一定の演算などを元に数列のコンテナを作成して利用する」というような場合には、もっと便利なコンテナの作り方があります。それを可能にするのが、「リスト内包表記」です。

● リスト内包表記の考え方

　リスト内包表記とは、コンテナ内に数列作成のための文を記述したものです。式と繰り返し（for 文）の文の組み合わせです。

 構　文　　4-9　for 文を用いたリスト内包表記

[式 for文]

　この場合の for 文は、「for ○○ in ○○」の部分を示します。その後のコロン（:）以降の部分はありません。

リスト内包表記は、forで繰り返し得られる値を元に値を生成してリストの値として組み込んでいくものです。forで生成される値が式の中の変数などに代入され、その演算結果がリストの値として追加されていきます。

▼図4-18：リスト内包表記では、forから順に値を取り出しては式の中の変数に代入し、結果をリストに追加していく。そうしてforと式を元にリストを作成する。

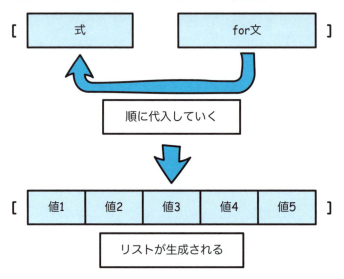

リスト内包表記は、値を設定する式と、繰り返し実行するforの組み合わせになっている。forから値を取り出し、式に当てはめて値をリストに追加していく。

リスト内包表記の例

これだけでは、一体どういうものなのかよくわからないかもしれません。リスト内包表記は、実際の例をたくさん見ることで、次第にこう書けばいいのかわかってくるところがあります。例をもとに、リスト内包表記を学びましょう。

● 基本は変数と for 文

リスト内包表記の基本は、変数と for 文です。例えば、以下の文をインタラクティブシェルから実行してみて下さい。レンジと辞書によるリスト内包表記です。

```
>>> [x for x in range(10)]
[0, 1, 2, 3, 4, 5, 6, 7, 8, 9]
>>> # yの表示順は一貫しない。
>>> [y for y in {alpha: 'a', beta: 'b'}]
['alpha', 'beta']
```

これが、[x for x in range(10)] という文で生成されたリストです。ここでは、「for x in range(10)」という for 文から順に取り出された値が、そのまま変数 x に代入され、それがリストの値として追加されていきます。単純に for の値をそのままリストに追加しているだけです。

● 式で演算する

少しだけ演算を追加しましょう。先ほどの文を少し書き換えたものを実行してみて下さい。

```
>>> [x * 2 for x in range(10)]
[0, 2, 4, 6, 8, 10, 12, 14, 16, 18]
```

リストの各項目が２倍の値になっていますね。これは「x * 2」という式が設定されているためです。for で取り出された値が、「x * 2」の変数 x に代入され、演算結果の値がリストに追加されているのですね。

これが、リスト内包表記の基本です。演算する式を用意しておき、そこに for から順に値を当てはめて演算した結果をリストにまとめていくというわけです。

式の部分（ここでは、x * 2）をいろいろと書き換えて試してみると、このリスト内包表記のはたらきがわかってくることでしょう。

条件の設定

　これで演算した結果でリストを作る基本はわかりましたが、これに更に「値を追加するための条件」を用意することもできます。

 4-10　for文とif文を用いたリスト内包表記

[式 for文 if文]

　forの後に、更にifを用意しています。ここでのif文は、「if ○○」という、条件の設定部分を示します。それ以降の処理やelseなどは含みません。

　これで、forから値を取得した際、ifの条件をチェックし、それがTrueの場合にのみリストに値が追加されるようになります。条件がFalseの場合は値は追加されません。

▼図4-19：forでとり出した値をifでチェックし、Trueなら式で演算して結果をリストに追加する。

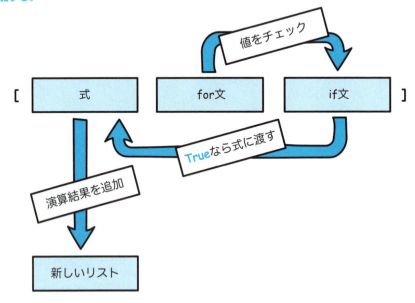

> リスト内包表記では、for 文の後にさらに if 文を使って、値を取り出す条件を設定することができる。

● 条件を利用する

実際に条件を使ってみましょう。先ほどのサンプルに if 文を追加します。

```
[x * 2 for x in range(10) if x % 2 == 0]
```

これを実行すると、コンソールには以下のような文が出力されます。

```
[0, 4, 8, 12, 16]
```

range(10) で得られる値の中で、偶数の値だけが x * 2 を実行してリストに追加されています。奇数の値は取り除かれていることがわかります。

COLUMN

リスト以外のコンテナ

リスト内包表記は、「リスト」と名がついていますが、実はリスト以外のコンテナでも使うことができます。

● **セットのリスト内包表記**

まずは、セットで利用してみましょう。x % 7 で、x を 7 で割った余りをセットにまとめています。実行すると以下のように出力されます。

▼リスト 4-20　セットのリスト内包表記

```
01: {x % 7 for x in range(20)}
```

```
{0, 1, 2, 3, 4, 5, 6}
```

for では、range(20) で 20 までの範囲を用意していますが、セットですから同じ値は複数持てません。{0, 1, 2, 3, 4, 5, 6} というように 7 未満の値だけがセットにまとめられていることが確認できるでしょう。

● **タプルは注意が必要**

タプルも利用することができますが、ちょっと注意が必要です。実際に試しながら説明しましょう。まずは、簡単な例を実行してみて下さい。これを実行すると、コンソールには以下のような表示が出力されます。

▼リスト 4-21　タプルのリスト内包表記

```
01: (x * x for x in range(5))
```

```
<generator object <genexpr> at 0x000002588A8D17D8>
```

これは、生成されたオブジェクトを表す文です。Python 3.6 では、タプルでリスト内包表記を使うと、このようなオブジェクトが生成されます。これ自体は

ちゃんとタプルの値として取り出せるので、タプルにキャストするように少し追記をします。これを実行すると、以下のようにタプルの値がコンソールに出力されます。

▼リスト4-22　タプルの取り出し

```
01: tuple((x * x for x in range(5)))
```

```
(0, 1, 4, 9, 16)
```

<generator object ～ >というのは、「ジェネレータ」と呼ばれるPythonの機能によって作られたオブジェクトです（「12-02 ジェネレータ・イテレータ」参照）。このようにタプルにキャストすれば問題なく利用できます。

● 辞書の利用

辞書の値を利用する場合は、「forでは、辞書のキーワードが取り出される」ということを忘れないで下さい。実際の利用例を挙げておきましょう。2文ありますが、これらをそれぞれインタラクティブシェルから実行すると、以下のように結果が出力されます。

▼リスト4-23　辞書とリスト内包表記

```
01: data ={'a':10, 'b':20, 'c':30, 'd':40, 'e':50}
02: [x + '_' + str(data[x]) for x in data]
```

```
['a_10', 'b_20', 'c_30', 'd_40', 'e_50']
```

キーワードと値を1つのテキストにつなげたものをリスト化しています。ここでは、値を生成する式として、「x + '_' + str(data[x])」というものを用意しています。xがキーワード、そしてdata[x]がキーワードを使って取り出した値になります。このようにして、キーワードを利用して値を取り出しながら演算を行うようにします。

● 辞書の作成

リスト内包表記で辞書を作成する場合は、キーワードと値の両方を用意するようにします。これは、以下のように記述します。

```
{ キーワードの式 : 値の式 for文 }
```

キーワードと値の両方に式を用意する必要があるわけです。では、これも実際に試してみましょう。ここでは、キーワードに「str(x) + '^2'」を、値に「x * x」を設定しています。これを実行すると、コンソールには以下のように出力されます。

▼リスト4-24　辞書のリスト内包表記

```
01: {str(x) + '^2' : x * x for x in range(5)}
```

```
{'0^2': 0, '1^2': 1, '2^2': 4, '3^2': 9, '4^2': 16}
```

キーワードに「str(x) + '^2'」を指定し、「○○ ^2」という文字列を作成しています。そして値には「x * x」でxの自乗を設定してあります。このように、キーワードと値のそれぞれに式を用意することで、辞書を生成できます。

この章のまとめ

- if 文は、条件が True であれば処理を実行する条件分岐の文。False 時に処理を行う else や、False 時に次の条件を設定する elif といった予約語も用意されている。

- 繰り返しの構文には、for 文と while 文がある。for はコンテナから順に値を取り出して処理する。while は条件をチェックし、True である間、繰り返す。

- リスト内包表記は、リストに保管される値を演算によって生成する。これは値の演算をする式と、値を順に取り出す for 文からなる。

《章末練習問題》

練習問題 4-1

変数 age の値が 12 以下なら「児童です」と表示し、20 未満なら「ティーンエイジャーです」と表示し、それ以上なら「成人です」と表示するプログラムを作成しています。以下のリストの空欄にはどのような式を用意すればいいですか。

```
age = 15
if   ①  :
    print('児童です')
elif   ②  :
    print('ティーンエイジャーです')
else:
    print('成人です')
```

練習問題 4-2

for と while について説明する以下の文を読み、間違っているものをすべて挙げなさい。

① for はコンテナにある値を扱うのに適した構文だ。
② for では、in の後にどんなタイプのコンテナを指定しても、順に値が変数に取り出される。
③ while では、繰り返しによって条件の結果が変化してはならない。
④ for/while では、条件が True になったとき、else を使って処理を実行で

きる。

⑤ 次の繰り返しに進む continue は、for でも while でも利用できる。

練習問題 4-3

リスト内包表記を使い、0〜99の偶数だけをまとめたセットを作成しようと思います。下の空欄にはどのように記述すればよいでしょうか。

```
{n for n in range(100)        }
```

5章

関数

関数は、よく使われる処理をメインプログラムから切り離し、いつでも呼び出せるようにまとめたものです。Pythonにある標準の「組み込み関数」の使い方、自分で関数を定義利用する方法などについて説明します。

関数の利用

 関数とは

　前章では、制御構文について学びました。制御構文は、より複雑な処理を組み立てるために重要な役割を果たします。しかし、制御構文で複雑な処理を作れるようになっても、それだけでより高度なプログラムが作れるようになるわけではありません。

　なぜなら、実際に使える具体的な命令をまだほとんど知らないからです。

　これまでの説明で、具体的にPythonで行ってきたのは、ほとんど「値を出力する（print）」ということだけでした。より高度なことを実現するには、もっと幅広い機能が使えるようにならなければいけません。

　例えば、ユーザーに値を入力してもらう機能はとても重要です。また高度な演算を行うためには、数値処理のために必要な機能（絶対値の取得、小数点以下の切り捨てや四捨五入、等）も必要になるでしょう。

　こうしたプログラム内で利用できる各種の機能は、Pythonにも多数用意されています。多くは、「関数」または「クラス」として用意されています。

関数
——あらかじめ用意した処理をいつでも呼び出して実行できるようにしたものです。

クラス
——「オブジェクト指向」という考えに基づいたもので、各種の値や処理をひとまとめにして扱えるようにします。「関数と変数をひとまとめにしたもの」と考えても良いでしょう（6章参照）。

　この章では、関数について説明をしていきます。この関数は、Pythonに組み込まれているものもありますし、自分で定義し利用することもできます。また、関数についてしっかり理解すれば、更に複雑なクラスについての理解にも役立ちます。
　関数の基本的な使い方をここで覚えましょう。

▼図 5-1：関数とクラス。関数は、処理をまとめていつでも呼び出せるようにしたもの。クラスは、この関数と変数をまとめたものだ。

関数の呼び出し

　関数とは、決まった処理を呼び出し実行できるようにまとめたものです。プログラムは、最初から最後まで順番に実行していきますが、この「順番に実行していく」という処理から切り離し、必要に応じていつでも呼び出せるようにしています。

　このため関数の処理は、スクリプトに書かれていてもそのままでは実行されません。スクリプトの中から関数を呼び出して初めて実行されます。

▼図 5-2：関数は、メインプログラムから切り離されている。メインプログラムから関数を呼び出すと、いつでも実行できる。

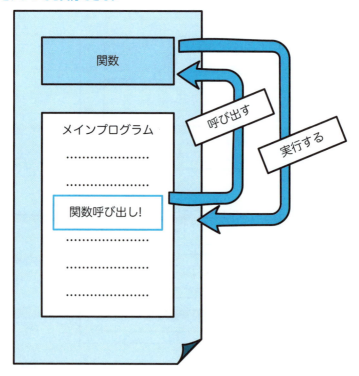

● 関数の使い方

　関数は、関数名、引数、戻り値といった要素から構成されています。これ

らは以下のような役割を果たします。

関数名
──関数の名前です。名前を指定して関数を呼び出します。

引数
──引数（ひきすう）は、関数に必要な値を渡すために利用します。

戻り値
──戻り値（もどりち）は、関数の実行結果を受け取るのに利用します。返り値（かえりち）ともいいます。

関数を利用するには、一般に「関数名」と「引数」を記述して利用します。以下に書き方をまとめておきます。

構　文　5-1　関数の呼び出し（1）
関数名 ( )

構　文　5-2　関数の呼び出し（2）
関数名 (引数 1 ，引数 2 ，……)

引数を持たないシンプルな関数の呼び出し方は非常に簡単です。関数名の後に () をつけて記述するだけです。

引数を持つ関数の場合、関数名の後の () 内に、引数の値を記述します。もし 2 つ以上の引数がある場合は、それぞれをカンマで区切って記述します。

print("python") の場合は print が関数名、"python" が引数です。

ポイント

関数には、名前・引数・戻り値といった要素がある。関数は名前と引数を使って定義する。

● 戻り値の利用

　関数名と引数の使い方はわかりました。戻り値とはどんなもので、どう利用するのでしょうか。

　戻り値は、関数を記述する際にはまったく使いません。戻り値は、関数に用意した処理を実行した後に使われます。

　戻り値を持たない関数は、実行すればそれで終わりです。今まで実行してきた print はこれに該当します。

　戻り値を持つ関数は、実行後、戻り値の値を返します。これは、「関数の実行結果が、戻り値の値として使えるようになる」と考えるとわかりやすいでしょう。例えば、int 型の値を戻り値として返す関数は、int 型の値や int 型変数などと同様に、「int 型の値と同様のもの」として変数に代入したり式の中で使ったりできるのです。例えば、このように使います。

 構文　5-3　戻り値の利用（代入）

変数 = 関数名 (引数)

　これを実行すると、関数から戻された値がそのまま変数に代入されます。具体例を見てみましょう。abs は絶対値を戻す関数です。

```
>>> x = abs(-20)
>>> print(x)
20
```

　変数 x に abs 関数の戻り値が代入されているのが確認できます。

▼図 5-3：戻り値のある関数は、実行結果の値を返す。そのまま変数などに入れて利用できる。

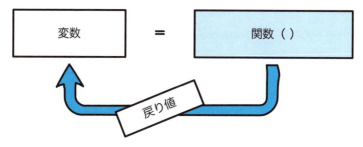

※戻り値のある関数の場合

 ## 組み込み関数

　Pythonには、多くの関数が用意されていますが、その中でも重要で比較的利用頻度の高いものは、組み込み関数といって、いつでも呼び出せるようになっています。

　既に、本書でもいくつかの組み込み関数を利用しています。その代表は、「print」でしょう。printは、各種の値をコンソールに出力するもので、以下のように利用します。

```
print(値)
```

　print関数の引数（第一引数）の値は、どんなものでも構いません。print関数は、引数に指定された値をprint内部でstr(値)を利用し文字列に変換して出力するため、どんな値であっても問題なく出力できます。

　では、実際にprint関数を使って色々と値を出力してみましょう。インタラクティブシェルから以下のリストを順に実行してみて下さい。

```
>>> print("Hello")
Hello
>>> print(12345)
12345
>>> print(123 % 3 == 0)
True
>>> print([10, 20, 30])
[10, 20, 30]
```

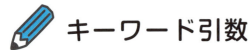
キーワード引数

　print関数の引数は、実は1つだけではありません。その他にもいくつかの引数が用意されています。以下に整理しましょう。

構文　5-4　print関数

```
print( 値 , end="¥n", file=sys.stdout, flush=False)
```

● 用意されている引数

end="¥n"
——出力された値の最後につける値です。デフォルトでは「¥n」(ラインフィード)が設定されています。

file=sys.stdout
——出力先のファイル。sys.stdoutは標準出力と呼ばれるもの(コンソールに出力されるのは、このため)です。ここにファイル名などを指定することで、ファイルに出力させることができます。

flush=False
——バッファ(値を一時的に保管するもの)に保存されるか、強制的にフラ

ッシュされるか。デフォルトはバッファされます。デフォルトでは、print 内容はバッファに追加され、後でまとめて出力されます。

　最初の値以外は、すべて「○○ = 値」という形で記述できます。この「○○」は、キーワードと呼ばれます。キーワードに値が指定されている引数（ここでは end、file、flush）は省略できます。

　このようにキーワードのついた引数はキーワード引数と呼ばれます。利用の際には、キーワードを使って値を設定することができます。

　これに対して、引数を順番で指定することを「位置指定引数」と呼びます。何番目の引数かという位置でどの引数の値が決まるためです。

　キーワード引数は、キーワードを使って値を設定できるため、引数の位置（どういう順番で引数を書くか）は重要ではありません。

　注意したいのは、最初の「表示する値を指定する引数」です。これはキーワード引数ではありません。キーワード引数でないものは、最初から順に引数を用意する必要があります。なお、キーワード引数については、改めて説明します（「5-02 関数の作成」参照）。

▼図 5-4：キーワードのない通常の引数は、最初から順に並べて記述するが、キーワード引数は通常の引数の後に順序不同で並べられる。

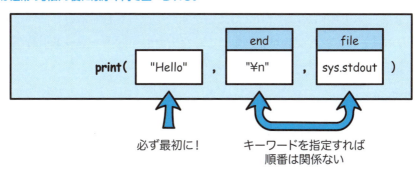

必ず最初に！　　キーワードを指定すれば順番は関係ない

 ポイント

キーワード引数は、キーワードで値を指定できる。

● **連続して出力する**

　キーワード引数のはたらきを利用することで、例えば、print で複数の値をつなげて出力することも可能になります。

　print は、そのまま連続して値を出力すると必ず 1 つ 1 つを改行して表示しますが、これは end キーワードに改行コードが設定されていたためです。これを変更すれば、改行せずに連続して値を出力できます。

▼リスト 5-1　改行しない print 関数の例

```
01: data = [10, 20, 30, 40, 50]
02: total = 0
03: for n in data:
04:     print(n, end="+")
05:     total += n
06: else:
07:     print("... =", end=" ")
08: print(total)
```

　スクリプトファイル（sample.py）に記述し、実行してみましょう。すると以下のように出力されます。

```
10+20+30+40+50+... = 150
```

　for でリストの値を順に print していますが、改行されずにひとつづきに出力されていることがわかります。こんな出力も end キーワード引数を使えば行えます。

メモ

この end キーワードは、インタラクティブシェルでは完全に動きません。インタラクティブシェルでは、テキストを出力するとすぐに入力待ち状態になるため、print 後は必ず改行されます。

入力用関数 input

値の出力だけでなく、入力のための関数「input」もあります。

 構文 5-5 値の入力を受け取る input 関数

```
input(値)
```

input は、戻り値を持つ関数です。引数に指定した値をプロンプト（入力時に最初に表示されるテキスト）として表示し、ユーザーの入力を待ちます。ユーザーがテキストを入力し Enter キー（Return キー）を押すと、入力内容を受け取り、戻り値として返します。この値を変数などに入れて利用できます。

 ポイント

ユーザーからの入力は、関数 input() を使う。入力したテキストが戻り値として返される。

● 入力を利用する

実際にユーザーからの入力を使ってみましょう。スクリプトファイル（sample.py）を以下のリストのように書き換えて下さい。

▼リスト 5-2　input 関数の例

```
01: str1 = input('整数を入力：')
02: num = int(str1)
03: total = 0
04: for n in range(num):
05:     total += n
06: else:
07:     total += num
08: print(str(num) + 'までの合計は、' + str(total))
```

記述したら、スクリプトを実行してみましょう。すると、「整数を入力:」

と表示され、入力待ちの状態となります。ここで整数の値を入力し、Enter キーまたは Return キーを押すと、ゼロからその値までの合計を計算して表示します。例えば、「123」と入力すると、このように結果を出力します。

123までの合計は、7626

ユーザーから入力を受けつけられるようになると、より柔軟なプログラムが作成できるようになります。

▼図 5-5：input 関数は、ユーザーから入力したテキストを受け取り、戻り値として返す。

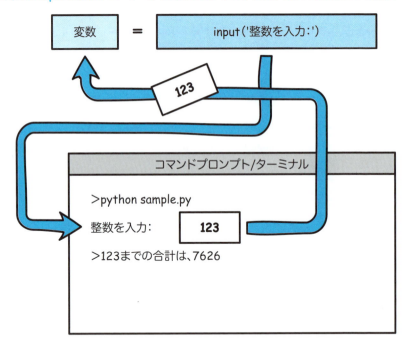

 値の生成関数

この他にも、組み込み関数はさまざまなものを利用できます。もっとも多

いのは、「キャスト」に関するものでしょう。例えば、先ほどのサンプルでは、入力されたテキスト str1 を整数の値にキャストするのに、このように処理していました。

```
num = int(str1)
```

この int() というのも、実は組み込み関数です。これは、引数の値を元に、int 型の値を生成して戻り値として返す関数だったのです。

こうした「別の型の値を生成して返す」という関数としては、既に以下のようなものを紹介しています。

▼表 5-1　別の型の値を生成する組み込み関数

関数	戻り値
int	整数の値を生成する。
float	実数の値を生成する。
bool	真偽値を生成する。
str	文字列を生成する。
list	リストを生成する。
tuple	タプルを生成する。
range	レンジを生成する。
set	セットを生成する。
dict	辞書を生成する。

これらは、すべて引数の値を元に指定の型の値を生成する関数です。Python では、値を別の型にキャストする際にはこれらの関数を利用するので、組み込み関数としていつでも使えるようにしています。

● その他の関数

値の型を確認するのに使った「type」も、同様に組み込み関数です。また、コンテナなどで値の数を調べる「len」や、最大値最小値を調べる「min」「max」などもやはり組み込み関数です。ここではその他に覚えておきたいものを以下にまとめます。

```
abs(数値)
```

数値の絶対値を得ます。整数または実数の値を引数に指定します。

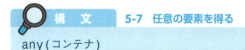

```
any(コンテナ)
```

リストなどのコンテナから、任意の値を取り出します。ランダムに値を取り出したい場合に用います。

```
hex(整数)
oct(整数)
bin(整数)
```

それぞれ、整数の値を16進数・8進数・2進数に変換した文字列を得ます。

```
eval(文字列)
```

引数に文字列として用意したPythonの文を実行します。例えば、eval('print("OK")') とすれば、「OK」と出力されます。

```
sum(コンテナ)
```

リストなどのコンテナに保管されている値の合計を得ます。

構文　5-11　累乗を得る

```
pow(整数1, 整数2)
```

累乗の値を得ます。整数 1 には整数を、整数 2 には指数値を指定します。例えば、pow(2, 3) とすれば、2 の 3 乗が得られます。

構文　5-12　小数を丸める

```
round(実数)
```

小数点以下の値を丸めて整数値にします。基本的には四捨五入と同じようなはたらきですが、0.5 は偶数に近い方に丸められます。1.5 なら 2 に切り上げられ、4.5 なら 4 に切り下げられます。

02 関数の作成

関数を定義する

　組み込み関数のように、既にある関数を呼び出すことは行えるようになりました。関数は、こうした既にあるものを呼び出すだけでなく自分で関数を定義し、利用することもできるのです。自分でプログラムを書くときはこの部分がとても重要です。

　関数には、既に説明したように関数名、引数、戻り値といった要素からなります。まずは、引数や戻り値を持たない、もっともシンプルな関数の定義から見ていきましょう。

 構　文　　5-13　関数定義の基本形（1）

```
def 関数名():
    ……実行する処理……
```

　関数は、def という予約語を使って定義します。その後に関数名、そして引数を指定する () を用意します。最後には必ずコロン (:) をつけておきます。
　そして、改行した次の行から、def〜の行よりインデントで開始位置を右に移動して、関数の実行文（関数を呼び出した時に実行する処理の部分）を記述します。

もっともシンプルな関数は、「def 名前 ():」として定義する。関数で実行する部分は、右にインデントして書く。

● 関数を作って利用する

実際に関数を作成して使ってみます。スクリプトファイル（sample.py）を以下のように書き換えて下さい。

▼リスト5-3　関数の自作と実行

```
01: def hello():
02:     print("Hello!")
03:
04: hello()
05: hello()
```

これを実行すると、コンソールに「Hello!」「Hello!」とテキストが表示されます。ここで作成したhello関数を呼び出して表示していることがわかるでしょう。

ここでは、以下のように関数を定義しています。ここでは、たった1つのprint関数を呼び出しているだけですが、もちろんもっと複雑な処理を関数として定義することもできます。

```
def hello():
    print("Hello!")
```

▼表5-2　関数定義の内容

関数名	hello
引数	何もない
実行文	print("Hello!")

こうして定義されたhello関数は、このように呼び出します。

```
hello()
```

呼び出し方は、今まで使ってきた組み込み関数と基本的には同じです。

▼図 5-6：「hello()」と呼び出すと、定義された hello 関数を実行する。

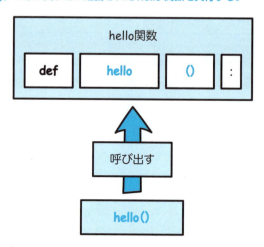

 引数の利用

　hello 関数は、呼び出せば "Hello!" というメッセージを表示するだけのものです。これだけでは関数に汎用性がありません。今まで使ってきた関数は引数に応じて別の表示をしたり、戻り値が変わったりと柔軟に機能していました。

　例えば、「名前のデータを渡すと、その名前でメッセージを表示する」という作りになっていれば、もっと汎用的な利用ができるでしょう。

　このように、関数を実行する際に必要な値などを渡すのに用いられるのが引数です。引数を使った関数を定義する場合は、以下のようにします。

 5-14　関数定義の基本形（２）

```
def 関数名 ( 引数用の変数１, 引数用の変数２, ……):
    ……実行する処理……
```

関数名の後にある () 内に、変数を用意します。これは**仮引数（かりひきすう）**というもので、関数を呼び出すとき、引数に指定した値（これは実引数といいます）がこの仮引数の変数に代入されます。

仮引数は、複数ある場合はカンマで区切って記述します。このあたりは、関数を呼び出すときの引数の書き方と同じです。

> **ポイント**
> 関数で必要な値は、引数を使って受け渡す。引数は、カンマで区切って複数用意できる。

● 引数を利用する

引数を利用するように先ほどの関数を修正します。

▼リスト 5-4　引数のある関数の定義と実行

```
01: def hello(name):
02:     print("Hello, " + name + "!")
03: 
04: hello("Taro")
05: hello("Hanako")
```

これを実行すると、コンソールに以下の 2 行のテキストが出力されます。

```
Hello, Taro!
Hello, Hanako!
```

hello 関数を呼び出す際に、引数に "Taro" や "Hanako" と名前を指定しています。これで、引数の名前が hello 関数の仮引数である変数 name に渡されます。実行文では、この name を使ってメッセージを出力しました。

▼図 5-7：関数を呼び出すと、引数の値が仮引数の変数に代入される。

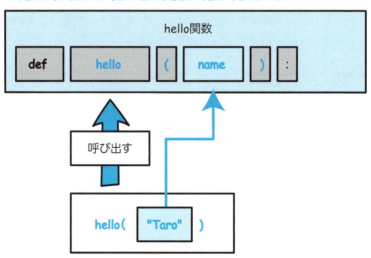

 戻り値の利用

　残るは、戻り値です。戻り値は、関数の定義には影響しませんが、戻り値を利用するための処理が必要となります。

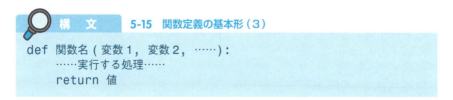

5-15　関数定義の基本形（3）
```
def 関数名 ( 変数1，変数2，……):
    ……実行する処理……
    return 値
```

　戻り値のある関数は、実行分の最後に return を用意します。これは関数を抜けるためのもので、ここに値を指定しておくことで、その値が戻り値として返されます。
　先ほどのサンプルをもとにメッセージを戻り値として返します。

▼リスト5-5　戻り値のある関数の定義を利用

```
01: def hello(name):
02:     return "Hello, " + name + "!"
03:
04: msg = hello("Taro")
05: print(msg)
```

実行すると、「Hello, Taro!」と出力されます。ここでは、msg = hello("Taro") というようにして hello 関数の戻り値を変数に代入して利用しています。hello 関数の実行を見ると、

```
return "Hello, " + name + "!"
```

このように、return でメッセージを返していることがわかります。この return された値が、msg = hello("Taro") で変数 msg に代入されています。

▼図 5-8：戻り値のある関数を呼び出すと、最後に return した値が戻り値として返される。

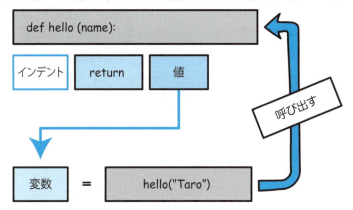

戻り値のある関数は、最後に return で値を返すようにする。

キーワード引数とデフォルト値

　キーワード引数は自分で関数を作るときにも使えます。キーワード引数による関数定義のときに知っておきたいのがデフォルト値です。

　引数を用意した関数は、利用する際に引数を用意しなければいけません。引数が足りないと実行時にエラーとなってしまいます。

　この引数はもともとこの値を最初に設定しておくので省略してもいいときのためにデフォルト値を指定できます。デフォルト値を使うと、関数の引数を一部省略してもそのまま動作させられます。以下のように定義します。

構　文　5-16　キーワード引数利用の基本形

```
def 関数名 ( キー1 = 値1, キー2 = 値2, ……):
```

　引数のところには仮引数があるはずですが、ここでは「キー = 値」という形で記述されています。キーワードと、その項目のデフォルト値をこのように記述しているのです。これにより、キーワードの引数が省略されたときには、指定のデフォルト値が代入されるようになります。

　キーワードは、そのまま仮引数の変数として使うことができます。例えば、a=0 というように指定された場合は、a という仮引数の変数があるものとして実行文を作成できます。

▼図 5-9：キーワード引数では、引数のキーワードを指定して値が渡される。

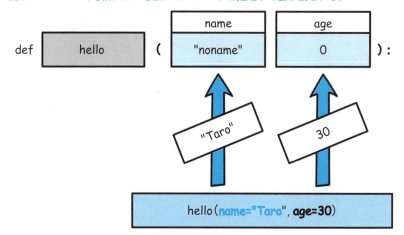

 ポイント

キーワード引数は、呼び出す際には省略できる。その場合は、用意された
デフォルト値が引数として使われる。

● キーワード引数を利用する

では、キーワード引数を利用してみましょう。スクリプトファイル
（sample.py）を以下のように書き換えて下さい。

▼リスト 5-6　キーワード引数のある関数の定義と実行

```
01: def hello(name='noname', age=0):
02:     print("Hi, I am " + name + " (" + str(age) + ").")
03: 
04: hello("Taro", 30)
05: hello(name="Hanako", age=28)
06: hello()
```

これを実行すると、コンソールには以下のように出力されます。

```
Hi, I am Taro (30).
Hi, I am Hanako (28).
Hi, I am noname (0).
```

ここで、hello関数を呼び出している部分を見てみましょう。すると、3通りの書き方で呼び出していることがわかります。

```
hello("Taro", 30)
```

これは、関数呼び出しの一般的な書き方です。キーワード引数であっても、定義してある引数の順番通りに値を用意して呼び出すならば、このように値だけを記述して呼び出せます。

```
hello(name="Hanako", age=28)
```

これが、キーワード引数特有の書き方です。それぞれの引数を記述する際、「キー = 値」という形で記述しているのがわかります。

```
hello()
```

キーワード引数にはデフォルト値が用意されているため、引数の省略もできます。このように引数なしで呼び出しても、エラーにはならず、デフォルト値を使って処理が実行されます。

 可変長引数

多数のデータを引数として関数に渡したいような場合、いくつもの引数をあらかじめ用意しておくのは大変です。また、用意した引数の数以上のデータは渡すことができません。

このような場合には、可変長引数を使えます。これは、可変個（0個も含めて自由な個数）の値を渡せる引数です。つまり、いくつ引数を用意してもOKの特殊な引数です。以下のように記述します。

   5-02 関数の作成

構文　5-17　可変長引数利用の基本形

```
def 関数名(*変数):
```

可変長引数は、仮引数の変数名の前にアスタリスク（*）をつけて記述します。これにより、いくつ引数を用意してもそれらを可変長引数の値としてすべてまとめて扱えるようになります。呼び出すときは*はいりません。

可変長引数の場合、値は記述した引数の値すべてを1つにまとめたタプルとして渡されます。よって、変数の値からforなどで順に値を取り出すことで、渡された引数の値をすべて処理できます。

▼図5-10：可変長引数では、引数はすべてまとめてタプルにして仮引数に渡される。

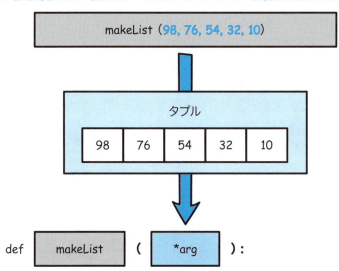

 ポイント

可変長引数は、仮引数の前にアスタリスク（*）記号をつける。呼び出す際に書いた引数はタプルにまとめて渡される。

● 可変長引数を利用する

実際に可変長引数を使ったサンプルを挙げます。スクリプトファイル

（sample.py）を以下のように書き換えて下さい。

▼リスト5-7　可変長引数のある関数の定義と実行

```
01: def makeList(*arg):
02:     data = {}
03:     n = 0
04:     total = 0
05:     for num in arg:
06:         data[n] = num
07:         n += 1
08:         total += num
09:     else:
10:         data['total'] = total
11:     return data
12:
13: data = makeList(98, 76, 54, 32, 10)
14: print(data)
```

引数として渡した値とその合計を辞書にまとめるサンプルです。実行すると、以下のように出力されます。

```
{0: 98, 1: 76, 2: 54, 3: 32, 4: 10, 'total': 270}
```

makeList(98, 76, 54, 32, 10) というように makeList 関数で作成された辞書の内容です。引数で渡された値には、ゼロから順番に整数値をキーワードにして値が追加され、最後に total というキーワードで合計が追加されているのがわかります。

ここでは、makeList 関数を以下のように定義しています。

```
def makeList(*arg):
```

これで、arg という仮引数の変数にタプルが渡されます。関数の実行文では、このようにして、for でタプル arg から順に値を変数 num へと取り出し、その値を辞書 data に追加しているのがわかります。

```
        for num in arg:
            data[n] = num
```

またタプルからすべての値を取り出し終えたら、このようにして、total というキーワードに合計した total の値を代入しています。

```
        else:
            data['total'] = total
```

COLUMN

普通の引数と一緒に使える？

可変長引数はとても便利ですが、用途としては特殊です。ただ値を渡すだけならば、引数は可変長にする必要はありません。普通の値を引数に渡し、それとは別に可変長行数でデータを渡したいときなど、両者を混在させたいこともあるはずです。

こういった関数の定義も可能です。ただし、普通の引数（位置指定引数）は、引数の位置でどの値がどの仮引数に渡されるかを決めるため、位置が変更されてしまうとうまく値を受け渡せません。

したがって、普通の位置指定引数を最初に用意し、いちばん最後に可変長引数を用意する形で定義する必要があります。これで、両者をともに使えます。

COLUMN

コンテナのアンパック

このように、「* をつけた仮引数に引数が渡されると、それがタプルにまとめられる」作用は、逆に使うこともできます。

すなわち、リストなどのコンテナが入った変数名に * をつけることで、コンテナの値を 1 つ 1 つの値の状態に戻して渡すことができるのです。これを「アンパッ

ク」といいます。簡単な利用例を見てみましょう。

```
data = (50, 100, 5)
list(range(*data))
```

ここでは、data という変数にタプルの値を用意しています。そして、この data を使って range でレンジを作成しています。range の引数に *data と指定することで、タプルの値をアンパックして、50, 100, 5 という3つの引数として渡しています。生成されたレンジはリストとして出力されます。

```
[50, 55, 60, 65, 70, 75, 80, 85, 90, 95]
```

range(50, 100, 5) で生成されたレンジをリストに変換していることがよくわかります。アンパックは、いくつかの引数をもった関数を利用する際に役立ちます。あらかじめタプルなどで引数の値をひとまとめにしておき、それをアンパックして関数の呼び出しに使います。

▼図 5-11：「* 変数」で、引数をタプルにしたり、タプルなどを引数にしたりできる。

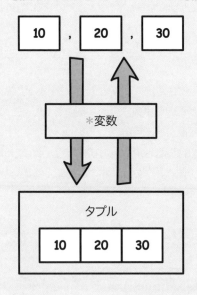

COLUMN

キーワード引数の可変長引数

単純に値だけを引数として渡す場合、可変長引数は*で示します。

キーワード引数の可変長引数、つまり、キーワードをつけた引数を必要なだけいくらでも用意することが実は可能です。

「** 変数」というように、アスタリスク2つを仮引数の変数の前につければいいのです。これで、キーワード引数を必要なだけ渡せます。

キーワード付きであるため、仮引数に渡されるのはタプルではなく、辞書です。キーワードと値が、そのまま辞書のキーワードと値としてまとめられます。

可変長引数を使って渡した値の合計を計算する関数の利用例です。

▼リスト5-8 キーワード引数に可変長引数を使う

```
01: def calcData(**arg):
02:     total = 0
03:     for ky in arg:
04:         print(ky + ': ' + str(arg[ky]))
05:         total += arg[ky]
06:     print('total: ' + str(total))
07:
08: calcData(A=98, B=76, C=54, D=56, E=78, F=90)
```

```
A: 98
B: 76
C: 54
D: 56
E: 78
F: 90
total: 452
```

ここでは、以下のようにして関数を定義しています。

```
def calcData(**arg):
```

これで、キーワード引数が辞書として arg に渡されるようになります。ここでの関数の処理を見てみると、このように、for を使って繰り返しを行い、arg[ky] で arg から値を取り出し表示や演算を行っていることがわかるでしょう。

```
    for ky in arg:
        print(ky + ': ' + str(arg[ky]))
        total += arg[ky]
```

　このcalcData関数を呼び出している部分を見ると、1つ1つの引数すべてにキーワードが指定されていることがわかります。これで、引数が辞書として渡されます。キーワードを指定していない引数があるとエラーになるので注意しましょう。

```
calcData(A=98, B=76, C=54, D=56, E=78, F=90)
```

変数のスコープ

　可変長引数のサンプルでは、関数内でいくつもの変数が使われていました。定義された関数は、何度でも呼び出せます。このとき、関数の中の変数はどうなっているのでしょうか。2回目に呼び出したとき、1回目の変数の値は残りません。関数の中で宣言された変数は、その関数が終了するとすべて消えてしまいます。2回目に関数を呼び出したときには、そこで使う変数はすべて新たに作成されています。

　こうした、どの範囲で変数は使えるかという利用範囲のことを「スコープ」と呼びます。「関数内で宣言された変数のスコープは、その関数の内部のみ」というように使います。

● 関数外の値は使える

　関数の外で使っていた変数は、基本的には関数の中でも使えます。関数の中の値は関数の外では使えませんが、外にあった値は関数の中でも使えます。

　制御構文などの中で宣言された変数は、構文を抜けた後も使えます。ifやfor、whileなどの内部で作成した変数は、その構文を抜けた後も使えます。forやwhileなどの繰り返しは、構文を抜けると、構文内にあった変数は最後の繰り返し状態の値を保ったままになっています。そのため、構文内と外で同じ名前の変数などを利用していた場合は、誤って値が変更されるかも知れません。よく注意しておきましょう。

▼図 5-12：変数のスコープ。関数内の変数は外では使えない。

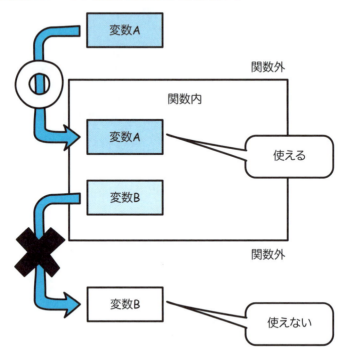

> 💡 **ポイント**
>
> 関数内で定義した変数は、その関数の中でしか使えない。関数の外側で定義した変数は、関数の中でも使える。

ラムダ式とは

　関数は、あらかじめ名前と引数、戻り値などを定義し、実行する文を記述して作成していきます。これは、ある程度複雑な処理になればよいやり方です。ただ、ときには、「そんなにきちんと定義しなくていい関数」を利用したくなることがあります。

　例えば、ごく単純な処理。その場で必要になるだけで、後で別のところで使うことがない関数やシンプルなのでそこまで記述にこだわる必要がない関数が考えられます。こうしたものでも、きちんと関数定義しなければいけないと面倒だったり、ソースコードが読みづらくなってしまったりすることがあります。

　こうしたときに利用されるのが**ラムダ式**です。

● **ラムダ式＝名のない1文だけの関数**

　ラムダ式は、その名の通り、式の一種です。関数定義をしない1つの式なのに、関数のように引数を取って、必要な値を使って演算などの処理を行わせることができます。ラムダ式は、以下のように記述します。

 構　文　　5-18　ラムダ式の定義

```
lambda 引数 : 実行文
```

引数は、通常の関数の引数と同様に、変数名をカンマで区切って記述します。実行文は、その名の通り実行する処理を記述します。これでラムダ式が作成できます。

　ラムダ式は、そのまま変数などに入れて利用できます。また構文などで処理が必要なところにラムダ式を埋め込んで利用することもあります。変数に入れると、その変数自体が関数として使えるようになります。

　このラムダ式は、決して作るのが難しいわけではないのですが、どういうところでどう使うのかイメージしにくいものかもしれません。実際の利用例を見ながら、使い方を説明していきます。

▼図 5-13：ラムダ式は、変数などに入れると、その変数が関数として使えるようになる。

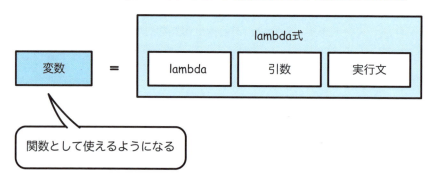

 ポイント

ラムダ式は、その場で定義できる1行だけの関数。「lambda 引数：実行文」という形で作る。

ラムダ式を利用する

　実際に簡単なラムダ式を作って利用してみましょう。インタラクティブシェルで試してください。

```
>>> fn = lambda x,y:print(x * y)
>>> fn(2,3)
6
>>> fn(5,10)
50
```

これらが、ラムダ式を利用して演算結果を表示したものなのです。ここでは、以下のようにラムダ式を作成しています。

```
fn = lambda x, y: print(x * y)
```

▼表 5-3　ラムダ式定義の内容

引数	x, y
実行文	print(x * y)

lambda の後に引数と実行文があります。引数には x と y という 2 つの変数があり、実行文ではこの 2 つを掛け算したものを print で出力しています。1 つ 1 つはとても単純です。関数で書くと以下のようになります。

```
def fn(x, y):
    print(x * y)
```

ラムダ式の特徴の 1 つに return を書かなくても最後に実行した式の結果が戻り値になるというものがあります。関数とラムダ式で比較してみましょう。

```
def fn(x,y):
    return abs(x-y)

fn = lambda x,y: abs(x,y)
```

これだと関数定義よりもシンプルに書けることがわかりやすいですね。

関数でラムダ式を作る

もう少しラムダ式を活用しましょう。今度は、関数の中でラムダ式を利用してみます。

▼リスト5-9　関数の中でラムダ式定義

```
01: def calc(tax):
02:     return lambda n: print(str(int(n * tax)) + '円')
03:
04: fn_108 = calc(1.08)
05: fn_110 = calc(1.1)
06: fn_108(12300)
07: fn_110(12300)
```

実行するとコンソールには、以下のように出力されます。

```
13284円
13530円
```

これは、fn_108 と fn_110 という 2 つの変数に代入したラムダ式で出力されたものです。それぞれ 12300 円に 8％と 10％の消費税を追加した金額を表示したものです。

● ラムダ式を返す関数

ここでは、calc という関数定義でラムダ式を使っています。この部分です。

```
def calc(tax):
    return lambda n: print(str(int(n * tax)) + '円')
```

この関数では、ラムダ式を return しています。ラムダ式を作って戻り値として返しているのです。つまりこの calc 関数は、呼び出すとラムダ式を作って返す関数なのです。

このラムダ式では、引数 n と tax を掛け算した結果を print で出力しています。tax は、calc 関数の引数として渡されています。calc 関数は、以下のようにして呼び出されています。

```
fn_108 = calc(1.08)
fn_110 = calc(1.1)
```

これで、fn_108 と fn_110 には、それぞれ calc 関数で作成されたラムダ式が代入されます。calc 関数を呼び出すとき、引数には 1.08 と 1.1 がそれぞれ用意されています。これにより fn_108 では引数に 1.08 をかけ、fn_110 では 1.1 をかけた結果を表示するようになります。

ラムダ式を関数の戻り値にしたことで、さまざまな消費税率の演算関数をいくらでも作ることができるようになりました。

▼図 5-14：関数を呼び出すことで、いくらでもラムダ式を作って使うことができる。

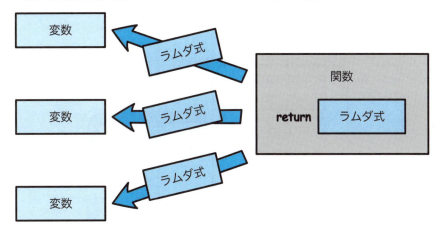

● 環境が保持されている

このサンプルを実際に動かしてみると、ラムダ式には非常にユニークな機能があることに気がつきます。それは、「ラムダ式が作られたときの環境を保持している」ことです。

calc関数では、消費税率の値をtaxという引数で渡すようにしていました。ラムダ式では、このcalc関数の引数taxの値を使って演算を行っていました。

しかし、よく考えてみてください。calc関数で作成されたラムダ式は、変数に代入されたときには、もうcalc関数の中にはないはずです。ところが、taxという変数の値をそのまま保持し続けています。これは、ラムダ式の非常に大きなはたらきです。

ラムダ式は、それが作成された時にそこにあった変数などの値をすべてプログラムが終了するまで保ち続けます。

▼図 5-15：ラムダ式を作成したときにあった変数などは、ラムダ式の内部で値を保持し続ける。

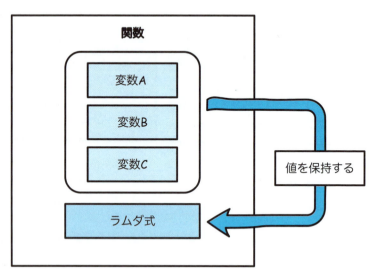

ラムダ式の中では、それが作られたときの環境（変数など）が保持し続けられていて、それらをラムダ式内から利用できる。

引数にラムダ式を使う

　関数などの引数にラムダ式を使うこともできます。例として、コンテナのソートを行う「sort」の引数にラムダ式を使ってみましょう。
　sortについては、コンテナのところで簡単に説明をしました（「3-01 リスト（list）」の「リスト操作のメソッド」参照）。sortには、「key」というキーワード引数も用意されています。

```
コンテナ.sort(key=キーの指定)
```

　このようにして、キーワードとなる項目を指定することで、その項目を使ってコンテナを並べ替えることができます。これは、次章で説明するオブジェクト指向のオブジェクトを利用する際に使われる機能です。ラムダ式を使うことで、コンテナに保管されている値から必要な項目の値を取り出してkeyに設定し、並べ替えることができるようになります。
　これは、実際の例を見てみないとわからないでしょう。スクリプトファイル（sample.py）を以下のように書き換えて下さい。

▼リスト5-10　ラムダ式を引数にする

```
01: data = [
02:     {'name':'Taro','mail':'taro@yamada', 'age':35},
03:     {'name':'Hanako','mail':'hana@flower','age':29},
04:     {'name':'Sachiko','mail':'Sachi@happy','age':47},
05:     {'name':'Ichiro','mail':'ichi@baseball','age':19}
06:     ]
07:
08: data.sort(key=lambda arr: arr['age'])
09: for arr in data:
10:     print(arr)
```

コンテナ data には、辞書の値が複数用意されています。辞書には name、mail、age といったキーワードの値が保管されています。この中の age を sort の key に設定し、年齢順でデータを並べ替えてみたのが今回のサンプルです。実行すると、以下のように data の内容が出力されます。

```
{'name': 'Ichiro', 'mail': 'ichi@baseball', 'age': 19}
{'name': 'Hanako', 'mail': 'hana@flower', 'age': 29}
{'name': 'Taro', 'mail': 'taro@yamada', 'age': 35}
{'name': 'Sachiko', 'mail': 'Sachi@happy', 'age': 47}
```

age の小さい順に並べ替えられていることが確認できるでしょう。

ここでは、sort を呼び出す際、以下のように記述をしています。

```
data.sort(key=lambda arr: arr['age'])
```

sort メソッドでは、コンテナ（ここでは、辞書）に保管されているデータが渡され、キーの指定をもとに並べ替えられます。このデータが lambda の arr に渡されます。この中から、ソートに使う値を取り出すことで、その値が key に設定され、並べ替えの基準値として使われます。ここでは、arr['age'] を key に指定することで、age 順に並べ替えていたわけです。

key にラムダ式を指定する方法は、やや特殊な使い方なので今すぐ完全に理解する必要はありません。ここでは、「関数などの引数にもラムダ式を指定できる」ということがわかれば十分です。

ラムダ式は、値や変数などが設定できるところであれば、どこでも利用することができます。ここでサンプルを作ってみた「変数に代入して利用」「関数の返値に利用」「関数の引数に利用」の3つは、ラムダ式がもっとも利用される用途です。サンプルを見ながら、基本的な利用の仕方をしっかりと理解しておきましょう。

この章のまとめ

- 関数には、名前、引数、戻り値といったものがある。予約語 def を使い、名前と引数を指定して定義する。戻り値は、関数の実行文に「return」を用意し、値を返すことで作成する。

- キーワード引数を使うことで、デフォルトの値を指定し、省略可能な引数を作ることができる。

- ラムダ式は、1 文だけの名前のない関数。値を利用できるところであればどんなところにも書くことができる。

《章末練習問題》

練習問題 5-1

関数の定義について、以下の文の空欄を埋めなさい。

・関数は、 ① という予約語を使って定義する。
・関数名の後に () を用意し、ここに ② の変数を用意する。
・戻り値のある関数は、実行文の最後に ③ を使って値を消す。

練習問題 5-2

以下のプログラムを実行すると、どのように出力されるでしょうか。

```
def fn(*arg):
    total = 0
    for n in arg:
        total += n
    return total

print(fn(1, 2, 3, 4, 5))
```

練習問題 5-3

消費税の計算をするための関数 calc を作成しています。下のリストを実行すると、変数 price に「1080.0」という値が代入されるためには、calc の空欄部分にはどんな文を用意すればいいでしょうか。

```
def calc(tax):
    return lambda n: 

fn = calc(1.08)
price = fn(1000)
```

6章

クラス

Pythonは「オブジェクト指向」と呼ばれる仕組みに基づく
プログラミング言語です。この中心となるのが「クラス」です。
クラスの作成と利用の基本について、この章でしっかりと
学びましょう。

構造化からオブジェクトへ

　前章で、関数の使い方について学びました。関数は、いつでも何度でも呼び出せる特定の処理です。

　関数を利用することで、必要に応じて特定の処理をメインプログラムから呼び出して実行できるようになります。

　それまで、ただ最初から最後まで順番に処理を実行していくだけの平板な構造しかなかったプログラムは、制御構造によって実行順序をコントロールできるようになり、関数によって各種の用途ごとにプログラムを切り離して組み立てていくことができるようになりました。プログラムの構造を整理し、それらを関数化して組み立てるのです。

　こうした考え方を構造化といいます。プログラムを細かく分割して構造化し、わかりやすく書けるようになったのです。

▼図6-1:構造化により、プログラムを整理し、わかりやすく組み立てられる。

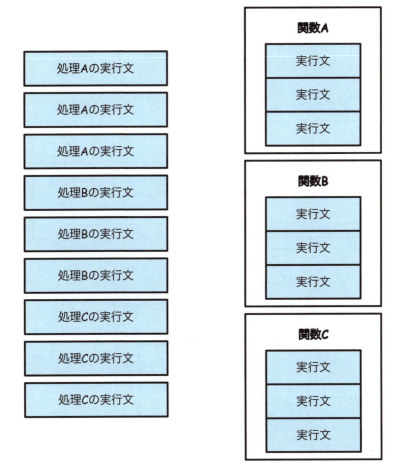

● 構造化をよりわかりやすくする

　制御構造や関数に加えて、関連する変数や関数などをひとまとめにして扱えるようにすれば、もっとプログラムをわかりやすくできます。例えば、「処理Aの変数・関数」「処理Bの変数・関数」……というように、関連するものをひとまとめにするのです。

　こうすれば、関数や変数が増えても、これによってそれらを整理できるようになるでしょう。この「プログラムのまとまり」は、オブジェクトと呼ば

れます。この考え方を更に突き詰めて整理した結果、誕生したのがオブジェクト指向という概念です。

▼図 6-2：関連する変数や関数をひとまとめにし、それらを組み合わせてプログラムを作れば、プログラム全体の構造もわかりやすくなる。

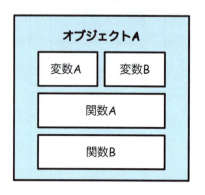
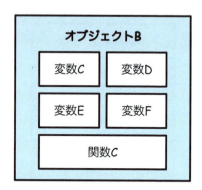

 ## オブジェクト指向とは

　オブジェクト指向とは、「オブジェクトを組み合わせてプログラムを作る」考え方です。
　オブジェクト指向では、プログラムの内容を考え、それぞれの要素を整理していくことが重要になります。

パソコンのアプリケーションならば、「ウインドウ」や「メニュー」、「アイコン」「入力フィールド」「プッシュボタン」というようなものの組み合わせでプログラムが作られています。これは、考えてみるとどんなアプリケーションであってもだいたい同じなのです。

ならば、「ウインドウのオブジェクト」「メニューのオブジェクト」というように、アプリケーションが必要とする機能を実現したオブジェクトをあらかじめ用意しておけば、それらを組み合わせて簡単にアプリケーションを作れるようになるはずです。

さらに、それぞれに機能を分割すればプログラムが1つの大きくて複雑なものになることを避けられます。

例えば、「ウインドウのオブジェクト」ならば、その中に「ウインドウの位置や値の変数」「ウインドウを描く関数」「ウインドウの位置を移動する関数」「ウインドウの大きさを変更する関数」といった、ウインドウに必要な変数や関数をすべて用意しておきます。

こうした、どんなプログラムからも使える、再利用可能なオブジェクトがライブラリ（すぐに使えるオブジェクトや関数のあつまり）として用意されていれば、圧倒的に簡単にアプリケーションが作れるはずです。

メモ

オブジェクトを利用する際にはここで紹介したような強力な機能のまとまりを活用できますが、実際に自分でクラスを作る際にはここまで汎用的なものを作ることはあまり多くありません。機能を適切に分割してプログラムの見通しをよくすることが中心だと思ってください。

▼図 6-3：アプリケーションは、ウインドウやメニュー、ボタンなどたくさんのオブジェクトを組み合わせて作られていると考えることができる。

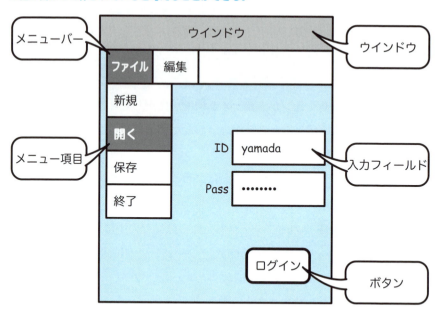

 ポイント

オブジェクト指向は、プログラムを機能やはたらきで整理し、それぞれをオブジェクトの組み合わせとして構築していこうという考え方のこと。

 ## クラスとインスタンス

　変数や関数をひとまとめにしたオブジェクトは、Pythonでは具体的にどのような形で用意されているのでしょうか。
　Pythonでは、オブジェクト指向を実現するためにクラスがあります。
　クラスは、中に値（変数）や処理（関数に相当するもの）をまとめて持つことができます。
　クラスはそのまま中にある変数や関数を呼び出して利用するわけではありません。クラスからインスタンス（インスタンスオブジェクト）と呼ばれる

ものを作成して利用します。Pythonではインスタンスはオブジェクトと同義と考えてください。

インスタンスは、クラスをもとにした実体です。Pythonでは、クラスはいわば「設計図」に相当します。中に用意する変数や関数などの定義をすべてもっていますが、クラスそのものを直接利用することはあまりありません。この設計図であるクラスをもとに、実際に利用することのできるオブジェクト（インスタンス）を作成し、これを操作するのがPythonのオブジェクト指向の基本です。

▼図6-4：クラスはオブジェクトの設計図。これをもとに、実際に操作できるオブジェクトを作っていく。

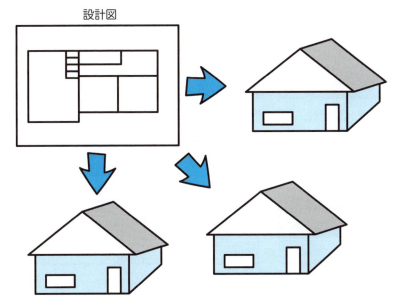

● なぜインスタンスが必要か

どうして直接クラスを操作するのではなく、インスタンスを作って操作するようになっているのか。それは、そうすることで同じオブジェクトを必要なだけ作成し操作できるようにするためです。

例えば、「ウインドウのクラス」というものを考えてみましょう。クラスを

直接操作する方式だと、クラスの関数などを呼び出してウインドウを表示し使えます。それでは「ウインドウが2つ必要」となったらどうすればいいのでしょう。同じウインドウのクラスを2つ用意しないといけません。10枚のウインドウなら、10個のクラスが必要です。これはあまりいいやり方とはいえません。

インスタンス方式なら、クラスからインスタンスを作り、それを操作すればウインドウを利用できます。10枚のウインドウが必要なら、クラスから10個のインスタンスを作ればいいのです。クラスは1つだけで済み、必要ならいくらでもウインドウを作って操作できます。

▼図 6-5：クラスから直接ウインドウを作ると、複数ウインドウには複数のクラスが必要になる。インスタンス方式なら1つのクラスからいくらでもウインドウを作れる。

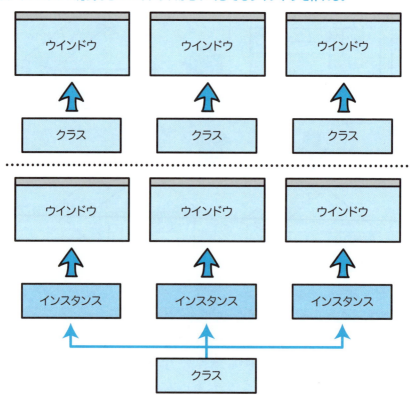

> **ポイント**
> クラスは、オブジェクトの設計図。それをもとに、インスタンスという部品を作成して操作する。

 ## クラスのメンバ

クラスの中には、「値を保管するもの（変数）」や「処理を行うもの（関数）」などを用意しておくことができます。これらは、クラスのメンバと呼ばれます。クラスに用意できるメンバは、整理すると以下の2つになります。

変数

——クラスで用意でき、インスタンスで使える変数は、「インスタンス変数」と呼ばれます。インスタンス変数は、インスタンスごとに値を保管できます。複数のインスタンスがあれば、それぞれ異なる値を持てるのです。さらにクラスとそのインスタンスで共有する「クラス変数」もあります。

メソッド

——クラスの中に用意される関数は、「メソッド」と呼ばれます。メソッドは、インスタンスの中から呼び出して利用できます。またメソッドの中からは、インスタンス変数の値を利用することもできます。

この2つの要素が、クラスを構成する最も基本的なものです。これらを定義することが、クラスを作ることだと考えてください。インスタンス変数もメソッドも、クラスの中に必要なだけ用意できます。

▼図6-6：クラスには、値を保管する変数（インスタンス変数・クラス変数）と、関数に相当するメソッドを用意できる。

 クラスとデータ型

　クラスから作成したインスタンスは、変数などに代入して利用します。では、インスタンスを入れた変数のデータ型（タイプ、データの種類）は、一体どうなるのでしょう。

　インスタンスは元となるクラスがそのまま型になります。例えば「MyClass」という名前のクラスを作成し、そのインスタンスを作成したら、そのインスタンスの型は「MyClass」になります。

　Pythonでは、オブジェクトはすべてそのクラス名が型名となります。「新しいクラスを定義すると、新しい型が作成される」と考えて良いでしょう。

　これまで、Pythonで使われる基本的な型を利用してきましたが、Pythonの型は用意されているもの以外にも、新しいクラスを作ることでどんどん拡張していけるのです。

● 基本の型と違いは？

　新たにクラスとして作成された型は、Pythonに最初から用意されている型（intやboolなど）と何か違いがあるのでしょうか。

　おおよそ違いはありません。もちろん、型に特有のはたらきや特定の型のデータしか受けつけない関数などはあります。たとえば新しく定義されたク

ラスのインスタンスは、+演算子で1つにまとめることはできません。一部のはたらきは異なります。

しかし、新たに作ったクラスがPythonの内部でintやboolなどとは別に扱われているということはありません。新たに作った型だから、扱いに特別な注意は必要なく、一度作成すればプログラム中で問題なく使えます。

COLUMN

Pythonではすべてがオブジェクト

Pythonでは実はすべてのデータがオブジェクトです。今まで使ってきた数値の1や、文字列の"Hi!"もすべてオブジェクトです。type関数を使うと元のクラスが確認でき、さらにコンストラクタからデータを作成できます(「6-02 クラスの作成」参照)。

```
type(1)       # クラスはint
type("Hi!")   # クラスはstr
```

```
int("1") # 1
str([1,2]) # '[1,2]'
```

このようなオブジェクトについては本書では積極的には取り上げませんが、Python全体がオブジェクトで構成されていることは覚えておきましょう。

クラスの作成

 クラスの定義

　Pythonでどのようにクラスを作成し利用するのか、具体的なソースコードを見ながら説明していきましょう。まずは、クラスの定義についてです。以下のように記述します。

 6-1　クラスの定義

```
class クラス名 :
    ……クラスの内容……
```

　「class」という予約語の後に名前をつけ、最後にコロン（:）を記述します。そして次行より、右にインデントをして、クラスの内容となる実行文を記述していきます。内容となるインスタンス変数やメソッドについては後述するとして、まずはこの「クラスの基本形」をしっかり覚えておきましょう。

 ポイント

クラスは、「class クラス名 :」という形で定義する。クラスの内容は、これより右にインデントして記述する。

インスタンスの作成

作成したクラスは、インスタンスを作って利用します。

 **6-2　インスタンスの作成**

クラス名()

非常に簡単ですね。定義したクラス名に () をつけて呼び出すだけです。関数の呼び出しなどと同じ感覚で考えれば良いでしょう。

作成されたインスタンスは、そのまま変数に代入します。以後は、この変数を使ってインスタンスを操作していきます。このインスタンスを作成する、(クラス名と同じ名前の) 関数は**コンストラクタ**と呼ばれます。

▼図 6-7：クラス名のコンストラクタ関数を呼び出すと、その名前のクラスのインスタンスが作成される。

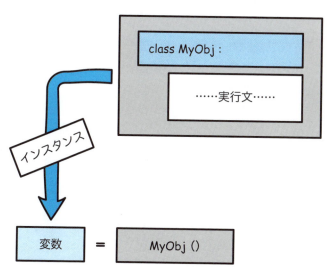

 ポイント

インスタンスは、クラス名のコンストラクタを使って作成する。

クラスを作成して使う

　実際にクラスを作成し、利用してみましょう。スクリプトファイル（前章で使っていた sample.py）を開き、以下のようにソースコードを記述します。MyObj がクラス、ob がそのインスタンスです。

▼リスト 6-1　クラスの定義とインスタンスの作成

```
01: class MyObj:
02:     pass
03:
04: ob = MyObj()
05: print(type(ob))
```

　これを実行します。コンソールには以下のように出力されます。

```
<class '__main__.MyObj'>
```

　ここで作成したインスタンスの型を表示させています。__main__ というものの後に「MyObj」とあるのがわかるでしょう。これが、このインスタンスの型、つまりクラス名になります。

● クラスの定義

　ここでは、MyObj というクラスを作成しています。このクラスは以下のように定義してあります。

```
class MyObj:
    pass
```

　class の後に「MyObj」と名前をつけ、コロンで文を終えます。これでMyObj というクラスの定義になります。

　実行しているのは「pass」だけです。これは「何もしない予約語」です。

Pythonでは、クラスや関数の定義では、改行しインデントして何か実行文を書かないとクラスや関数の定義として認識されません。そこで、何も用意しないときは「pass」を実行文に書いておきます。ここでは中身が何もないMyObjクラスを作っていたということです。

● インスタンスの作成

作成したクラスは、以下のようにインスタンスを作ります。

```
ob = MyObj()
```

これで、変数 ob に MyObj のインスタンスが代入されました。これを確認するのに、type 関数を使います。

```
print(type(ob))
```

これで、変数 ob のタイプを出力しています。結果、MyObj と確認できたというわけです。

 変数

ごく基本的なクラスの利用はできたので、クラス内にメンバ（クラスに用意する要素）を作成していきましょう。まずは、値を保管するクラスの変数、クラス変数についてです。ここではクラス変数としての操作はせず、インスタンスごとの変数（インスタンス変数）のように使います。

クラス変数は、クラスの実行文にそのまま変数の代入文を用意するだけで使えるようになります。

6-3 クラス変数のクラス内での定義

```
class クラス名:
    変数 = 値
    ……略……
```

インスタンス作成後、変数は以下のように利用できます。

 **6-4 値を取り出す**

インスタンス.変数

 6-5 値を変更する

インスタンス.変数 = 値

　このインスタンス変数は、作成したインスタンスが入っている変数名の後にドットをつけ、更に変数名を記述して指定します。

　例えば、インスタンスを代入した変数 ob、その中にある abc というインスタンス変数の値を利用したいならば、ob.abc というように記述をします。

▼図6-8:「インスタンス.変数」と記述することで、インスタンス変数にアクセスすることができる。

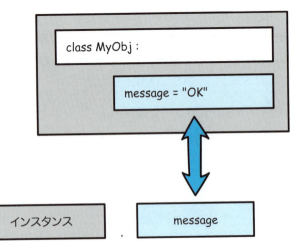

> クラス変数は、クラス内で変数を宣言すれば作られる。インスタンスの後にドットをつけ、続けて変数名を記述してアクセスする。

● インスタンス変数を使う

実際に使ってみましょう。先ほどのスクリプトファイルのソースコードを以下のように修正してください。

▼リスト6-2　クラス変数の定義と利用

```
01: # メモクラス（Memo）を作成する。
02: class Memo:
03:     message = "OK"
04:
05: memo = Memo()
06: print(memo.message)
07: memo.message = "Hello!"
08: print(memo.message)
```

クラス変数が元となったインスタンス変数の値を以下のように出力します。

```
OK
Hello!
```

最初に、デフォルトで設定されている値が出力され、それから書き換えた値が出力されます。インスタンス変数の値を読み書きしていることがわかるでしょう。ここでは、以下のようにクラス定義をしています。

```
class Memo:
    message = "OK"
```

Memoクラスの中に、「message」という変数を用意しています。これが、インスタンス変数として利用できるようになります。このように、インスタンス変数の利用はごく普通の変数となんら変わりありません。

message インスタンス変数の値を取り出して表示し、それから値を書き換えています。これは以下のように行っています。

```
#インスタンス変数を出力する
print(memo.message)
```

```
#インスタンス変数を変更する
memo.message = "Hello!"
```

memo.message という形でインスタンス変数が指定されていることがわかります。指定の仕方さえわかれば、後は普通の変数と同様に値を読み書きできます。

 メソッドの利用

メソッドは、関数をクラスのメンバとして用意したもので、基本的な書き方は関数定義と同じです。メソッド定義の基本形を見てみましょう。

 6-6 メソッドの定義

```
class クラス名:
    def メソッド名(self, 引数):
        ……実行文……
```

メソッドも関数も、def の後に名前と引数を記述して定義するという点はまったく同じです。ただし、1つだけ違っているところがあります。

メソッドでは、1つ目の引数は必ず self となります。これは、省略してはいけません。どんなメソッドも必ず最初に self という仮引数を用意しておきます。

self は「このインスタンス自身」を指しています。クラスはインスタンスを作成します。このインスタンス自身が self に入れて渡されるのです。self

が用意されているのは、インスタンス変数やメソッドなどをそのインスタンスで利用するのに必要だからです。

インスタンス変数は、インスタンスが入っている変数名の後にドットをつけ、インスタンス変数名を記述します。つまり、インスタンス変数を利用するには、「インスタンスが入っている変数」が必要なのです。そこで、メソッドの第1引数に、自身のインスタンスを代入したselfが渡されるようになっています。この仕組みはサンプルをいくつか試すとわかるはずです。

メソッド名には既に使われている関数名も利用できます。例えばprint関数と別にMemoクラスのprintメソッドを作成できます。

▼図 6-9：メソッドでは、第1引数の「self」に、インスタンス自身が渡される。

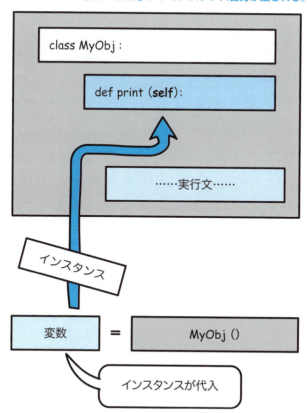

> **ポイント**
>
> メソッドは、クラス内に用意される関数。基本的には関数と同じように定義できるが、第1引数には必ずselfを用意する。

● メソッドを使う

実際に試して理解を深めましょう。スクリプトファイル（sample.py）を以下のように修正してください。

▼リスト6-3　メソッドの定義と利用

```
01: class MyObj:
02:     message = "OK"
03:     # print関数とは別にここではprintメソッドを定義する。
04:     def print(self):
05:         print(self.message)
06:
07: ob = MyObj()
08: ob.message = "Hello Python!"
09: ob.print()
```

これを実行すると、「Hello Python!」とメッセージが表示されます。ここでは、MyObjクラスのインスタンスを作成し、messageにメッセージを設定してから、MyObjインスタンスのprintメソッドを呼び出しています（print関数ではありません）。これで、messageインスタンス変数の内容が出力されていたのです。ここでのprintメソッドの定義を見てみましょう。

```
def print(self):
    print(self.message)
```

引数selfを使い、self.messageをprint関数で出力しています。これで、MyObjクラスのmessageインスタンス変数の値を出力していたのです。

このように、メソッド内からインスタンス変数を利用するのに、引数selfは非常に重要な役割を果たしています。

COLUMN

「self」という名前について

メソッドの第1引数には「self」というものが用意されますが、実はこれ、self以外の名前を使っても問題なく動きます。例えば、以下のようにクラスを書いたとしましょう。

```
class MyObj:
    message = "ok"

    def print(hoge):
        print(hoge.message)
```

これでもMyObjクラスは正常に動きます。「第1引数には、インスタンス自身が渡される」ということであって、必ずしも「selfという名前でなければいけない」というわけではないのです。ただし、Pythonのプログラムでは、メソッドの第1引数をselfという名前にするのが慣例となっています。「インスタンスは常にselfに入っている」としたほうが他の人とプログラムするときなどわかりやすくなります。「Pythonでは、メソッドの第1引数にはselfを用意するのが基本」だと考え、他の名前は使わないようにしましょう。

コンストラクタと初期化

インスタンス変数を使うようになると、「インスタンスを作る」「インスタンス変数に値を設定する」といった作業をしてからインスタンスを使うことになります。インスタンス変数の数が増えてくると、この初期設定がかなり大変になります。

このようなときに役立つのが初期化メソッドの利用です。Pythonのクラスには、インスタンスを作成した時に必ず呼び出される、以下のメソッドが用意されています。

構文　6-7　初期化のメソッド

```
def __init__(self):
    ……初期化処理……
```

　インスタンスが作成されると、__init__ メソッドが自動的に実行されます。このメソッドも、self を引数にすることは必須です。必要に応じて引数を追加できます。Python ではこのような特殊なメソッドは前後に _（アンダースコア）を 2 つつけます。

● 初期化メソッドの引数

　追加された引数は、コンストラクタを呼び出す際に利用されます。コンストラクタを呼び出すとき、引数に指定した値が、そのまま __init__ メソッドの仮引数（self ではないもの）に渡されるようになっています。

```
def __init__(self, x):
```

　MyObj クラスにこのようにメソッドを定義したとすると、コンストラクタでインスタンスを作る際に、以下のように引数をつけて呼び出せるようになります。

```
MyObj(100)
```

　このとき、引数の 100 が、そのまま __init__ メソッドの仮引数 x に渡されるので、後はこの仮引数でインスタンス変数などの初期化を行えます。

▼図6-10：インスタンスを作成すると、__init__ を実行して初期化処理を行う。

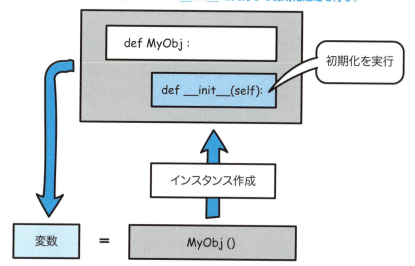

> **ポイント**
>
> インスタンスの初期化は、__init__ メソッドを使う。このメソッドに引数を用意することで、コンストラクタで引数が使えるようになる。

● __init__ を利用する

実際に初期化処理を行ってみましょう。スクリプトファイル（sample.py）のソースコードを以下のように書き換えてみてください。

▼リスト6-4　初期化の利用

```
01: class MyObj:
02:     def __init__(self, msg):
03:         self.message = msg
04:
05:     def print(self):
06:         print(self.message)
07:
08: ob = MyObj('Hello!')
09: ob.print()
```

これで実行してみると、コンソールに以下のように出力されます。

```
Hello!
```

ここでは、message インスタンス変数に値を代入するような処理は行っていません。インスタンスを作成する際に、コンストラクタに引数を指定しているだけです。これで、引数の "Hello!" が、Ob インスタンスの message インスタンス変数に設定されます。

```
ob = MyObj('Hello!')
```

MyObj クラスを見ると、このように初期化処理が用意されています。

```
    def __init__(self, msg):
        self.message = msg
```

__init__ メソッドの self の後に、msg という引数が追加されています。そして、この msg の値を、self.message に設定するようにしています。

コンストラクタを実行すると、インスタンスを作成し、そのとき __init__ が呼び出されます。このときに、コンストラクタの "Hello!" が、__init__ の仮引数 msg に渡されていたことがよくわかるでしょう。

メンバのはたらき

プライベート変数

　クラスは、そこに用意されているメンバ（変数とメソッド）をいかに実装するかが非常に重要です。メンバのはたらきについて、もう少し説明しておきます。

　まずは、インスタンス変数のスコープ（有効範囲）についてです。インスタンス変数は、作成したインスタンスからアクセスできます。インスタンス変数は、クラスやインスタンスの外から利用できます。これらはパブリックな変数（公開された変数）といえます。

　対してクラスの外からアクセスできない変数も必要となることがあります。外部からのアクセスで変更されることを想定しない変数や、クラス作成時には必要でも後は使うことのない変数です。こういったものをパブリック変数にしておくと、誤って変更してしまうようなことも起こりえます。こうしたものは、プライベート変数（非公開の変数）として作成します。

　プライベートなインスタンス変数は、変数名の前に2つのアンダースコア（__）をつけて作成します。例えば、messageというインスタンス変数を非公開にしたければ、「__message」を作成すれば、このインスタンス変数はインスタンス外からアクセス（変数の参照利用）できなくなります。もちろん、クラス内にあるメソッドからは、self.__messageとして利用できます。

6-8 プライベート変数

```
__変数名 = 値
```

▼図6-11：messageは、インスタンスの外側からアクセスできるが、__messageにすると外部からアクセスできなくなる。

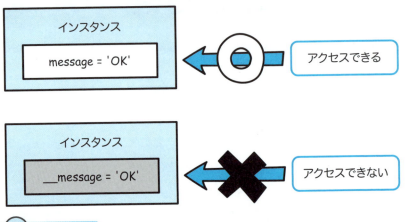

ポイント

インスタンス変数は、基本はパブリック変数。外からアクセスできないプライベート変数は、変数名の最初にアンダースコア（_）を2つつける。

● プライベート変数を利用する

　実際にプライベートなインスタンス変数のはたらきを見てみましょう。スクリプトファイル（sample.py）を以下のように修正してください。

▼リスト6-5　プライベート変数の利用

```
01: class MyObj:
02:     def __init__(self):
03:         self.__num = 123
04:         self.message='OK!'
05:
06:     def print(self):
07:         print(str(self.__num) + ':' + self.message)
08:
09: ob = MyObj()
10: ob2 = MyObj()
11: ob.__num = 321
12: ob.message = 'Hi!'
13: ob.print()
14: ob2.print()
```

　ここでは、プライベート変数 __num と、パブリック変数 message の2つのインスタンス変数を __init__ メソッドで用意してあります。インスタンスを2つ作成し、片方のインスタンス変数を変更してから print で出力をしています。実行すると、以下のように出力されます。

```
123:Hi!
123:OK!
```

　__num と message の両方の値を変更しているはずですが、__num のほうは値が変わっていないことがわかります。ここで、ob.__num = 321 と実行しても、インスタンス変数 __num の値は 321 に変更されないのです。ここでは試していませんが、「print(ob.__num)」のようにプライベート変数を参照しようとすると「321」と表示され、実際に保管されている 123 という値は取り出せないことがわかります。

COLUMN

プライベート変数の定義

リスト6-5では __init__ メソッドで作成しましたが、以下のようにプライベート変数を設定することもできます。

```
class MyObj:
    message = 'Hi!'
    __count = 0
```

クラス変数

ここまで変数をいくつか利用してきました。この実装の仕方には大きく2通りのやり方がありました。

```
#①直接、変数を用意する
class MyObj:
    message = "OK"
```

```
#② __init__ で初期化
class MyObj:
    def __init__(self):
        self.message = "OK"
```

どちらもほとんど同じように使ってきましたが、実は両者は性質の異なるものです。①のやり方はクラスにはじめから変数を用意するものです。これに対し、②はインスタンスを作成したときに変数を用意します。

何が違うか考えると、②のやり方では「クラスに message がない」という点です。これは、インスタンス作成後に変数 message が作成されるため、MyObj クラスには message は存在しないのです。これに対し、①のやり方は MyObj クラスにも message が用意されていることになります。

この①のように「クラスに用意されている変数」を、クラス変数といいます。クラス変数は、インスタンスではなく、クラスそのものに値を保管する

ことができます。また、インスタンスを作成すればそれぞれのインスタンスごとにも値を保持できるので、インスタンス変数としても使えます。

▼図 6-12：インスタンス変数は、実装の仕方によって、クラスに用意されない場合がある。

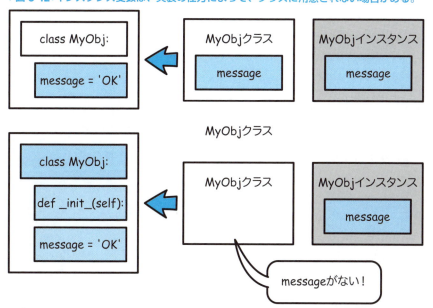

 ポイント

クラスに用意される変数が、クラス変数。これはクラスそのものに値を保管している。

● クラス変数を使う

　クラス変数を利用してみましょう。以下のようにスクリプトファイル（sample.by）を修正してみてください。

▼リスト6-6　クラス変数の利用

```
01: class MyObj:
02:     message = "OK"
03: 
04:     def print(self):
05:         print(MyObj.message)
06: 
07: ob = MyObj()
08: ob.print()
09: MyObj.message = 'Welcome!'
10: ob.print()
```

これを実行すると、以下のようにコンソールに出力されます。

```
OK
Welcome!
```

　ここでは、print メソッドで message の値を出力する際、MyObj.message というようにしてクラスから message の値を取り出しています。これがクラス変数の値です。クラス変数はこのように指定することでアクセスできます。

6-9　クラス変数へのアクセス

クラス . 変数

　サンプルでは、print メソッドでクラス変数の値を利用するようにしたことで、print を呼び出すと常にクラスに保管されている値が出力されるようになります。

クラスメソッド

　クラス変数のように、クラスから直接利用できるメソッドもあります。こ

れはクラスメソッドと呼ばれています。ただし、こちらはインスタンスで実行する一般的なメソッドとは書き方が違うので注意が必要です。クラスメソッドの書き方がどうなるか、以下にまとめましょう。

構文　6-10　クラスメソッドの書き方

```
@classmethod
def メソッド名(cls, 引数1, 引数2, ……):
```

　クラスメソッドは、メソッド定義の前に「@classmethod」という印を記述しなければいけません。このように@の記号ではじまるプログラムの印は、アノテーションと呼ばれます。アノテーションはメンバの性質を指定するのに用いられます。

　クラスメソッドの定義では、引数にselfは用意されません。インスタンスは存在しないためです。その代りに、「cls」という引数が用意されます。これは、このクラスメソッドが保管されているクラスのオブジェクトが代入されます。

▼図6-13：クラスメソッドは、クラスから直接呼び出して実行できる。

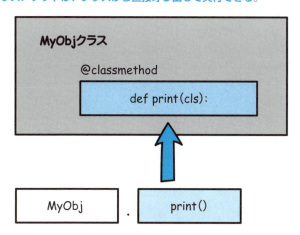

COLUMN

クラスメソッドはクラス変数

　クラスメソッドを作成する場合、「インスタンス変数は使わず、クラス変数だけを利用する」という点に注意する必要があります。インスタンスメソッド（通常のメソッド）からは、クラス変数もインスタンス変数も使えますが、クラスメソッドからはクラス変数しか使えません。インスタンスを作っていないので、よく考えれば当然ですが注意しましょう。

● クラスメソッドを使う

　実際にクラスメソッドを使ったサンプルを見てみましょう。スクリプトファイルを以下のように修正してください。

▼リスト6-7　クラスメソッドの利用

```
01: class MyObj:
02:     message = "OK"
03: 
04:     @classmethod
05:     def print(cls):
06:         print(cls.message)
07: 
08: MyObj.print()
09: MyObj.message = 'Welcome!'
10: MyObj.print()
```

　これを実行してみましょう。以下のようにメッセージが出力されます。

```
OK
Welcome!
```

　ここでは MyObj クラスから直接 print メソッドや message 変数を利用しています。インスタンスは作成していません。

COLUMN

＋演算子で加算する

　新たに作成したクラスは、演算に対応していません。int 型や string 型、更にはコンテナなどでも＋演算子で２つの値を足したりできます。こうしたことは自作のクラスでも可能です。Python では、演算子の演算のためのメソッドをいうものが用意されています。そのメソッドをクラスに実装することで、演算に対応させることができるのです。

　どのようなメソッドがあるのか、簡単にまとめておきましょう。

```
#+演算子
__add__(self, other)
```

```
#+=演算子
__iadd__(self. other)
```

```
#-演算子
__sub__(self, other)
```

```
#-=演算子
__isub__(self. other)
```

```
#*演算子
__mul__(self, other)
```

```
#*=演算子
__imul__(self, other)
```

```
#/演算子
__truediv__(self, other)
```

```
#/=演算子
__itruediv__(self, other)
```

```
#//演算子
__floordiv__(self, other)
```

```
#//=演算子
__ifloordiv__(self, other)
```

```
#%演算子
__mod__(self, other)
```

```
#%=演算子
__imod__(self, other)
```

いずれも、2つの引数が用意されています。selfがインスタンス自身、もう1つのotherは、演算するもう1つのインスタンスが渡されます。この2つのインスタンスを元に演算のための処理を作成すれば、演算子に対応したクラスを作ることができます。演算後は、演算結果のインスタンスをreturnします。

 ポイント

> 四則演算の演算子は、対応するメソッドをクラスに追加することで使えるようになる。

● 足し算できるクラス

利用例として、「+演算子で足し算できるクラス」を作ってみましょう。これもサンプルスクリプト(sample.py)を修正して利用します。

▼リスト6-8 足し算できるクラスの作成

```
01: class MyObj:
02:     def __init__(self, msg):
03:         self.message = msg
04:
05:     def print(self):
06:         print(self.message)
07:
08:     def __add__(self, other):
09:         return MyObj(self.message + ' ' ¥
10:             + other.message)
11:
12:     def __iadd__(self, other):
13:         self.message = self.message + ' ' ¥
14:             + other.message
15:         return self
16:
17: ob = MyObj('first')
18: ob2 = MyObj('second')
19: ob3 = ob + ob2
```

```
20: ob3.print()
21: ob3 += MyObj('Third')
22: ob3.print()
```

ここでは、obとob2という2つのMyObjインスタンスを作成しています。

```
ob3 = ob + ob2
ob3.print()
```

このようにして2つの演算子を足し、その結果からprintを呼び出しています。これを実行すると、以下のように結果が出力されます。

```
first second
```

'first'と'second'をそれぞれmessageに設定したインスタンスを足し算すると、'first second'というように2つのmessageを1つにつなげたMyObjインスタンスが作成されます。__add__メソッドを見てみると、

```
def __add__(self, other):
    return MyObj(self.message + ' ' + other.message)
```

このように、新たにMyObjインスタンスを作成し、2つのインスタンスのmessageを1つにつなげた値を設定したものをreturnしています。このように、「2つのインスタンスをもとに、新たなインスタンスを作ってreturnする」という作業で、+による演算が実装できました。

同様に、__iadd__メソッドを用意することで、+=演算子を使えるようにしています。これは以下のように定義されています。

```
def __iadd__(self, other):
    self.message = self.message + ' ' + other.message
    return self
```

__add__とは微妙に処理の仕方が違います。+=は、右辺の値を左辺に追加するものなので、新しいインスタンスを作るのではなく、左辺のオブジェクト（self）の内容を更新して、self自身をreturnするようにしています。

この+=演算子は、以下のように利用しています。

```
ob3 += MyObj('Third')
ob3.print()
```

これで、'first second Third'とob3が出力されます。MyObj('Third')が更に追加されていることがわかるでしょう。

文字列表記の用意

print 関数では、さまざまな値を引数に入れて出力することができました。しかし、自分で作成したクラスのインスタンスを print で出力しても、思うような結果は得られません。例えば、サンプルで作成した MyObj クラスのインスタンスを print 関数で出力してみましょう。

▼リスト6-9　文字列を取り出せないクラス

```
01: class MyObj:
02:     def __init__(self, msg):
03:         self.message = msg
04:
05: ob = MyObj('Hello')
06: print(ob)
```

実行すると、以下のような値がコンソールに出力されます。16進数部分は環境ごとに異なります。

```
<__main__.MyObj object at 0x000001A69735E8D0>
```

これでは、一体どんなインスタンスなのかわかりません。インスタンスの内容がわかるような出力がされるようにしたいところです。

print 関数では、値を文字列に変換して出力をしています。クラスに、文字列として値を取り出すための仕組みを用意しておけば、print で出力できるようになります。__str__ というメソッドとして用意されています。

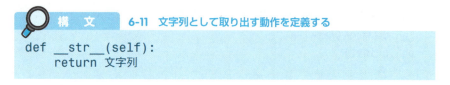

構文　6-11　文字列として取り出す動作を定義する

```
def __str__(self):
    return 文字列
```

return で文字列の値を返すようにします。この return した文字列が、イ

ンスタンスの文字列表記として利用されます。

▼図 6-14：print で出力しようとすると、インスタンスの __str__ メソッドが呼び出され、その結果が出力内容として使われる。

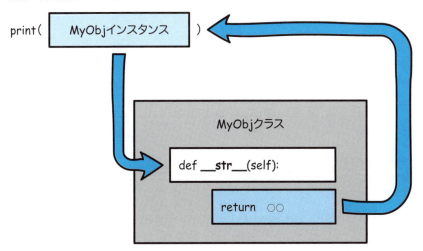

● MyObj を print 出力する

サンプルで作成した MyObj クラスが print 関数でわかりやすく出力されるように修正します。

▼リスト 6-10 文字列を取り出せるクラス

```
01: class MyObj:
02:     def __init__(self, msg):
03:         self.message = msg
04:
05:     def print(self):
06:         print(self.message)
07:
08:     def __str__(self):
09:         return "<MyObj: message='" + self.message + "'>"
10:
11: ob = MyObj('Hello')
12: print(ob)
```

これを実行します。するとコンソールには以下のように出力されます。

```
<MyObj: message='Hello'>
```

messageインスタンス変数の値が出力されるようになっています。これなら、インスタンスの中身を分かりやすく表示できます。

ポイント

printなどでテキストとして出力される値は、__str__メソッドを使って定義できる。

プロパティ

クラスに値を保管する場合、インスタンス変数を用意します。これは便利ですが、外部からのアクセスが容易だと複雑なプログラムを作成したときに読みづらくなってしまうなどのデメリットがあります。

プライベート変数にすればいいのですが、そうすると変数にアクセスするためのメソッドを用意して利用することになります。インスタンス変数と違い、メソッドを使ってアクセスするのは記述量も増えますし、またプライベート変数にアクセスする関数をいちいち覚えておく必要があります。

値をしっかり管理したい、けれどインスタンス変数のように自然に値にアクセスできるようにもしたい。この両者のいいとこ取りをした機能が、Pythonには用意されています。それが*プロパティ*です。

プロパティは、「メソッドでアクセスするインスタンス変数」です。インスタンス変数の値の読み書きは、あらかじめ用意したメソッドを使って行います。実際にプロパティを利用するときには、メソッドを呼び出すのではなく、直接プロパティの値を読み書きできるかのように動作します。

矛盾しているようですが、機能を整理してみましょう。

プロパティの値を取り出したり変更したりすると、そのプロパティに設定されたメソッドが自動的に呼び出され、そのメソッドによって処理が行われ

るのです。利用する側から見れば、普通にインスタンス変数を利用している感覚で使えるのですが、クラスの内部ではメソッドで細かな制御が行えるようになっています。

● プロパティの定義

プロパティは、プロパティ名のメソッドを使って定義します。基本的な形は以下のようになります。アノテーションを忘れないでください。

構　文　　6-12　プロパティの定義

```
@property
def プロパティ名(self):
    return 値
```

構　文　　6-13　プロパティの値を設定するための定義

```
@プロパティ名.setter
def プロパティ名(self, 値):
    ……値を設定する処理……
```

@ ではじまるのがアノテーションです。メソッドなどに特定の性質を割り当てます（「6-03 メンバのはたらき」の「クラスメソッド」参照）。

プロパティは、「@property」というアノテーションをつけたメソッドとして定義されます。例えば、ここで「def abc」というメソッドを用意すれば、abc という名前のプロパティが定義されます。

この @property は、プロパティの値を取り出すメソッドを定義するものです。return で返した値が、このプロパティの値として利用されます。

プロパティの値の変更は、「@プロパティ名.setter」というアノテーションをつけたメソッドとして定義されます。abc プロパティならば、@abc.setter となります。メソッド名は、同じくプロパティの名前になります。引数には、self の他に、プロパティに設定する値を渡すための引数が用意されます。この引数の値を使って、プロパティの値を変更します。

▼図 6-15：プロパティの仕組み。プロパティの値を取り出したり、変更したりすると、用意しておいたメソッドが呼び出され、そこで値が処理される。

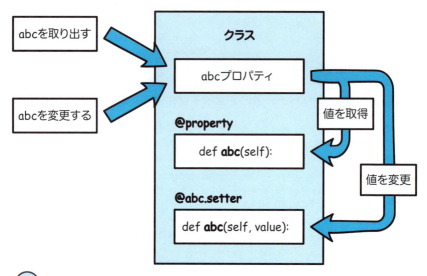

> **ポイント**
>
> プロパティは、メソッドを使って値にアクセスするインスタンス変数。メソッドは、専用のアノテーションを使い、プロパティの名前と同じメソッド名で宣言する。

● プロパティを利用する

実際にプロパティを使ってみましょう。先ほどのリスト 6-10 で使った MyObj クラスの message インスタンス変数をプロパティに変更してみます。

▼リスト 6-11　プロパティの定義と利用

```
01: class MyObj:
02:     def __init__(self, msg):
03:         self.message = msg
04:
05:     def __str__(self):
06:         return "<MyObj: message='" + self.message + "'>"
07:
08:     # プロパティ
```

次へ

```
09:      @property
10:      def message(self):
11:          return self.__message
12:
13:      # プロパティの値の変更のための関数
14:      @message.setter
15:      def message(self, value):
16:          if value != '':
17:              self.__message = value
18:
19: ob = MyObj('Hello')
20: print(ob.message)
21: ob.message = ''
22: print(ob)
23: ob.message = 'Bye!'
24: print(ob)
```

　ここでは、MyObj クラスのインスタンスを作って、message プロパティの値を表示したり、値を変更したりしています。プログラムを実行すると、以下のように出力がされます。

```
Hello
<MyObj: message='Hello'>
<MyObj: message='Bye!'>
```

　ここでは、MyObj('Hello') としてインスタンスを作成後、message の値を空の文字列に変更し、更に 'Bye!' に変更しています。しかし、出力を見ると、空の文字列に変更する操作は無視されて適用されないのがわかるでしょう。

　ここでは、__message というプライベート変数を用意し、ここに message プロパティの値を保管しています。プライベート変数なので、__message は外部から直接アクセスされることはありません。ただし、message プロパティ経由ではアクセスできます。

　message プロパティは、以下のような形で定義されています。

```
@property
def message(self):
    return self.__message
```

```
@message.setter
def message(self, value):
    if value != '':
        self.__message = value
```

　@property では、self.__message をそのまま return しています。そして @message.setter では、value が空の文字列でなければ、self.__message に値を設定しています。値を空にできないように処理しているのです。

　プロパティを使うと、このように、値の取得や設定を制御できます。どんな値にも勝手に変更できてしまうようなことはなくなり、こちらで用意した形式でないと値を変更できないようにできるのです。例えば値に不正な部分がないかなどをプログラムでチェックして、インスタンス変数よりも、安全に値を利用できるようになります。

 継承とは

　クラスには、多くの値や処理をひとまとめにする仕組みが用意されており、これによってクラスの中に多くの機能を組み込むことができます。ただし、そのためにはすべてのメソッドの実行文を書かなければいけません。

　例えば、ウインドウのクラスを作成したとしましょう。そこにはウインドウを操作するためのメソッドが多数揃っています。が、それでも万能というわけではありません。

　新たに作るクラスでは、ウインドウの一部の機能を変更したクラスを用意する必要があったとします。このとき、どのようにしてクラスを作成すればいいでしょうか。

　ウインドウのクラスにあるメソッドをすべてコピー＆ペーストして新しいクラスを作ることはもちろん可能です。これは面倒ですし、コードをコピー＆ペーストする過程でバグが紛れ込んでしまうかも知れません。元のウインドウ側に変更があればそのたびにコピー＆ペーストのやり直しです。

　もっと簡単に、既にある便利なクラスを再利用できる方法があれば、こんな手間をかける必要はないのです。そこで考え出されたのが継承というアイデアです。

● 継承はすべてを受け継ぐ

継承は、既にあるクラスのすべての機能（変数やメソッド）をすべてそのまま受け継いで新しいクラスを定義することです。受け継ぐというのは、その中身をコピー＆ペーストするわけではありません。何もしなくとも、継承する元のクラスにある変数やメソッドがすべて使えるようになるのです。

継承は、以下のようにクラスを定義して利用します。

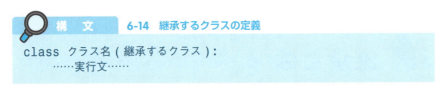

構文　6-14　継承するクラスの定義

```
class クラス名 ( 継承するクラス ) :
    ……実行文……
```

クラス名の後に、() をつけ、そこに継承したいクラス名を指定します。これで、そのクラスを継承する新しいクラスが定義できます。

▼図 6-16：一部だけ違う新しいクラスを作るとき、継承すれば機能を引き継げる。

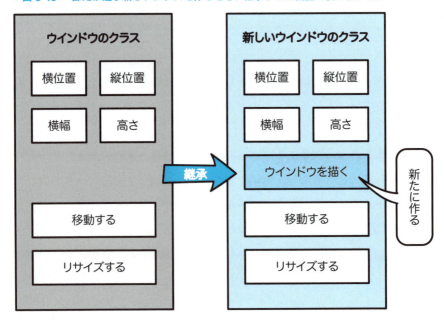

● 基底クラスと派生クラス

継承を利用するとき、継承するもととなったクラスのことを「基底クラス」と呼びます。また、基底クラスを継承して新たに作成されたクラスを「派生クラス」と呼びます。

これらは継承の基礎知識として頭に入れておきましょう。

メモ

基底クラスはスーパークラス、親クラスと呼ばれることもあります。対して、派生クラスはサブクラス、子クラスと呼ばれることもあります。本書では基底クラス、派生クラスの名称を用います。

▼図 6-17：あるクラスを継承して新しいクラスを定義すると、元になったクラスにあるインスタンス変数やメソッドが全て利用できるようになる。

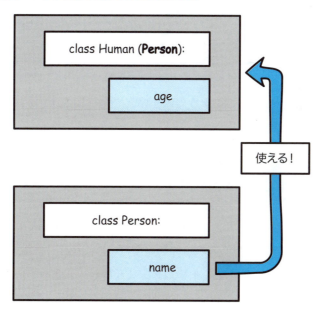

ポイント

継承を利用してクラスを定義する場合は、クラス名の後に () で継承するクラスを指定する。

継承を利用する

　実際に継承を利用してみましょう。まずは、必要最小限のクラスを使って、継承のはたらきを見てみます。

▼リスト6-12　クラスの継承
```
01: class Person:
02:     name = "name"
03:
04: class Human(Person):
05:     age = 20
06:
07: ob = Person()
08: print(ob.name)
09: ob2 = Human()
10: print(ob2.name + ',' + str(ob2.age))
```

　スクリプトファイルをこのように書き換えて実行してみてください。コンソールには以下のように出力されます。

```
name
name,20
```

　1行目がPersonインスタンスのname、2行目がHumanインスタンスのnameとageです。クラスの定義を見ると、Personにはnameインスタンス変数が、Humanにはageインスタンス変数が用意されているのがわかります。Humanでは、nameとageの両方の値が取り出せます。
　継承により、Personのnameが使えるようになっているためです。

オーバーライド

もう少し機能を追加していきましょう。初期化のための __init__ と、文字列出力の __str__ を追加してみます。

▼リスト6-13　クラスの継承とオーバーライド

```
01: class Person:
02:     def __init__(self, name):
03:         self.name = name
04:
05:     def __str__(self):
06:         return '[Person] My name is ' + self.name + '.'
07:
08: class Human(Person):
09:     def __init__(self, name, age):
10:         self.name = name
11:         self.age = age
12:
13:     def __str__(self):
14:         return '[Human] My name is ' + self.name + '. '¥
15:             'I am ' + str(self.age) + ' years old.'
16:
17: ob = Person('Taro')
18: print(ob)
19:
20: ob2 = Human('Hanako', 28)
21: print(ob2)
```

このようにソースコードを修正し、実行してみましょう。すると、以下のようにコンソールに出力されます。

```
[Person] My name is Taro.
[Human] My name is Hanako. I am 28 years old.
```

Person と Human のインスタンスをそれぞれ作成し、print で出力した結

果です。__init__ で初期化し、print では __str__ の結果が出力されています。

● メソッドは上書きできる

　重要なのは「Humanを利用するとき」のメソッドの利用です。Humanインスタンスを作成すると、そこにある __init__ によって初期化がされています。また、print時には、Humanの __str__ が呼び出されているのがわかります。ここで気になるのは、Humanは、Personを継承しており、Personにも __init__ と __str__ は用意されていることです。

　継承は、基底クラスの全メソッドが使えるようになります。Personクラスにある __init__ や __str__ もHumanから呼び出されるように思えますが、実際は呼び出されません。

　Humanクラスに、Personにあるメソッドと同じ名前のメソッドが用意されているため、Humanではそちらが優先され、Personのメソッドは呼び出されなくなっているのです。

　継承では、このように「派生クラスに、基底クラスにあるのと同じ名前のメソッドを用意することで、メソッドを上書きできる」のです。これをオーバーライドと呼びます。オーバーライドを利用することで、派生クラスでは、基底クラスにある機能を利用しつつ、一部変更できるようになります。

▼図6-18：同じ名前のメソッドを派生クラスに用意すると、そのメソッドが呼び出されるようになるため、基底クラスにあるメソッドは使われなくなる。

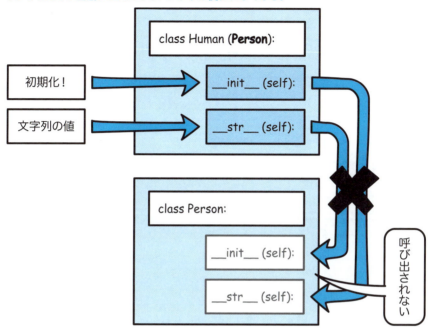

 クラスを調べる

　いくつものクラスを作成して利用するようになると、次第に「このインスタンスは何のクラスだったか」がわからなくなってしまうようになります。typeで調べることもできますが、もう1つ、「isinstance」という関数も役に立ちます。インスタンスが指定したクラスのものであるか調べるものです。以下のように呼び出します。

 構　文　　6-15　インスタンスがクラスに属するか調べる

isinstance(インスタンス, クラス)

　第1引数には調べたいインスタンスを、第2引数にはクラスを指定します。これで、そのインスタンスが指定のクラスのものかどうかを調べられま

す。戻り値はbool値で、指定したクラスのインスタンスであるならばTrue、そうでないならばFalseとなります。

● HumanとPersonのクラスをチェックする

実際にisinstanceを使ってクラスのチェックを行ってみましょう。スクリプトファイルのソースコードを以下のように修正してください。

▼リスト6-14　クラスを確認する

```
01: class Person:
02:     pass
03:
04: class Human(Person):
05:     pass
06:
07: ob = Person()
08: ob2 = Human()
09:
10: print(isinstance(ob, Person))
11: print(isinstance(ob, Human))
12: print(isinstance(ob2, Person))
13: print(isinstance(ob2, Human))
```

ここでは、PersonとHumanのインスタンスを作成し、それぞれPersonクラスか、Humanクラスかをisinstanceでチェックしています。実行結果は、以下のようになります。

```
True
False
True
True
```

Personインスタンスは、Personクラス＝True、Humanクラス＝Falseとなりました。正しく判断できていることがわかります。

ところが、Humanインスタンスは、PersonもHumanもいずれもTrue

となりました。

　Humanクラスは、Personクラスを継承しています。つまり、Personクラスとしての機能はすべて持っていることになります。Humanクラスは、Personクラスを更に拡張したものです。よって「Personクラスの一種」と考えられます。

　このように、派生クラスのインスタンスは、基底クラスのインスタンスとして扱うことができます。逆に基底クラスのインスタンスを派生クラスのインスタンスとして扱うことはできません。サンプルでいえば、PersonクラスはHumanクラスとしては足りない機能があり不完全です。Humanとは認められないのです。

▼図6-19：派生クラスは、基底クラスを含んでいると考えることができる。このため、派生クラスは、基底クラスとして扱える。

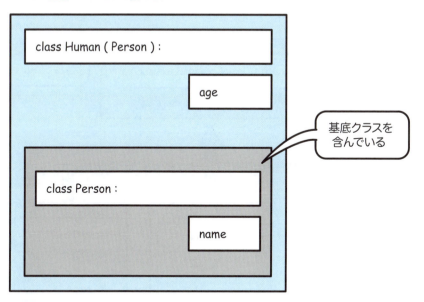

 多重継承

　ここまで継承のサンプルをいくつか挙げてきましたが、それらはいずれも

1つのクラスだけを継承していました。継承は1つのクラスしかできないわけではありません。Pythonでは、複数のクラスを継承することも可能です。この場合は、クラス名をカンマで区切って記述します。

構文　6-16　複数クラスの継承（多重継承）

```
class クラス ( クラス1, クラス2, ……):
```

これで、指定したクラスすべてを継承するクラスが定義できます。

基底クラスにあるメソッドは、どのクラスにあるものでも利用することができます。同じ名前のメソッドが複数の基底クラスにある場合は、引数が前のものから呼び出されます。例えば、第1引数のクラスと第2引数のクラスに同じメソッドがあれば、第1引数のクラスにあるものが呼び出されます。

▼図6-20：Pythonでは、複数のクラスを継承できる。各基底クラスにあるインスタンス変数やメソッドが全て使えるようになる。

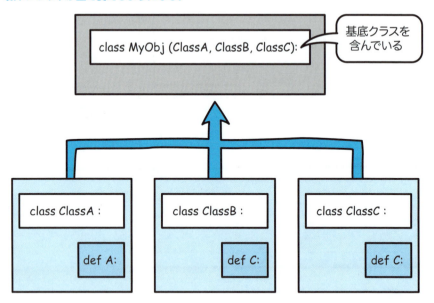

> クラスでは、() に複数のクラスを用意することで、複数クラスの同時継承（多重継承）をすることができる。

● 多重継承を利用する

実際に多重継承を使ってみましょう。スクリプトファイルを以下のように書き換えてください。

▼リスト6-15　複数クラスを継承する

```
01: class DataObj:
02:     def __init__(self, data):
03:         self.data = data
04: 
05: class PrintObj(DataObj):
06:     def print(self):
07:         print(self.data)
08: 
09: class AddObj(DataObj):
10:     def __iadd__(self, other):
11:         self.data += other.data
12:         return self
13: 
14: class MyObj(PrintObj, AddObj):
15:     def __init__(self, data):
16:         self.data = data
17: 
18: obj = MyObj([10, 20, 30])
19: obj.print()
20: obj2 = MyObj([100, 200, 300])
21: obj2.print()
22: obj += obj2
23: obj.print()
```

　ここでは、全部で4つのクラスを用意してあります。それぞれの役割を整理すると以下のようになります。

▼表 6-1　クラスの役割

クラス	役割
DataObj	リストのデータを保管する。
PrintObj	データを出力する（DataObj 継承）。
AddObj	＋＝演算子でデータを追加する（DataObj 継承）。
MyObj	PrintObj、AddObj を継承する。

　MyObj では、他の 3 つのクラスすべてを継承することになります（DataObj は基底クラスの基底クラス）。これを実行すると、以下のように出力がされます。

```
[10, 20, 30]
[100, 200, 300]
[10, 20, 30, 100, 200, 300]
```

　MyObj インスタンスを 2 つ作成し、print でデータを出力しています。そして += でデータを追加し、再度 print します。ob インスタンスに ob2 インスタンスのデータが追加されているのがよくわかるでしょう。

　ここでは、data インスタンス変数、print メソッド、+= による演算の各機能を 3 つのクラスに 1 つずつ実装しています。そして、それらすべてを継承する MyObj クラスを用意しています。MyObj クラスにすべての機能が組み込まれていることがわかります。

　多重継承により、クラスを機能や役割ごとに設計し、それを必要に応じて 1 つにまとめて利用する、といった使い方が可能になりました。

この章のまとめ

- クラスは、「class クラス名 :」という形で定義する。クラスの中には、メンバとして変数（インスタンス変数）やメソッドを用意できる。

- クラスでは、外部からアクセスできないプライベート変数や、クラスから利用するクラス変数、クラスメソッドなどを作ることができる。

- 継承を利用することで、既にあるクラスの機能を全て受け継いだクラスを作成できる。Python では、複数のクラスを継承する「多重継承」も利用できる。

《章末練習問題》

練習問題 6-1

MyObj クラスのインスタンスを作成し、__msg の値を print 関数で出力しようとしてエラーになりました。原因は何でしょうか。

```
class MyObj:
    __msg = 'ok'
```

練習問題 6-2

MyObj というクラスを作成しています。message というインスタンス変数を持ち、コンストラクタの引数に文字列を指定して message を設定できるようにします。ソースコードの空欄を埋めてください。

```
class   ①  :
    def   ②  (self, msg):
        self.message = msg
```

練習問題 6-3

下のクラス定義を見て、基底クラスと派生クラスの名前を答えなさい。

```
class MyObj (AObj, BObj):
```

7章

エラーと例外処理

プログラム作成にはエラーはつきものです。
発生したエラーをいかにうまく処理するかは非常に重要です。
ここでは、エラーメッセージからエラーの原因を読み取る方法、
実行時に起こるエラー（例外）への対処について説明します。

構文エラーと例外

エラーとはプログラムの誤りによってプログラムが実行されない、あるいは実行が中断されることです。プログラムの構文などが間違っていると発生します。

多くの構文やクラスを利用するようになり、プログラムが複雑になってくると、重要になってくるのが「エラーへの対処」です。この章では、Pythonのエラー全般について説明します。

まずは、エラーの種類についてまとめます。エラーと一口にいっても、すべて同じものではありません。Pythonでは、エラーは大きく以下の2つに分かれます。

● 構文エラー

構文エラーはプログラムがPythonの文法上、正しく書かれていない場合に発生します。文法エラーとも呼ばれます。

Pythonインタープリタがプログラムを実行するとき、記述されているスクリプトすべてを文法チェックします。そして、文法的に問題がある場合には、このエラーを発生させます。この構文エラーは、実行する際にチェックされて発生するものなので、これが発生したときには、まだプログラムは動いていません。

● 例外

例外とはプログラムの実行中、何らかの原因でプログラムの実行を正常に続けられなくなった時に発生するものです。これが発生すると、プログラムがその場で中断されます。

実行中に発生するということは、文法的な問題ではなく、プログラムの実行状況によって発生するものです。このため、常に同じ場所で同じ例外が発生するとは限りません。状況によって発生したりしなかったりすることもあります。

両者を区別するには、「エラーが起こったのが、プログラムを実行する前か後か」を考えます。実行する前（コマンドなどからのプログラム実行直後）に起こったなら、構文エラーです。実行後に起こったなら、例外です。

構文エラーは、書かれたプログラムを文法的にチェックした際に発生するものです。したがって、いつも必ず同じエラーが発生しますし、問題を解決すれば二度とそのエラーは発生しません。

これに対し、例外は、実行中のプログラムの状況に応じて発生します。そのときの変数の値や、ユーザーから入力された値などによって発生します。そのため、「例外が発生したのに、もう一度試してみると問題なく動く」といったことも起こりえます。完全に同じ状況を再現しないと発生しないこともあるのが例外の厄介なところです。

▼図7-1: プログラム実行前に起こるエラーは、文法チェック時に発生する構文エラー。実行後に起こるエラーは、例外と呼ばれるもの。

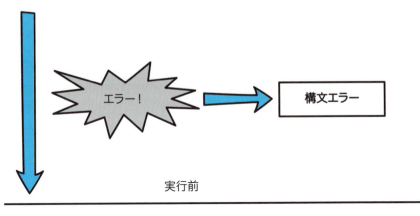

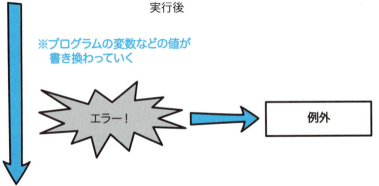

 ポイント

実行する前に起こるエラーが「構文エラー」。実行後に起こるのが「例外」。

構文エラーのメッセージ

　実行前に発生する構文エラーから見ていきましょう。簡単なプログラムでエラーを発生させます。前章まで利用してきたサンプルのスクリプトファイル（sample.py）を書き換えます。

▼リスト7-1　構文エラーの発生するプログラム

```
01: n = input('整数を入力：')
02: result = n * n
03: print result
```

　これをコマンドプロンプトまたはターミナルからコマンド実行してください。なお、IDLEの＜ Run Module ＞メニューで実行するのではなく、「py」あるいは「python」「python3」といったコマンドを使って実行します（「1-04 プログラムの実行」の「コマンドでファイルを実行」参照）。IDLEのメニューで実行すると、エラーメッセージが正しく表示されません。pythonコマンドでスクリプトを実行すると、コンソールに以下のようなメッセージが表示されます。

```
  File "sample.py", line 3
    print result
              ^
SyntaxError: Missing parentheses in call to 'print'
```

　文法上の誤りがあるため、プログラムが実行されずに、かわりにメッセージが表示されます。これは、エラーメッセージとよばれるもので、発生したエラーに関する情報を出力しています。この情報を正しく読み取ることで、エラーの原因を探ることができます。メッセージの内容を説明します。

①発生場所
```
File "sample.py", line 3
```

　エラーが発生した場所を示しています。"sample.py" という名前のファイルのline 3（3行目）でエラーが発生している、という意味です。

②問題の実行文
```
print result
        ^
```

　これが、エラーの発生している場所です。ここでは「print result」の

resultのところに＾記号が表示されていますね。この「＾」のある場所がエラーの発生箇所です。

③**エラーの内容**

```
SyntaxError: Missing parentheses in call to 'print'
```

「SyntaxError:」が、発生したエラーの種類を表しています。その後にある「Missing parentheses in call to 'print'」が、発生したエラーの内容です。ここでは「print関数を呼び出すところにカッコがない」ということを指摘しています。

printは、関数なので呼び出す際にはカッコを使って引数を指定します。print resultは本来、「print(result)」と書くはずです。この()を省略してしまったために今回のエラーが発生したことがわかります。ソースコードの一部を以下のように修正すれば、この構文エラーは解消されます。

```
print(result)
```

構文エラーは、出力されたエラーメッセージに書かれている場所を確認すれば、エラーの原因がわかるようになっています。メッセージが英語なので、慣れない人は辞書や翻訳サービスを使って読み進めてください。

▼図7-2：文をチェックしていき、文法がおかしいところを見つけたらエラーが発生する。

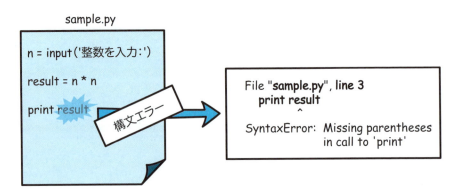

ポイント

「SyntaxError」が表示されたら、エラーメッセージから「どこで」「どんな内容の」エラーが起きたかを読み取ろう。

インデントエラー

構文の文法的な書き間違いは、多くの場合エラーの発生箇所をよく見ればわかります。

構文エラーでありながら、見た目にはわかりにくいのがインデントエラーです。例えば、先ほどのサンプルを以下のように修正してみましょう。インデントの位置に注意して書き直してください。

▼リスト7-2　インデントの位置がおかしなプログラム

```
01: n = input('')
02: if n % 2 == 0:
03:     result = n * n
04:   else:
05:     result = n + n
06: print(result)
```

これをコマンドで実行しようとすると、以下のようなエラーメッセージがコンソールに出力されます。

```
  File "sample.py", line 4
    else:
       ^
IndentationError: unindent does not match any outer indentation level
```

エラーメッセージを見ると、発生した場所と実行文は以下のようです。

```
  File "sample.py", line 4
    else:
        ^
```

else: の部分でエラーが起きていることになります。よく見ても「else:」の字を書き間違えていたりするわけではありません。慣れない内は、どこが間違っているのかよくわからないことでしょう。

ここでは、エラーメッセージに「IndentationError」と出力されています。これが、インデントエラー（正確にはインデンテーション・エラー）です。

リストをよく見てください。else: の文の開始位置が、最初の if の文より少しだけ右に移動しているのに気がつきましたか？ Python では、if と else: は同じ開始位置になければいけません。else: が if より少しだけ右にずれていたために文法エラーとなったのです。

インデントエラーは、慣れない内はよく起こしてしまいがちなエラーです。また、IDLE など Python 対応のエディターで作成したスクリプトを他のエディターで編集すると、気が付かないうちに半角スペースとタブが混在したインデントになってしまうことがあります。自分でも気づかないうちにインデントエラーを引き起こしてしまうことがあるのです。

▼図7-3:文法上、必要ないところにインデントがあると、インデントエラーが発生する。

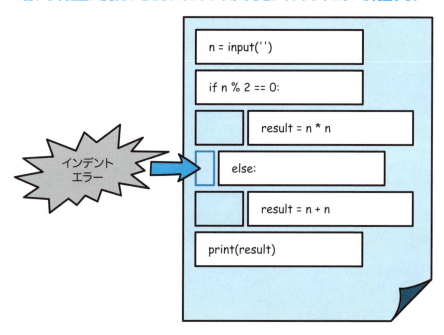

 ポイント

「IndentationError」というのはインデントエラー。どこかでインデントが間違っている証拠だ。

例外のエラーメッセージ

続いて、実行時に発生する例外のエラーメッセージについてです。まずは、初心者のうちによくやりがちな「書き間違い」からです。

▼リスト7-3　書き間違えのあるプログラム

```
01: n = imput('整数を入力：')
02: result = n * n
03: print(result)
```

コマンドで実行すると、実行した直後に以下のようなエラーメッセージが発生して停止します。先ほどまでのエラーと異なるのは、「Pythonインタープリタによりプログラムが実行された直後にエラーになる」という点です。

```
Traceback (most recent call last):
  File "……略……¥sample.py", line 1, in <module>
    n = imput('整数を入力：')
NameError: name 'imput' is not defined
```

ここでは、sample.py の line1 である「n = imput(' 整数を入力：')」というところでエラーが起きています。「NameError」というのは、名前のエラーです。すなわち、「その名前は見つからない」というエラーです。

ここでは、input を imput と書き間違えています。imput という関数が見つからなかったため、NameError が発生したのです。

● なぜ、例外になる？

ここで、「書き間違いは、構文エラーではないか？」と思うかも知れません。Python では、予約語や演算子などの書き間違いは構文エラーとなりますが、関数名などは書き間違えても構文エラーにはなりません。関数やクラスなどは、プログラマが自分で定義し追加することができます。このため、実行するまでは、その関数が書き間違いなのか、実際にどこかに存在しているのか判断できません。

プログラムの書き間違いといっても、構文エラーになる場合と例外になる場合があるのです。

▼図7-4：プログラムを実行したとき、関数などの名前が見つからないと、NameErrorという例外が発生する。

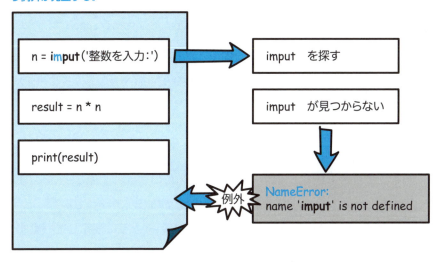

演算時の例外

　続いて、演算の際に発生する例外です。これもPythonに慣れない内はよく発生する例外の1つでしょう。

▼リスト7-4　演算が行えないプログラム

```
01: n = input('整数を入力：')
02: result = n * n
03: print(result)
```

　これをコマンドで実行してみましょう。最初に整数の値を入力するようにいってくるので、数字を記入しEnterキー（Returnキー）を押します。すると以下のような例外に発生してプログラムが停止します。

```
整数を入力：100
Traceback (most recent call last):
```

```
    File "……略……\sample.py", line 2, in <module>
      result = n * n
 TypeError: can't multiply sequence by non-int of type 'str'
```

　例外のエラーは、最初に「Traceback」と表示されます。これは、エラーが発生した場所を、関数やメソッドなどの呼び出し順がわかるように表示するものです。これが、トレースバックです。ここでは特に関数などは使っていないので、単にエラーの場所が表示されるだけです。トレースバックについてはこの後で説明します。

　作成したリストを見て何のエラーが起きたのかすぐにわかった人は、Pythonをしっかりと理解できています。これは「TypeError」です。

　ここでは、入力された値を result = n * n というように演算しています。しかし、inputで入力した値はすべて文字列（str）の値として得られます。このため、n * n は「文字列と文字列を乗算している」と判断されます。文字列は乗算できないので例外を発生させたのです。

　「変数nに入っているのはintかstrか」ということは、実際にこの変数nに値が代入されるまではわかりません。こうした「実際に動かして初めてわかるエラー」のため、これも例外です。

▼図7-5:変数に値が代入されて演算するときになって初めてエラーがわかる場合もある。

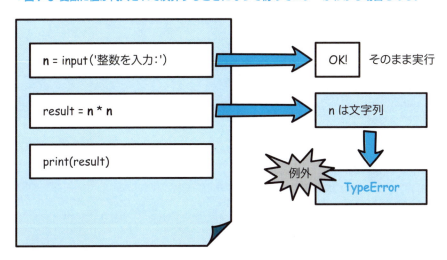

 ポイント

「Traceback」は、エラーが発生した関数やmethodの呼び出し元を辿って表示する。

呼び出しの階層とトレースバック

　例外のエラーメッセージは、時には非常にわかりにくいものになります。例外のメッセージが構文のエラーメッセージなどとは違うトレースバックと呼ばれる形になっているためです。

　トレースバックがどういうものか、よくわかる例を見てみましょう。

▼リスト7-5　トレースバックを読むためのプログラム

```
01: def fn():
02:     fn1()
03:
04: def fn1():
05:     fn2()
06:
07: def fn2():
08:     fn3()
09:
10: def fn3():
11:     print('a' * 'b')
12:
13: fn()
```

　これをサンプルスクリプト（sample.py）に記述してコマンドで実行してみてください。以下のような長いエラーメッセージがコンソールに出力されます。

```
Traceback (most recent call last):
  File "……略……¥sample.py", line 13, in <module>
    fn()
  File "……略……¥sample.py", line 2, in fn
    fn1()
  File "……略……¥sample.py", line 5, in fn1
    fn2()
  File "……略……¥sample.py", line 8, in fn2
    fn3()
  File "……略……¥sample.py", line 11, in fn3
    print('a' * 'b')
TypeError: can't multiply sequence by non-int of type 'str'
```

　何行も「File ……」という文が続いていますが、これはエラーが発生したのがどこから呼び出されたかを表しています。

　このプログラムは、13行目にある fn() が実行された際にエラーが発生しています。fn 関数では、fn1 関数を呼び出しており、fn1 では fn2 関数を呼び出しています。更に fn2 では fn3 関数を呼び出していて、この fn3 関数

の print 文を実行する際に、TypeError が発生していたのです。

　ここでは、各関数内では他の関数を呼び出しているだけですが、本格的なプログラムになると、それぞれの関数の中で複雑な処理を行うことになります。そうすると、ただ「エラーが発生した」だけでなく、「エラーが発生した関数やメソッドは、どこから呼び出されたのか」も重要になります。

　実行時のエラーである例外では、エラー発生した文がどのように呼び出されたものなのかを含めてエラー発生の状況を出力するのが重要です。それを行っているのが、トレースバックなのです。

　慣れない内はずらずらとテキストが表示されてわかりにくいでしょうが、「どこからどう呼び出されて発生したエラーか」を教えてくれるものなので、表示の読み方をよく理解しておきましょう。

▼図 7-6：関数から呼び出されていった先でエラーになると、トレースバックでは「どこからどう呼び出されたか」も教えてくれる。

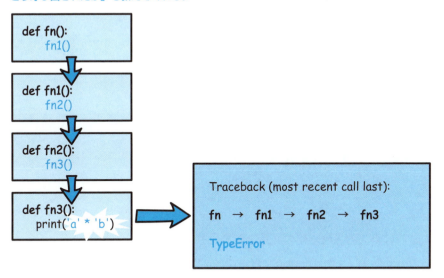

例外への対応

構文エラーは、書き間違いをすべて修正すれば対処できます。ところが、例外はそういうわけにはいきません。ソースコードを書き間違えずに記入しても、それだけでは例外を防げません。プログラムが正しく動いても、利用の仕方次第では例外を起こすこともあるのです。

簡単な実例を見てみましょう。サンプルのスクリプトファイル（sample.py）を以下のように書き換えてください。

▼リスト7-6　例外が起こりうるプログラム
```
01: n = input('整数を入力：')
02: n = int(n)
03: result = n * n
04: print(str(n) + 'の2乗は、' + str(result))
```

これは、入力された値の2乗を計算して表示するスクリプトです。実行すると「整数を入力：」と表示されるので、ここで整数の値を入力すればその2乗が表示されます。例えば、「10」と入力すると以下のようになります。

```
整数を入力：10
10の2乗は、100
```

プログラムそのものには特に問題もありません。自分でプログラムを利用する分には、これで十分でしょう。

● 整数以外の入力

自分だけなら意図通りに動作させられますが、他人がプログラムを利用する場合には注意が必要です。自分以外の人間は、自分が思ったようにプログラムを使ってくれるとは限らないからです。

例えば、整数ではない数字や文字を入力したらどうなるでしょうか。「a」と入力するとどうなるかやってみましょう。

```
整数を入力：a
Traceback (most recent call last):
  File "......略......¥sample.py", line 2, in <module>
    n = int(n)
ValueError: invalid literal for int() with base 10: 'a'
```

このような出力がされました。ここでは、「ValueError」というエラーが発生しています。これは、「無効な値が使われた」というエラーです。本来、使ってはいけない値が使われた場合に発生します。

ここでは整数の値が必要なのに、文字列の値が使われているため、このエラーが発生したのです。

 ## tryによる例外処理

こうした例外の多くは、プログラムに致命的な影響を与えるものではありません。それよりも、ちょっとした対処をするだけで問題なくプログラムを続行できるようなものが多いのです。例外の多くは、プログラムの中で対処できます。Pythonには、例外の処理を行うための専用の構文が用意されています。try 構文というもので、以下のように記述します。

構文 7-1 try-except-finally 文

```
try:
    ……例外が発生する処理……
except 例外クラス :
    ……例外発生時の処理……
finally:
    ……構文を終える際の処理……
```

例外は何種類かあり、これらは、すべてクラスとして定義されています。try 構文は、指定した例外クラスを受け止めて対処するためのものです。

● try-except について

try: の次行からインデントして、例外が発生する（と思われる）処理を記述します。ここで例外が発生すると、「except」のところにジャンプします。except には例外クラス名が指定されており、一致する例外クラスが発生した場合のみ except で受け止めて処理（キャッチ）できます。

後は、例外発生時の処理をそこに記述すればいいだけです。例外が except でキャッチされると、その例外は消滅し実行は中断されません。例外が発生しなかったのと同じようにそのまま処理を実行していきます。

もし発生した例外クラスをキャッチする except がなければ、例外は受け止められず、そのままプログラムを中断することになります。

● finally について

finally は、オプションです。不要であれば省略できます。

これは、構文を抜ける際に必ず実行する処理を書きます。何かの作業が終わったときの後処理を実行させるのに利用します。finally 以下に書いた処理は try 以下に書いた処理に例外が発生してもしなくても必ず実行されます。finally には例外をキャッチする能力はなく、例外による中断を防ぐためには except を適切に使う必要があることを覚えておきましょう。

except と finally は、どちらか一方は必ず用意しないといけません。try

だけで except も finally もない、という書き方はできません。両方を用意することは問題はありません。

▼図7-7：try の内部で例外が発生すると、その例外の except があれば、そこにジャンプして処理を実行する。except がないとそのままエラーになる。finally は、最後にかならず実行する。

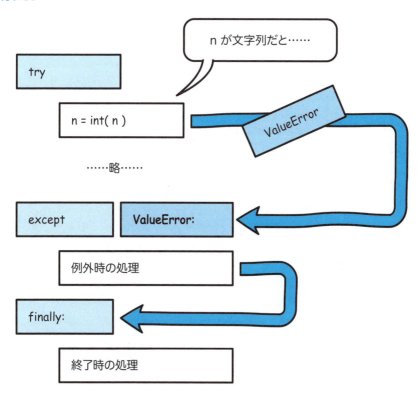

 ポイント

例外は、try 構文で処理する。except で例外クラスを指定すると、その例外をキャッチできるようになる。

 メ モ

起きた例外の情報をまとめておくと、プログラムの向上などに役立てられます。

例外処理を利用する

リスト7-6を修正して、例外処理を行ってみましょう。スクリプトファイルを以下のように修正してください。

▼リスト7-7　例外に対処するプログラム

```
01: n = input('整数を入力：')
02: try:
03:     n = int(n)
04: except ValueError:
05:     print(n + ' is not integer. set input to 1.')
06:     n = 1
07: result = n * n
08: print(str(n) + 'の2乗は、' + str(result))
```

コマンドでプログラムを実行し、「整数を入力：」と表示されたら、数字以外の文字列を入力してみましょう。以下のように出力されます。

```
整数を入力：a
a is not integer. set input to 1.
1の2乗は、1
```

数字以外のものが入力されると、自動的に入力値は「1」に変更されます。どんな値を入力しても例外が発生しなくなったことがわかるでしょう。

ここでは、except ValueError: のところでメッセージを print した後、n = 1で入力された値を保管する変数nの値を書き換えています。こうすることで、無効な入力を回避しているのです。

このように、例外処理は、exceptのところで、発生した例外から回復するための処理を実行します。「どういう処理をすれば、例外で与えられたダメージを回復できるか」を考えることが、例外処理のもっとも重要な部分といってよいでしょう。

複数のexcept

　try構文では、exceptで例外を受け止めます。try内で実行する処理で発生する例外が複数ある場合はどのようにすればよいのでしょうか。

　3つの対応方法があります。ここでうち2つを紹介します（残り1つは次の項参照）。1つは、exceptに複数の例外を指定する、というもの。exceptでは、例外クラスを直接指定するだけでなく、複数の例外クラスをタプルでまとめた指定もできます。このように記述すれば、タプルに指定したどの例外でもすべてexceptで受け止めることができるようになります。

構文　7-2　複数の例外の対処（1）
```
except (例外1, 例外2, ……):
```

　もう1つの対応方法は、「exceptを複数用意する」というものです。このように、必要なだけexceptを並べて記述します。こうすることで、それぞれの例外ごとに細かな対応を用意することができます。

構文　7-3　複数の例外の対処（2）
```
except 例外1:
    ……例外1の処理……
except 例外2:
    ……例外2の処理……
```

　タプルを利用して例外を1つにまとめる方式は、すべての例外で同じ処理をすることになります。これに対し、複数のexceptを用意する方式は、各例外ごとに異なる処理を用意します。状況に応じて、どちらが適しているか考えて選択しましょう。

▼図7-8：複数の例外に対処するには、複数の例外をまとめてexceptに設定するか、複数のexceptを用意するか、2通りの方法がある。

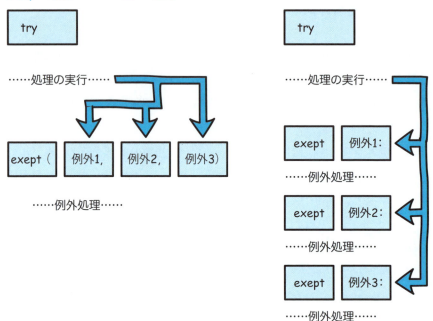

● 複数exceptを利用する

簡単な利用例を挙げておきましょう。ここでは例として、複数のexceptを用意するサンプルを考えてみます。

▼リスト7-8　複数exceptによる例外処理

```
01: data = [
02:     ('Taro', 'yamada@taro'),
03:     ('Hanako', 'hana@flower'),
04:     ('Sachiko', 'sachi@happy'),
05:     ('Ichiro', 'ichi@baseball')
06:     ]
07:
08: n = input('整数を入力：')
```

次へ

```
09: try:
10:     n = int(n)
11:     result = data[n]
12: except ValueError:
13:     result = ('ValueError', '整数を入力ください。')
14: except IndexError:
15:     result = ('IndexError', 'その番号のデータはありません。')
16: msg = ''
17: for item in result:
18:     msg += item + ' '
19: print(msg)
```

データを保管するリストから必要なデータを取り出して表示するサンプルです。コマンドで実行して動作を確認してください。取り出すデータのインデックス番号を入力すると、そのデータを表示します。例えば「1」と入力すると、このように出力されます。

```
整数を入力：1
Hanako hana@flower
```

このプログラムでは、2つの例外が発生する可能性があります。1つは、リストに用意されていないインデックス番号を入力したとき。もう1つは、整数以外の値を入力したときです。

用意されていないインデックス番号を入力するとこのように出力されます。

```
整数を入力：100
IndexError その番号のデータはありません。
```

整数以外の値を入力したときは以下のように出力されます。

```
整数を入力：abc
ValueError 整数を入力ください。
```

ここでは、try構文に2つのexceptを用意して処理を行っています。それ

それ以下のようなも例外をキャッチしています。

```
except ValueError:
```

既に利用しました。無効な値（整数以外の値）が入力されたときに発生する例外です。

```
except IndexError:
```

これは、リストなどのシーケンス関係で、用意されていないインデックス番号にアクセスした時に発生する例外です。

except Exception: について

複数の例外に対処する最後の1つの方法はもっとも簡単です。Exceptionクラスを except するだけです。

例外クラスというのは、すべて「Exception」というクラスを継承して作られています。Exception は、すべての例外クラスの基底クラスで、これを except すると、すべての例外クラスを受け取れるようになります。

先に、isinstance を使って、「派生クラスは、基底クラスとして認識される」ということを試しました（「6-04 継承」の「クラスを調べる」参照）。Exception を except すれば、すべての例外クラスは基底クラス Exception として認識できるため、全部この except で受け止めるようになるのです。

▼図7-9：except Exception: を利用すれば、すべての例外をこれだけで受け止められる。

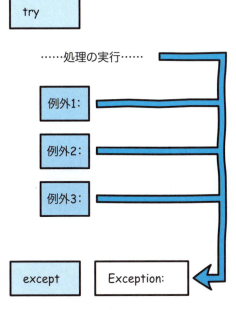

● except Exception: を利用する

　実際に使います。先ほどのリストからデータを取り出して表示するサンプルを修正してみます。

▼リスト7-9　Exceptionですべての例外を受け止める

```
01: data = [
02:     ('Taro', 'yamada@taro'),
03:     ('Hanako', 'hana@flower'),
04:     ('Sachiko', 'sachi@happy'),
05:     ('Ichiro', 'ichi@baseball')
06: ]
07:
08: n = input('整数を入力:')
09: try:
10:     n = int(n)
11:     result = data[n]
12: except Exception:
13:     result = ('Exception', '正しく実行できませんでした。')
14: msg = ''
15: for item in result:
16:     msg += item + ' '
17: print(msg)
```

　ここでは、try構文内の例外をexception Exception:ですべて受け止めるようにしてあります。これならどんな例外も対処できます。

　実際に使ってみると、どんな例外でもすべて同じメッセージが表示されるだけなので、入力の問題に気がつきにくくなっています。except Exception:は、細かな例外の対応をしないため、実際にどの例外が発生したのかわからないという欠点もあります。

 ポイント

except Exception:を使えば、あらゆる例外をすべてキャッチできる。
ただし、例外への細かな対処はできなくなる。

例外クラスのインスタンス

except Exception: などを利用する場合、どのような例外クラスのインスタンスが送られたのかがわからないと正確な対処ができません。このような場合は、except で受け取った例外インスタンスから必要な情報を取り出し処理することができます。

 構文　7-4　例外クラスのインスタンスを用いる

```
try:
    ……実行文……
except 例外 as 変数:
    ……変数を利用……
```

except を記述する際、「例外 as 変数:」というように as の後に変数名を指定して記述すると、発生した例外インスタンスがその変数に代入されるようになります。ここから、発生した例外に関する情報を得ることができます。

例外クラスのインスタンスのインスタンス変数は、クラスによってかなり違っていますが、以下のものだけは必ず用意されています。

args

――クラスのパラメータをまとめて取り出すためのものです。**例外クラスに用意された各種の値がタプルとして得られます。**

args から、必要に応じて値を取り出して利用すればいいでしょう。なお、多くの例外クラスでは、args で得られるタプルには例外のメッセージが1つあるだけです。

● **例外インスタンスを使う**

先ほどのリスト 7-9 を修正して、例外インスタンスからメッセージを取り

出して利用するようにプログラムを変更してみましょう。

▼リスト7-10　例外インスタンスの利用

```
01: data = [
02:     ('Taro', 'yamada@taro'),
03:     ('Hanako', 'hana@flower'),
04:     ('Sachiko', 'sachi@happy'),
05:     ('Ichiro', 'ichi@baseball')
06:     ]
07:
08: n = input('整数を入力:')
09: try:
10:     n = int(n)
11:     result = data[n]
12: except Exception as err:
13:     result = ('エラー発生!',) + err.args
14: msg = ''
15: for item in result:
16:     msg += item + ' '
17: print(msg)
```

これをコマンドで実行して、いろいろと値を入力してみましょう。すると、問題が起こった場合のメッセージ表示が変わっているのがわかります。

・整数以外を入力した場合
```
整数を入力:a
エラー発生! invalid literal for int() with base 10: 'a'
```

・データのリストにないインデクス番号を入力した場合
```
整数を入力:10
エラー発生! list index out of range
```

いずれも、except Exception as err: で例外インスタンスを変数 err として用意し、その err.args をタプルに追加して表示を行っています。ここで発生する ValueError も IndexError も、エラーメッセージ以外は特に値は持たないので、そのまま単純に args をタプルに追加していますが、例外クラスによっては args の中から必要な値を取り出し処理することもできます。

03 例外を送る

例外の raise

　例外は、発生したものをきちんと受け止めないとプログラムの実行を中断してしまいます。このため、どうしても「どうやって try で例外を受け止めるか」ばかりに注意がいってしまいがちです。

　しかし、例外は、発生する意味があるから発生するのです。例外を受け止めて処理することも大切ですが、「必要に応じて例外を作り出すこと」も実は重要です。Python では例外を故意に発生させられます。

　特に、大きなプログラムになってくると、処理の中で何かの問題が発生する可能性がある場合は、「こういう問題が起こるかもしれない」ということを、処理を呼び出した側にきちんと知らせる必要があります。このような「発生した問題を知らせる」ために、例外を作成し送り出す仕組みは理解すべきです。もちろん、自分で発生させた例外も適切に処理が必要です。

● raise による例外

　まずは、except で一度受け止めた例外を、そのまま再度送り出す方法から解説します。これは「raise」という予約語を使います。

　raise は、例外を再送出するはたらきをします。例外は、ソースコードの実行中に何らかの問題が発生したとき、Python インタープリタによって送出されます。それを try で受け止めて処理しているわけですが、raise で再

送出すると、tryで受け止めなかったのと同じように例外が発生します。

raiseは、try構文のexcept内で、受け止めた例外をそのまま再送出する場合は、何の引数もなくただ「raise」だけで再送出できます。

```
try:
    ……実行文……
except 例外:
    raise
```

このような形で、exceptで実行される文の中にraiseを用意します。raiseすると、その時点で例外が再送出され、別途tryなどで処理しない限りそこでプログラムは中断されるため、raiseの後に何か処理を書いてあっても実行されずに終わることになります。注意しましょう。

▼図7-10：except内で「raise」を実行すると、受け止めた例外が再送出される。

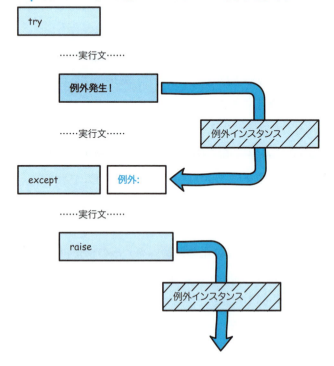

例外を再発生させるのは、例外でプログラムが中断される前に例外の記録の保存などの処理を行ってからプログラムをあえて中断させたいケースなどが考えられます。

 ポイント

except 内で「raise」すると、キャッチした例外が再送出される。

● raise を利用する

raise で例外を再送出する例を挙げておきましょう。サンプルのスクリプトファイル（sample.py）を以下のように修正してください。

▼リスト 7-11　raise による例外の再送出

```
01: n = input('整数を入力：')
02: try:
03:     n = int(n)
04: except ValueError:
05:     if n == '':
06:         print('何か書いてください。')
07:         n = 0
08:     else:
09:         raise
10: result = n * n
11: print(str(n) + 'の2乗は、' + str(result))
```

これは、リスト 7-7 を修正したものです。このプログラムでは、何か尋ねてきたら、整数を記入すれば 2 乗を計算して出力します。それ以外の値を入力すると、以下のような表示になります。

・未入力の場合
```
整数を入力：
何か書いてください。
0の2乗は、0
```

・整数以外を入力した場合

```
整数を入力：a
Traceback (most recent call last):
  File "……略……¥sample.py", line 3, in <module>
    n = int(n)
ValueError: invalid literal for int() with base 10: 'a'
```

　何も書かずに Enter キー（Return キー）を押した場合は、「何か書いてください」とメッセージが表示され、そのまま入力値はゼロとして演算がされます。例外は発生しません。しかし数字以外の何かを入力した場合は、ValueError の例外が発生しています。

　リストを見ればわかりますが、どちらも try 内で例外が発生しており、except でそれを受け止めて処理を行っています。未入力の場合はメッセージを表示して終わりですが、それ以外の場合は raise しています。これにより、ValueError が再送出され、例外が出力されていたのです。

 ## 例外インスタンスを raise する

　except で受け止めた例外とは別の例外を raise できます。このような場合は、新たに例外インスタンスを作成して raise します。

 7-6　例外インスタンスの送出

```
raise 例外インスタンス
```

　このように、raise の後に例外インスタンスを指定して呼び出せば、その例外を送出します。これも実際に試してみましょう。ゼロを入力すると、以下のような例外が発生します。

▼リスト 7-12　例外インスタンスを raise

```
01: num = input('整数を入力：')
02:
03: try:
04:     n = int(num)
05: except Exception:
06:     print('整数を書いてください。')
07:     n = 1
08: if n == 0:
09:     raise ZeroDivisionError('ゼロによる除算')
10: result = 100 / n
11: print(str(n) + 'の2乗は、' + str(result))
```

```
整数を入力：0
Traceback (most recent call last):
  File "……略……¥sample.py", line 9, in <module>
    raise ZeroDivisionError('ゼロによる除算')
ZeroDivisionError: ゼロによる除算
```

「ZeroDivisionError」という例外を発生させています。「ゼロによる除算」のエラーです。割り算を行うとき、0で割ると発生します。

ここでは、入力された値が0なら ZeroDivisionError を発生させます。

`raise ZeroDivisionError('ゼロによる除算')`

例外もクラスとして用意されているので、コンストラクタでインスタンスを作れます。例外クラスの場合、引数としてエラーメッセージを指定できます。これで raise ZeroDivisionError インスタンスを作成し、raise で送出すれば、新たに raise ZeroDivisionError の例外を発生させられます。

 ポイント

raise に例外クラスのインスタンスを渡すと、新たに例外を発生させる。

独自の例外クラスを作る

独自に例外クラスを作成して利用するときには、raise は必須です。

例えば、複雑な内容のクラスを作成して利用するときには、独自の例外クラスを用意しておいて、クラス内のメソッドで何らかの問題が発生したらその例外を raise するように設計しておきます。そうすれば、そのクラスを利用する際、いつでも発生した問題を捕捉して対処できるようになります。

独自の例外クラスは、以下のように作成します。

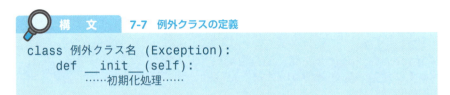

構文　7-7　例外クラスの定義

```
class 例外クラス名 (Exception):
    def __init__(self):
        ……初期化処理……
```

例外クラスは、Exception クラスを継承して定義します。メソッドは自由に定義できますが、最低限、__init__ メソッドは用意します。エラーメッセージなど必要な値は、ここで引数を用意して渡します。

 ポイント

> 独自の例外クラスは、Exception クラスを継承して作る。__init__ で例外の初期化処理を行える。

● MyError クラスを利用する

実際にオリジナルの例外クラスを作成してみましょう。ここでは、MyError というクラスを用意し利用してみます。ここでは __init__ メソッドで初期化を行い、__str__ メソッドで print 関数などの引数にしたとき文字列として表示するための処理を行っています。

▼リスト7-13　自作の例外クラスの利用

```
01: class MyError(Exception):
02:     def __init__(self, msg, val):
03:         self.args = (msg, val)
04:     def __str__(self):
05:         return str(self.args[0]) + '（問題の値：' + ¥
06:                str(self.args[1]) + '）'
07:
08: def fn(num):
09:     try:
10:         n = int(num)
11:     except Exception:
12:         if num == '':
13:             print('何か書いてください。')
14:             n = 0
15:         else:
16:             raise MyError('エラーです!', num)
17:     return n
18:
19: num = input('整数を入力：')
20: try:
21:     num2 = fn(num)
22:     result = num2 * num2
23:     print(str(num) + 'の2乗は、' + str(result))
24: except MyError as err:
25:     print(err)
```

実行し、整数値以外を入力すると以下のように出力されます。

```
整数を入力：a
エラーです！（問題の値：a）
```

　ここでは、MyErrorクラスの定義の他、fn関数というものを用意してあります。この関数で入力された値をチェックする処理を行っています。
　ここでの処理をよく見ると、try構文が2つ用意されていることがわかるでしょう。fn関数内と、メインプログラムの部分です。プログラムの流れを考えながら、この2つのtry構文の働きを考えてみましょう。

● メインプログラム

try 構文内で、fn 関数を呼び出しています。この構文では、except MyError as err: とあるように、MyError インスタンスを受け止めるようになっています。fn 関数実行時に MyError が発生した場合は、この except でそれを受け止め処理できます。

● fn 関数

この関数内では、try 構文内で、引数で渡された値を int 値に変換しています。except Exception: で全ての例外を受け止めるようにしてあります。この中で、入力値が空でない場合には、MyError インスタンスを作成し raise しています。

プログラムを実行し、テキストを入力すると、メインプログラムから fn 関数が呼び出されます。そしてその fn 関数内で try 構文内から入力値を int 値にキャストしています。ValueError が発生する場合がありますが、それは fn 関数内に用意してある except で受け止め処理できます。

▼図7-11:fn関数で例外が起こると、関数内のexceptに移動する。そこでMyErrorを発生させると、fn関数の呼び出し元であるメインプログラムに戻ってMyErrorをexceptで受け止める。

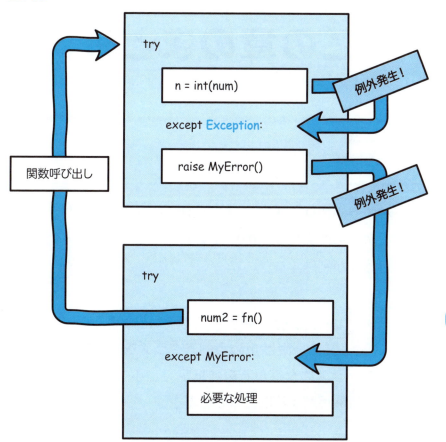

　例外の送出は、自分でクラスを定義し利用するようになると役に立つでしょう。関数を定義して利用するぐらいのプログラムでは、try構文があればおおよそそれで十分です。

この章のまとめ

- エラーには、構文エラーと例外がある。プログラム実行前に発生するのが構文エラー、実行時に発生するのが例外。

- 例外は、try 構文を使って受け止め処理できる。except で、受け止める例外クラスを指定する。例外クラスはタプルで複数指定できる。また except を複数用意することもできる。

- raise を使うと例外を再送出できる。独自に例外クラスを定義して利用することもできる。例外クラスは、Exception クラスを継承して作ることができる。

《章末練習問題》

練習問題 7-1

作成したプログラムを実行しようとすると、下のようなエラーメッセージが現れました。どこを修正すればいいのでしょう。

```
File "sample.py", line 12
    if num = '':
           ^
SyntaxError: invalid syntax
```

練習問題 7-2

変数 num の値を int 値に変換する時に ValueError が発生することがあります。その対処を下のように考えました。空欄に当てはまるものを考えなさい。

```
try:
    n = int(num)
 ①   ValueError  ②  :
    print(err)
```

練習問題 7-3

下の try 構文で、例外が発生したら、MyError というオリジナルの例外クラスを送出したいと思います。MyError は引数なしのコンストラクタで作成します。空欄を埋めて try 構文を完成させてください。

```
try:
    n = int(num)
except Exception:
    ☐
```

8章

ファイル操作

データを扱う処理に不可欠なのが、ファイルアクセスです。
ここでは、ファイルから必要なデータを読み込んだり、
データを保存したりする方法を説明します。

01 ファイルの読み込み

 ## ファイルオブジェクト

Pythonでは、各種のコンテナのように多くのデータを扱うための機能が揃っています。しかしそうしたデータをプログラムの中にリテラルで記述して実行するだけでは、汎用的なプログラムは作れません。別途データを用意しておき、それを必要に応じて読み込んで利用するようなことができれば、作れるプログラムの幅もぐっと広がります。このようなときに多用されるのが**ファイル**です。

あらかじめファイルに必要なデータなどを記述しておき、それを読み込んで利用すれば、データだけいつでも修正できます。またプログラムで処理したデータをファイルに保存できれば本格的なデータ処理も可能になるでしょう。ファイルアクセスは、データを扱うプログラム作成にとても重要な機能です。

● ファイルオブジェクトとは

ファイルアクセスは、ファイルアクセスのための関数と、ファイルオブジェクトで構成されています。**ファイルオブジェクト**とは、ファイルを扱うための機能を持ったオブジェクト全般のことです。

Pythonでは、ファイルにアクセスするための関数を実行すると、その内容に応じて適したファイルオブジェクトが返されます。例えばテキストファ

イルを利用するならテキストのためのファイルオブジェクトが、バイナリファイル（画像など）ならバイナリ利用のファイルオブジェクトが渡されます。

このファイルオブジェクトには、ファイルの中のデータを読み書きするためのメソッドが一通り揃っています。これらを呼び出して、必要なデータを処理していきます。

ファイルアクセスをマスターするということは、ファイルアクセスのための関数とファイルオブジェクトの基本的なメソッドについて使い方を理解することと同じです。

▼図 8-1：ファイルアクセスの関数を使い、ファイルオブジェクトを用意する。このオブジェクトの中にあるメソッドを使って、ファイルの中身を操作する。

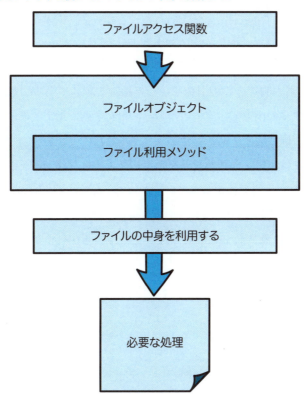

open関数でのアクセス

ファイルアクセスは、ファイルにアクセスを行うための関数、open関数から始まります。以下のように使います。

 8-1 ファイルアクセスの開始

open(ファイルパス, mode=モード)

▼表8-1 ファイル操作のモード

モード	役割
'r'	読み込み許可。
'w'	書き出し許可既にファイルがある場合は上書き)。
'x'	排他的生成（既にファイルがあると失敗する)。
'a'	追記許可（既にファイルがある場合は最後に追記)。

　openは、基本的に2つの引数を使って指定します。第1引数は、アクセスするファイルの指定で、ファイルのパスを文字列で指定します。スクリプトファイルと同じ場所にある場合はファイル名だけでかまいません。

　第2引数には、アクセスモードを指定します。これは、モードを示すアルファベットを文字列で指定します。ファイルの読み込みを行うなら、'r'と指定すればいいでしょう。

　こうしてopenを実行し、問題なくファイルが開かれると、そのファイルにアクセスするためのファイルオブジェクトが返されます。これを変数などに保管し、このオブジェクトにあるメソッドでファイルを操作します。操作後はファイルを閉じます。

▼図 8-2：ファイルアクセスの流れ。ファイルを開き、データを処理して、最後にファイルを閉じる。

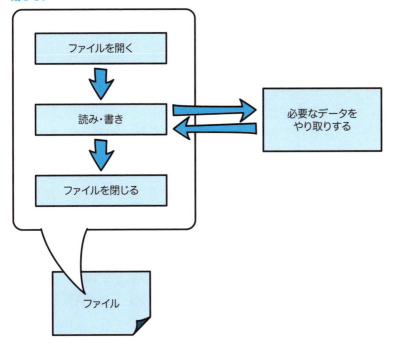

● テキストファイルを用意する

　ファイルアクセスを行うために、まずはテキストファイルを用意します。スクリプトファイル（sample.py）と同じ場所に、「sample.txt」という名前でUTF-8エンコーディングのテキストファイルを作成してください。内容は、以下のようにしておきます。

▼リスト 8-1　テキストファイル（sample.txt）

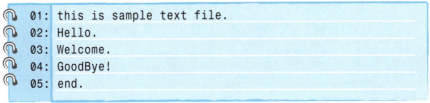

　サンプルの内容はそれぞれで変更して構いません。ただし、「半角英数字だ

けを書く」「複数行を書く」という点だけ留意してください。日本語は、現段階では書き込まないように注意してください。

 ## テキストを読み込む read 関数

ファイルオブジェクトから、テキストデータを読み込むメソッドを使いましょう。read を使います。

 構文　　8-2　テキストの読み込み

ファイルオブジェクト.read(サイズ)

read は、引数を 1 つとります。「何文字分、読み込むか」を指定する値です。「100」とすれば、半角英数字 100 文字分を読み込み返します。

この read を使って先ほどの sample.txt からテキストを読み込んでみましょう。sample.txt と同じ場所にあるスクリプトファイル（sample.py）を開いて以下のように内容を修正します。

▼リスト 8-2　同じフォルダの sample.txt のテキストを読み込む

```
01: f = open('sample.txt', 'r')
02: #ファイルを開きファイルオブジェクトfを作成
03: result = f.read(1000)  # テキストを1000文字まで読み込む
04: print(result)
05: f.close() # ファイルを閉じる
```

実行すると、sample.txt の内容がそのまま読み込まれ出力されます。

read で 1000 を指定していますが、これは「最大 1000 文字」と考えてください。テキストが 1000 文字分なくとも問題はありません。read で読み込み終わったら、ファイルオブジェクトの「close」を呼び出してファイルを解放するのを忘れないでください。これを忘れると、ファイルが開けなくなることがあります。

▼図 8-3：ファイルアクセスは、**open** でファイルを開き、**read** でテキストを読み込み、**close** でファイルを閉じて完了。

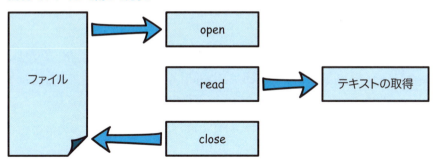

 ポイント

ファイルの読み込みは、open 関数でモードを 'r' に指定して開き、read で読み込む。

 COLUMN

ファイルを「開く」とは？

ファイルアクセスは、まず open でファイルを開き、アクセスした後にファイルを閉じて終了します。ファイルを開くとは、具体的にどういうことでしょうか。

これは、このプログラムがファイルを利用できるように設定することだと考えてください。例えば、いくつかのプログラムが一斉に同じファイルにアクセスしたとします。すると、あるプログラムがアクセスしている最中に、別のプログラムがそのファイルの内容を書き換えてしまうかも知れません。同時にいくつものプログラムからアクセスできると、データの内容が破壊されてしまう危険があります。

そこで、あるプログラムがファイルへのアクセスを開始したら、他のプログラムがそのファイルを書き換えることを禁止し、アクセスが終了したらファイルを解放して別のプログラムが利用できるようにするやり方を採用します。この操作を「ファイルを開く」「ファイルを閉じる（解放する）」と表現しています。

readですべてのテキストを読む

サンプルでは、readに1000を指定して読み込ませていました。しかし、実際にはファイルにどれぐらいのデータがあるかは開いてみるまではわかりません。必ず最後まで読み込むためにはどうすればいいのでしょう。

実は、readは引数の整数値をつけずに呼び出すと、ファイルの最後まで読み込ませることができます。

▼リスト8-3　すべて読み込む

```
01: f = open('sample.txt', 'r')
02: result = f.read()
03: print(result)
04: f.close()
```

先ほどとの違いは、readが引数なしになっている点だけです。これで、ファイルの最後まで読み込んでテキストを変数に取り出せます。

このやり方はとても単純でいいのですが、ファイルサイズが非常に大きい場合、読み込むのに相当な時間とメモリを消費します。例えば、数GBのファイルをこのやり方で全部まとめて読み込ませようとするのはかなり大変です。こうした点を考えると、不特定のファイルを読み込む場合は、少しずつ読み込んでは処理をする作業を繰り返し行うようにプログラミングしたほうが良いでしょう。

withによるclose省略

ファイルアクセスで一番多い失敗は、ファイルのcloseを忘れるものです。単純に、「close文を書き忘れる」というだけでなく、例えばファイルアクセ

ス中に例外が発生して処理を中断するようなこともあります。こうしたときに、確実にファイルを開放するように処理をするのはなかなか大変です。こうした処理を自動化するため、Pythonにはwithという構文が用意されています。以下のように記述をします。

```
with open(引数) as 変数：
    ……ファイルアクセスの処理……
```

withの後に、open関数を記述します。戻り値を変数に代入するのではなく、open関数の後にasで変数を指定します。

このwith構文内に、ファイルアクセスのための処理を記述します。処理を実行し、with構文を抜けると、自動的にファイルがcloseされます。with構文の中で例外が発生した場合も、必ずcloseを行った後で中断されます。

▼図8-4：withを使うと、構文を抜けるときに必ずファイルがcloseされる。

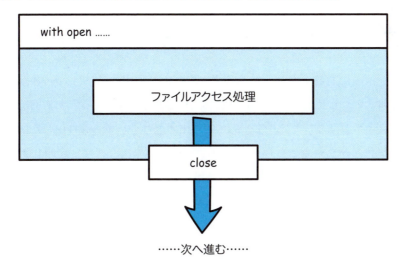

● withを使ったファイルアクセス

実際にwithを使ったファイルアクセスを行ってみましょう。

▼リスト 8-4　with を使ったテキストの読み込み

```
01: with open('sample.txt', 'r') as f:
02:     result = f.read()
03:     print(result)
```

　先ほどのリスト 8-3 をもとにしています。これで同じはたらきをします。close がないため、コードは少しだけ短くなりました。

　with 構文内でファイルを利用する処理（read による読み込み）を行っていますが、ここで何らかの問題が起こり例外が発生しても、この構文を抜ける段階で必ずファイルは close されます。ファイルが開かれたままプログラムが終了することはありません。

 ポイント

with を使えば、close 忘れを防ぐことができる。

 1 行ずつ読み込む

　ファイルにあるテキストをそのまま取り出し利用するには、read は簡単で便利です。しかし、テキストを取り出し処理しながら使う、あるいは巨大なファイルを扱うときは、まとめて取り出すより少しずつ取り出したほうが便利なことがあります。決まった文字数だけ読み込む方法は説明しましたが、テキスト処理でもっとも多いのは 1 行ずつ読み込む処理です。

　open で取得したファイルオブジェクトは、実はそのままコンテナと同様に扱えます。次のようにすると、ファイルオブジェクトから 1 行ずつテキストを変数に取り出すことができるのです。

 構　文　8-4　for によるファイルオブジェクトの利用

```
for 変数 in ファイルオブジェクト :
```

▼図 8-5：open で取得したファイルオブジェクトから for で値を取得していくと、1 行ずつテキストを取り出せる。

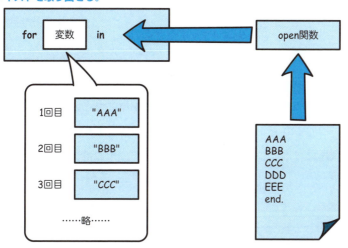

● テキストを 1 行ずつ処理する

テキストを 1 行ずつ取り出して処理します。スクリプトを以下のように修正してください。

▼リスト 8-5　ファイルオブジェクトを for で利用する

```
01: with open('sample.txt', 'r') as f:
02:     n = 1
03:     for line in f:
04:         print(str(n) + ': ' + line.strip())
05:         n += 1
```

実行すると、コンソールにテキストが出力されていきます。

```
1: this is sample text file.
2: Hello.
3: Welcome.
4: GoodBye!
5: end.
```

ここでは、1 行ずつテキストを取り出し、冒頭に行番号をつけて出力しています。出力の部分を見てみると、こうなっているのがわかります。

```
    for line in f:
        print(str(n) + ': ' + line.strip())
```

openで取得したファイルオブジェクト（変数 f）から変数 lineにテキストを取り出し、それをprintしています。なお、「line.strip()」でstripというメソッドを呼び出していますが、これは、テキスト末尾にあるホワイトスペース（空白や改行コードなどの見えない文字）を取り除くものです。取り出したテキストの末尾には改行コードがついているので、それを取り除いているのです。

 ポイント

ファイルオブジェクトは、1行ずつテキストを取り出せる。

マルチバイト文字の問題

openとreadによるテキストファイルの読み込み処理では簡単にテキストを読み込めますが、実は非常に大きな欠点もあります。それは、日本語を表示できない点です。

サンプルに用意したテキストファイル（sample.txt）の中身を日本語の適当な文章（こんにちは…など）に書き換えてみてください。ファイルは、ユニコード（UTF-8）で保存（メモ帳では保存時に指定）します。

そして、先ほどのリスト 8-5 を実行してみてください。すると、以下のような例外が出力されてしまいます。

```
Traceback (most recent call last):
  File "……略……¥sample.py", line 3, in <module>
    for line in f:
UnicodeDecodeError: 'cp932' codec can't decode byte 0x86 in
position 29: illegal multibyte sequence
```

「UnicodeDecodeError」例外が発生しています。ユニコードのデータをデコード（元の状態に戻すこと）できなかったことを示しています。

openは、そのままだと文字コードを正しく読み取れないことがあります。Windowsで日本語の場合、シフトJISは読み込めますがUTF-8などは利用できません。

 ## ユニコードとcodecsモジュール

ユニコードを利用した全角コードを含むファイルはどうすれば正しく読み取れるのでしょうか。文字コードを指定します。ここでは、「codecs」を利用します。これは、「モジュール」と呼ばれるもので、テキストエンコーディングに関する処理をがまとまったものです。モジュールについては、9章で説明します

● import文

codecsモジュールを利用するには、まずファイルの冒頭に以下の文を用意しなければいけません。import という予約語は、モジュールをロードして使えるようにするためのものです。

```
import codecs
```

 メモ

インタラクティブシェルでもこれらのライブラリは利用できます。「importモジュール」と入力・実行すると以後モジュールを利用できます。

ここまで使ってきた関数やクラスの多くは、組み込みと呼ばれるものです。使用頻度が高いため、「import」なしでいつでも呼び出して使えます。

その他にも、Pythonには多数の標準ライブラリが用意されています。こ

れらは、使用頻度がそれほど高くないため、利用の際には「import」を使って、このモジュールを使いますよと設定して使います。「import codecs」とすると、codecs モジュールを使えるようになります。このモジュールにある関数を使って、ファイルオブジェクトを取得します。

● open 関数

codecs にも、ファイルを開く open メソッドが用意されています。以下のように利用します。

構文　8-5　codecs の open

`codecs.open(ファイルパス, mode=モード, encode=エンコード)`

codecs モジュールから、このように open メソッドを呼び出して使います。第 1 引数には、アクセスするファイルのパスを文字列で指定します。第 2 引数は、アクセスモードを示す文字列を指定します。この 2 つは、今までの open 関数とまったく同じです。

第 3 引数に、エンコード名を指定できます。文字列で種類を指定することで、ユニコードなどのテキストを扱えるようになります。

open 関数と同様、戻り値としてファイルオブジェクトが返されます。これを利用して、ファイルにアクセスを行います。基本的には、open 関数から codecs の open メソッドに変わっただけで、文字コードを指定しない場合はファイルの読み込みに失敗することも。

▼図 8-6：open では半角英数字のみ対応したファイルオブジェクトが返されるが、codecs.open ではマルチバイト対応のファイルオブジェクトが返される。

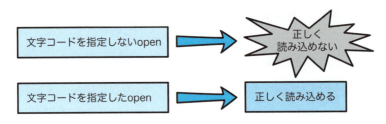

ポイント

日本語などのテキストは、文字コードを指定する。

● ユニコードを読み込む

リスト 8-5 を、UTF-8 が読み込めるように修正します。

▼リスト 8-6　UTF-8 の sample.txt の読み込み

```
01: import codecs
02:
03: with codecs.open('sample.txt', 'r', 'utf-8') as f:
04:     n = 1
05:     for line in f:
06:         print(str(n) + ': ' + line.strip())
07:         n += 1
```

これを実行してみると、日本語のテキストが問題なく読み込まれ、コンソールに出力されることがわかるでしょう。ここでは、以下のようにしてファイルを開いています。

```
with codecs.open('sample.txt', 'r', 'utf-8') as f:
```

with が使える点も open 関数とまったく同じです。エンコード名には、'utf-8' を指定しています。ユニコードのテキストファイルを読み込む場合はこのように指定します。

後は同様に、for で 1 行ずつテキストを取り出して print するだけです。for を使っていますが、read などの利用も基本的には同じです。

ファイルへの書き出し

 書き出しとwriteメソッド

　ファイルを開いて読むことはできました。続いて、ファイルへの書き出しについて説明します。
　ファイルへの書き出しも、基本的な作業の流れは読み込みと同じです。ただ、読み込む代わりに書き出す作業をするだけです。

1. openでファイルを開く。
2. テキストをファイルに書き出す。
3. closeでファイルを閉じる。

　openでは、モードは「w」「x」「a」のいずれかを指定します。wならば既にあるファイルを上書きします。xは、新しいファイルを作成します。aは既にあるファイルに追記していきます。なお、書き出しの際もwith構文は使えます。この場合、同様にcloseは省略できます。

● writeについて
　テキストの書き出しは、ファイルオブジェクトの「write」というメソッドで行います。これは以下のように実行します。

構文 8-6 ファイルへの書き込み

ファイルオブジェクト.write(書き出す文字列)

引数には、ファイルに書き出す値を文字列で指定します。これで、その文字列がそのままファイルに書き出されます。

write は、戻り値として、書き出した文字列のサイズ（文字数）を整数値で返します。ただし、これは必要なければ受け取らなくても問題ありません。

▼図 8-7：open で書き出しモードでファイルを開き、write でファイルに保存し close する。

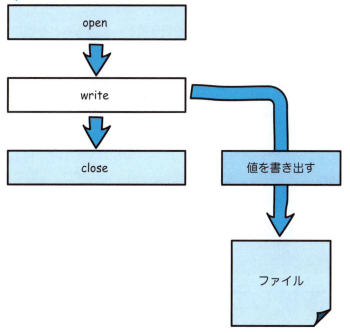

 ポイント

ファイルへの書き出しは、open 関数で 'w', 'x', 'a' を指定してファイルを開き、write で書き出す。

● テキストを書き出す

実際に使ってみましょう。スクリプトファイル（sample.by）のソースコ

ードを以下のように書き換えてください。

▼リスト8-7　ファイルへの書き込み

```
01: msg = input('input text:')
02:
03: with open('sample.txt', 'w') as f:
04:     f.write(msg)
05:     print('save message!')
```

実行すると、「input text:」と入力待ち状態になります。テキストを記入しEnterキー（Returnキー）を押すと、sample.txtにテキストが書き出されます。実行後、ファイルを開いて内容が書き換わっていることを確認しましょう。

ここでは、以下のようにファイルへの書き出しを行っています。

```
with open('sample.txt', 'w') as f:
    f.write(msg)
```

with openでファイルを開き、変数fにファイルオブジェクトを設定しています。そしてwriteでテキストを書き出します。わずかこの2行だけで、ファイルへの書き出しができてしまいます。

連続して書き出す

単純に1つの値を書き出すだけならこれで十分ですが、本格的なデータ出力になると、連続していくつものデータを書き出していくことになります。

こうした連続した書き出しは、writeメソッドを連続して呼び出していくことで行います。writeは、連続して呼び出すと、前回書き出した値の後に新しい値を追加していくのです。

▼リスト 8-8　ファイルへの連続書き込み

```
01: with open('sample.txt', 'w') as f:
02:     n = 1
03:     while True:
04:         msg = input('input text:')
05:         if msg == '':
06:             break
07:         f.write(str(n) + ': ' + msg + '\n')
08:         n += 1
09:     print('save all messages!')
```

　先ほどのリスト 8-7 を修正し、入力したテキストを次々とファイルに書き出していくようにしました。終了する場合は、何も書かずに Enter キー（Return キー）を押すとプログラムを終了します。

　終了したら、sample.txt を開いて中身を確認してみましょう。

　入力したテキストが、以下のように順番に番号をつけて保存されています。書き出す値を加工しながら連続出力することで、このような出力が行えるようになります。

```
1: Hello.
2: This is sample text.
3: end.
```

　while 文を使い、input で入力を受け取っては write で書き出すのを繰り返しています。入力したテキストが空ならば、break で while を抜け出し終了します。

　ここでは、write で値を書き出す際、以下のように実行しています。

```
f.write(str(n) + ': ' + msg + '\n')
```

　入力された値の後に、'\n' をつけています。これはエスケープシーケンスと呼ばれる特殊な記号でした（「2-01 基本のデータ」のコラム「エスケープシーケンス」参照）。メッセージに改行を加えて書き込みます。

▼図 8-8：write で連続して値を書き出すと、ファイルの末尾に値が追加されていく。

 ## ユニコードで出力する

　先ほどのサンプルを実行したとき、日本語を入力するとどうなったでしょうか。実は、問題なく書き出せます。ただし、出力されるテキストは、シフト JIS でエンコードされます。

　ユニコードを利用する場合は、入力された値をエンコードして保存する必要があります。これは、先に登場した codecs モジュールを利用します。codecs.open でエンコードを指定してファイルオブジェクトを取得し、write すれば、ユニコードで保存できます。先ほどのサンプルを、ユニコードで保存するように修正してみましょう。

▼リスト8-9　UTF-8で書き込む

```
01: import codecs
02:
03: with codecs.open('sample.txt', 'w', 'utf-8') as f:
04:     n = 1
05:     while True:
06:         msg = input('input text:')
07:         if msg == '':
08:             break
09:         f.write(str(n) + ': ' + msg + '\n')
10:         n += 1
11:     print('save all messages!')
```

これを実行し、日本語のテキストを記入してください。そして終了後、sample.txtを開いて中身を確認してみましょう。テキストが保存されていることが確認できます。

ポイント

ユニコードで日本語を出力する場合は、codecs.openを使ってUTF-8をエンコード指定してファイルを開く。

メモ

macOSの場合はOSのデフォルトの文字コードがUTF-8なので、ここまでの手順のように進めるとcodecs.openを使わなくても日本語テキストはUTF-8で保存されます。ただし、UTF-8のファイルの読み込みと表示はcodecs.openを使わないと行えません。

ファイルオブジェクトを利用する

ファイルアクセスの例外

　ファイルアクセスは、openにより取得したファイルオブジェクトをいかに使いこなすかがポイントです。基本となるread/writeメソッドについては説明しましたが、それ以外に知っておきたい使いこなしについて、ここで紹介していきます。

　まずは、例外についてです。ファイルを利用する処理では、常に正常にファイルアクセスが行えるとは限りません。さまざまな原因によりアクセス時に例外が発生し処理が中断することがあります。

　ここで、ファイル利用時の主な発生例外についてまとめておきましょう。

▼表8-2　ファイル利用時の主な例外

エラー名	内容
ValueError	アクセスしたとき、既にファイルがcloseされていた場合に発生します。
FileNotFoundError	読み込み（r）モードでopenしたとき、ファイルが見つからないと発生します。
FileExistsError	排他的生成（x）モードでopenしたとき、既に同名のファイルがあり生成できないと発生します。
PermissionError	アクセスするファイルがOSによりパーミッションが与えられておらず操作できないときに発生します。
io.UnsupportedOperation	読み込みモードで開いているファイルに書き出すなど、サポートされていない操作を行おうとすると発生します。

これらの例外は、openでファイルを開いてからcloseするまでの中で発生します。これらの例外を処理するため、ファイルアクセス全体をtry内で行うようにするのが良いでしょう。

▼図8-9：ファイルアクセスをする短い処理の間でも、さまざまな例外が発生する。

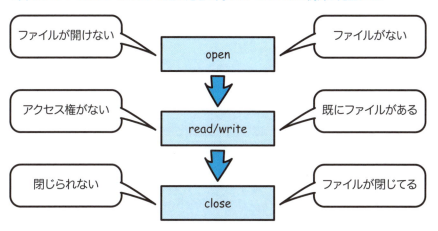

 ポイント

ファイルアクセスはさまざまな例外が発生する。try内で実行させよう。

 例外処理を行う

　実際に例外処理を行ったファイルアクセスがどのようになるか見てみましょう。ごく単純な「入力したテキストをファイルに書き出す」プログラムを使ってみます。

▼リスト8-10　例外処理を含むファイル操作

```
01: import codecs
02:
03: try:
04:     with codecs.open('sample.txt', 'w', 'utf-8') as f:
05:         msg = input('input text:')
06:         f.write(msg + '¥n')
07:         print('save message!')
08: except Exception as err:
09:     print('[ERROR] ' + str(err))
```

　try 内で、with codecs.open し、更にその内部でファイルに書き出しを行っています。ここでは、すべての例外をまとめて except Exception していますが、必要に応じて例外の種類ごとに except を用意すると更に良いでしょう。

　open のファイル名や、モードなどを書き換えて、例外を発生させてみてください。例えば、モードの 'w' を 'r' にすると、テキストを入力した後に、このようなエラーメッセージが表示されます。

[ERROR] write

　モードを 'x' にすると、このようなエラーメッセージになります。

[ERROR] [Errno 17] File exists: 'sample.txt'

　いずれも except で例外を受け止めて処理していることがわかるでしょう。また、with open することで、例外発生時も問題なくファイルを解放しています。これも例外への対策として重要です。

seek によるアクセス位置の移動

　ここまで、ファイルアクセスは常に「読み込み専用」か「書き出し専用」

で行ってきましたが、読み書き両方できるファイルオブジェクトも作成できます。これには「+」を使います。例えば、書き出しモードで読み込みもできるようにするには、モードを 'w+' と指定します。

　これで読み書きが行えるようになりますが、注意したいのは、これだけでは思ったように値を読み書きできない点です。実際にやってみましょう。

▼リスト8-11　想定した表示がされないプログラム

```
01: import codecs
02:
03: try:
04:     with codecs.open('sample.txt', 'w+', 'utf-8') ¥
05:       as f:
06:         while True:
07:             msg = input('input text:')
08:             if msg == '':
09:                 break
10:             f.write(msg + '¥n')
11:         print('* save all messages! *')
12:         n = 1
13:         for line in f:
14:             print(str(n) + ': ' + line.strip())
15:             n += 1
16: except Exception as err:
17:     print('[ERROR] ' + str(err))
```

　テキストを繰り返し入力しては保存していく例です。最後に何も入力せずに Enter キー（Return キー）を押すと、保存したテキストの内容を表示して終了するという考えのもとで作成しました。

　ところが実際に実行しても、保存されたはずのテキストが何も表示されません。例えば、「aaa」「bbb」「ccc」とテキストを入力していくと、

```
input text:aaa
input text:bbb
input text:ccc
input text:
* save all messages! *
```

このように出力されます。本来なら、「* save all messages! *」の後に、保存されたテキストが1行ずつ書き出されるはずなのですが想定通りには動作しませんでした。

● **ファイル位置について**

この原因は、ファイル位置にあります。ファイルオブジェクトでは、「現在、アクセスしているファイル内の位置」の情報が保持されており、そこからファイルアクセスの操作を行うようになっているのです。

ここではwriteメソッドでテキストを書き出しています。writeは、ファイルにテキストを書き出した後、書き出したテキストの最後にファイル位置を移動するはたらきがあります。このおかげで、連続してwriteを実行しても、ファイルの末尾に追記していけるようになっているのです。

writeにより、ファイルのいちばん最後にファイル位置が移動しているので、そこから値を読み込もうとしても何も取り出せません。書き出した値を取り出したいなら、ファイル位置を先頭に戻さなければいけません。

▼図 8-10：writeで値を書き出すと、現在位置が書き出した値の最後に移動する。

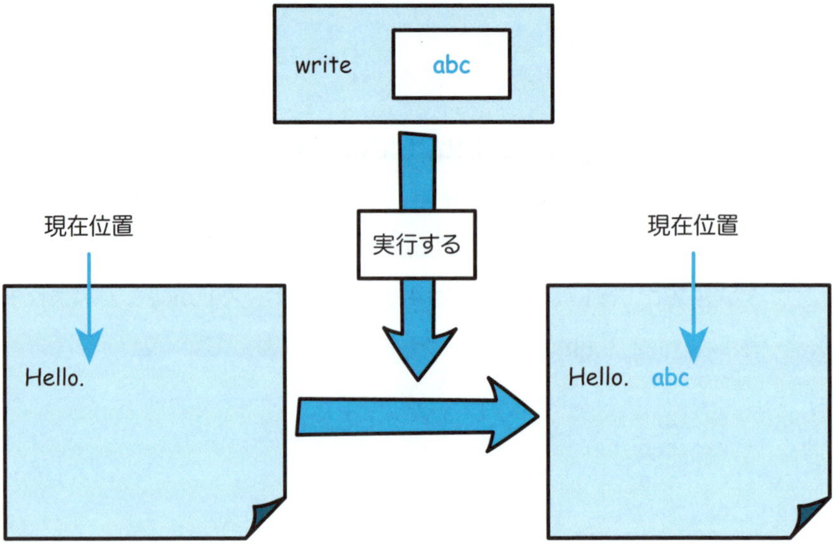

● seek メソッドのはたらき

それを行うのが、ファイルオブジェクトの「seek」というメソッドです。

構文　8-7　ファイル読み込み位置の変更

ファイルオブジェクト.seek(数値 , 位置)

第1引数は、「オフセット値」というもので、第2引数で指定した位置からどれだけ進んだ場所にいるかを指定します。第2引数は、基準となる位置を指定するもので、以下の値のいずれかを指定します。

▼表 8-3　ファイルの基準位置

値	位置
os.SEEK_SET	ファイルの先頭位置。
os.SEEK_END	ファイルの終端位置。
os.SEEK_CUR	現在位置。

これらは、os モジュールに用意されているので、利用の際には「import os」と記述しておきます。なお、第2引数は省略できます。その場合は、ファイルの先頭から第1引数で指定しただけ進んだ位置となります。

ポイント

seek メソッドを使うと、ファイル位置を変更できる。

seek で先頭に戻る

seek でファイル位置を移動させてみましょう。先ほどのリスト 8-11 を修正して、値を書き出した後、ファイルの内容がすべて表示されるようにしてみます。

▼リスト 8-12　ファイル位置を移動してファイルを読み込む

```
01: import codecs
02: import os
03:
04: try:
05:     with codecs.open('sample.txt','w+','utf-8') \
06:       as f:
07:         while True:
08:             msg = input('input text:')
09:             if msg == '':
10:                 break
11:             f.write(msg + '\n')
12:         print('* save all messages! *')
13:         f.seek(0, os.SEEK_SET)
14:         n = 1
15:         for line in f:
16:             print(str(n) + ': ' + line.strip())
17:             n += 1
18: except Exception as err:
19:     print('[ERROR] ' + str(err))
```

修正したら、プログラムを実行して動作を確認しましょう。例えば、「aaa」「bbb」「ccc」と入力すると、以下のように出力されます。

```
input text:aaa
input text:bbb
input text:ccc
input text:
* save all messages! *
1: aaa
2: bbb
3: ccc
```

入力後、ファイルに書き出された値がすべて表示されるようになりました。ここでは while で繰り返し書き出しを行った後、

```
f.seek(0, os.SEEK_SET)
```

このようにして、ファイルの先頭に位置を移動しています。そして for で

値を出力すれば、ファイルの最初から値が取り出されるようになります。

ここでは、os.SEEK_SET を使っているため、冒頭に以下の import 文を追加してあります。これを忘れるとエラーになるので注意してください。

```
import os
```

seek でデータにアクセスする

seek を利用することで、ファイルの中から必要なデータだけを取り出すことができるようになります。ただし、そのためには、それぞれのデータがどこにあるかが正確にわかっていないといけません。

例えば、すべてのデータのサイズ（半角文字での文字数）を決めておき、すべてのデータをそのサイズで記入すれば、いつでも必要なデータを取り出せます。もし、すべてのデータを 10 文字で揃えて記述しておいたなら、データがある位置は、「番号× 10」で割り出せます。そこから、read(10) で 10 文字だけデータを読み込めば、必要なデータを取り出せます。

▼図 8-11：seek でデータのある位置に移動し、read でデータのサイズ分だけ読み込めば、特定のデータだけを取り出せる。

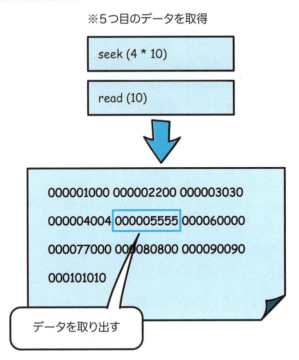

● データを用意する

実際に試してみましょう。まずは、データを用意します。sample.py と同じディレクトリの sample.txt を開き、1 行にテキストを記入しておきます。

▼リスト 8-13　データテキスト（sample.txt）

ここでは、10 個の数列データを用意してあります。それぞれのデータは、「9 桁の数字＋スペース＝ 10 文字」という形になっています。

● プログラムを修正する

スクリプトファイル（sample.py）を以下のように書き換えてください。

▼リスト 8-14　指定位置のデータを読み込む

```
01: import codecs
02: import os
03:
04: try:
05:     with codecs.open('sample.txt','r','utf-8') ¥
06:       as f:
07:         while True:
08:             n = input('input number:')
09:             if n == '':
10:                 break
11:             try:
12:                 num = int(n)
13:             except ValueError:
14:                 num = 0
15:             f.seek(10 * num, os.SEEK_SET)
16:             try:
17:                 res = int(f.read(9))
18:             except ValueError as err:
19:                 print(err)
20:                 res = 0
21:             print('data: ' + str(res))
22: except Exception as err2:
23:     print(err2)
```

実行すると、データの番号を尋ねてきます。0〜9の整数を入力すると、そのデータを表示します。何も入力せずに Enter キー（Return キー）を押すとプログラムを終了します。例として、0〜3のデータを順に表示させてみます。

```
input number:0
data: 1000
input number:1
data: 2200
```

```
input number:2
data: 3030
input number:3
data: 4004
```

sample.txt から必要なデータだけを取り出していることがわかります。ここでは、以下のようにファイル位置を操作しています。

```
f.seek(10 * num, os.SEEK_SET)
```

入力された番号に 10 をかけた値に移動し、そこから 9 文字分のデータを取り出します。最後はデータの区切りとなるスペースなので、データ部分は 9 文字だけです。これを読み込み、int で整数に変換してデータの値を取り出しています。

```
res = int(f.read(9))
```

● try はきっちりと！

プログラムそのものは決して難しくはないのですが、複雑に見えるかも知れません。例外処理が組み込まれているためです。処理の全体を try 構文の中に記述し、更に 2 つの try 構文が書かれています。この「二重の例外処理」が、見た目を難しそうにしています。

外側の try は、with codecs.open で発生する例外を処理します。内側にある 2 つの try は、入力された値を整数に変換する処理、ファイルからデータを読み込んで整数に変換する処理にそれぞれ用意しています。整数への変換に失敗したときの対処のためです。

このように、ファイルアクセスは、アクセスそのものは比較的簡単でも、「発生する例外の処理をきちんと行う」ということを考えると見た目上、少々複雑なものになりがちです。しかし、きちんと例外処理をしておかないと、問題なく使えるプログラムにはなりません。ファイルアクセス習得に不可欠のものと考え、ここで try の利用に慣れておきましょう。

この章のまとめ

- ファイルアクセスは、open でファイルを開き、raed/write で読み書きを行い。close でファイルを解放する。with 構文を使うと、close し忘れを防げて便利。

- read は、マルチバイト文字はうまく読めない。codecs.open を利用すれば、マルチバイト文字も正しく扱える。

- ファイルオブジェクトには現在の位置の情報が保管されている。seek を使ってファイル位置を操作することで、必要な値だけを取り出すことができる。

《章末練習問題》

練習問題 8-1

sample.txt ファイルにアクセスして、「Hello.」と書き出すプログラムを以下のように作成しました。これを、with 構文を使ってファイルを開くように修正してください。

```
f = open('sample.txt', 'w')
f.write('Hello.')
f.close()
```

練習問題 8-2

以下のプログラムを実行したところ、ユニコードで書かれていたために例外が発生してしまいました。正しく読めるようにするためには、with open の文をどのように書き換えればよいでしょうか。

```
import codecs

with open('sample.txt', 'r') as f:
    print(f.read())
```

練習問題 8-3

sample.txt の 10 文字目から 10 文字だけデータを読み込み表示するプログラムを作っています。以下の空欄を埋めて完成させてください。

```
import os

with open('sample.txt', 'r') as f:
    f.seek( ① )
    data = f. ②
    print(data)
```

9章

モジュール

Pythonのスクリプトは、「モジュール」として
他のプログラム内から読み込み利用することができます。
モジュールの作成と利用の基本について、ここで学習しましょう。

01 モジュールを利用する

モジュールとは

　Pythonのプログラムは、スクリプトファイルにソースコードを記述して作成します。ある程度の規模のプログラムになると、多くの関数やクラスを作成し、利用することになるでしょう。

　こうしたとき、プログラムが長くなりすぎるのは困りものです。長く見通しの悪いプログラムでは、後から直しづらく、ほかの人も読みづらくなってしまいます。こういったときは適度にプログラムを分割して、この機能はこのファイルというように役割を分担できると扱いやすくなります。

　また、他のプログラムでも使えるような汎用性の高い関数やクラスが作成できることもあります。これらは、どのプログラムからでも利用できるようになっていると、わざわざ同じプログラムを書いたりコピー＆ペーストせずに済みます。こうした「適度な分割」や「プログラムの再利用」ということから考え出されたのがモジュールです。

　モジュールは、Pythonのソースコードが記述されたスクリプトファイルのことです。Pythonでは、スクリプトファイルにまとめたものをモジュールとして他のプログラムから読み込み利用できるようになっています。

　今まで、スクリプトファイルにソースコードを記述してきましたが、これらもすべてモジュールとして扱うことができます。また、Pythonには標準で多くの機能が用意されていますが、それらもすべてモジュールとして搭載

されているのです。このため、Pythonを使いこなすためには、モジュールの使い方をマスターすることが重要となります。

▼図9-1：Pythonでは、多数のモジュールが標準で用意されている。プログラムは、必要になったモジュールをロードして利用しながら実行される。

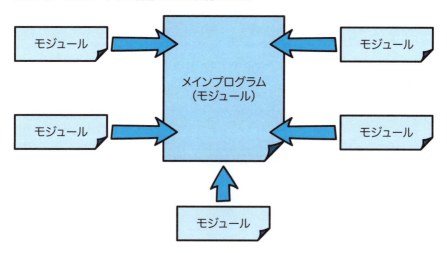

 ポイント

Pythonでは、ファイルに保存したプログラムを「モジュール」として他のプログラムファイルから読み込んで利用できる。

 ## モジュールをimportする

サンプルとしてPythonに最初からついてくるモジュール（標準ライブラリ、10章参照）をロードして使ってみることにしましょう。ここでは、「sys」というモジュールを利用します。sysは、システム関連の情報を取得するための機能を提供する標準ライブラリのモジュールです。

前章まで使っていた「sample.py」を以下のように編集してください。

▼リスト 9-1　sys モジュールの読み込み

```
01: import sys
02:
03: print(sys.platform)
04: print(sys.version)
05: print(sys.version_info)
06: sys.exit()
```

　これは、プラットフォーム（OS や CPU の情報）と Python のバージョンを出力するサンプルです。これを実行すると、以下のようにコンソールに出力されます（Windows の場合）。環境によって内容は変わります。

```
win32
3.6.1 (v3.6.1:69c0db5, Mar 21 2017, 18:41:36) [MSC v.1900 64 bit (AMD64)]
sys.version_info(major=3, minor=6, micro=1, releaselevel='final', serial=0)
```

● import について

　ここでは、sys モジュールを利用しています。これを行うために用意されているのが、冒頭にある「import」という文です。

　import は、指定したモジュールを読み込み、使える状態にします。これは以下のように実行します。

構文　9-1　モジュールの読み込み

```
import モジュール
```

　ここでは sys モジュールを利用するため、「import sys」としました。注意したいのは、以下のように書いてはいけないことです。

```
import 'sys'
```

　import の後に指定するのは、モジュールの名前ではありません。文字列としてモジュール名を指定しても機能しないのです。「import sys」というよ

うに、モジュールそのものを記述する必要があります。

モジュール内のものは、モジュール名の後にドットをつけて呼び出すことで利用できるようになります。これは、クラス内のインスタンス変数やメソッドを呼び出すのと同じやり方です。迷うことはないでしょう。

sys 内にあるのは必ずしもクラスだけではありません。例えば、ここでは、プラットフォーム名を出力しています。この platform は、実はモジュール内にある、普通の変数です。

```
print(sys.platform)
```

モジュールというのは、スクリプトファイルに書かれている Python のプログラムです。したがって、そこには変数、関数、クラス、すべてを用意しておくことができます。この別のファイルで設定した変数、関数、クラスなどを取り込んで利用できるのがモジュールの仕組みです。

▼図 9-2：Python では、import を使うことで、指定のモジュールを読み込み、その中身を使えるようにする。

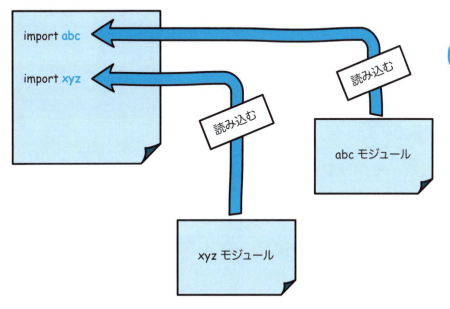

COLUMN

importはスクリプトの最初に置く？

ここまで、import文はすべてスクリプトの先頭に書いてあります。このように、importはスクリプトの最初に書くのが一般的です。ただし、これは「そうしないといけない」というわけではありません。

importは、スクリプトのどこでも好きなところに書くことができます。ただし、モジュールはimportが書かれたところで読み込まれるので、それ以前にモジュールを利用した文があるとエラーになってしまいます。

例えば、以下のようなスクリプトがあると、1行目のsys.platformはエラーになります。その後のimport sys以降でしかsysが使えないためです。こうした問題があるので、importは一番最初に用意しておくのが賢明です。

```
print(sys.platform)
import sys
print(sys.version)
```

● モジュール内の要素

モジュール内にある変数や関数、クラスなどを使う場合は、モジュール名の後に変数などの名前をドットで続けて記述します。これで、importしたモジュールの中のものを利用できます。

9-2　モジュール内の要素の利用

```
モジュール.変数
モジュール.関数(引数)
モジュール.クラス(引数)
```

先ほどのサンプルで利用していた変数と関数について簡単にまとめておきましょう。

● プラットフォーム名（sys.platform）

プラットフォーム名を表す変数です。使用しているプラットフォームによって以下のような文字列が得られます。

▼表 9-1　プラットフォームの情報（OS の情報）

文字列	対応する OS
win32	Windows
darwin	Mac OS X（macOS）
linux	Linux
cygwin	Windows の Cygwin 環境

● バージョン名（sys.version）

使用している Python のバージョン名をあらわす変数です。単純な数値だけでなく、非常に長いテキストが設定されています。

● バージョン情報（sys.version_info）

バージョン情報を細かな値ごとに保管する変数です。major, minor, micro, releaselevel, serial といった細かな値が保管されています。

● プログラム終了（sys.exit()）

プログラムを終了するメソッドです。引数として、終了ステータスを表す値（整数）を指定できます。sys.exit(0) で、正常終了を表します。

 ポイント

> sys モジュールは、スクリプトが実行させているシステムに関する情報を得たり、システムを操作したりするためのモジュール。

 標準ライブラリとモジュール

Python には、標準で多数のモジュールが用意されています。これらは「標

準ライブラリ」と呼ばれます。Windows、macOS、その他の OS でも変わりなく利用できます。

膨大な数があり、すべての解説はできません。主なものは、これから先の章で触れます。「どんなものがあるのか、どうやって調べればいいか」についてだけ簡単に触れておきましょう。

Python の標準ライブラリの説明は、Python のヘルプ（https://docs.python.org/3/library/index.html）にもありますが、これらはすべて英語です。Python 3 の標準ライブラリの日本語による説明は、以下のアドレスで公開されています。

```
http://docs.python.org/ja/3/library/index.html
```

▼図 9-3：Python の標準ライブラリのドキュメント。

このページをスクロールしていくと、標準ライブラリのモジュールについて説明してあるページのリンクがまとめて表示されます。ここからリンクをクリックすれば、そのモジュールの説明ページが表示されます。必要に応じて、ドキュメントで調べながら利用していくようにしましょう（標準ライブラリの主なモジュールについては、10 章参照）。

 ポイント

> Python には、標準ライブラリが用意されている。ここにあるモジュールはいつでもどんなプラットフォームでも使える。

モジュールの作成

モジュール利用の利点

モジュールはただ使うだけではなく、自作できます。

モジュールはスクリプトファイルとして作ります。この点では今まで書いてきたプログラムと大きな違いはありません。次のような作業が必要です。

1. プログラム全体を機能などによって整理する。
2. 他の部分から切り離して利用できる部分をモジュールとして設計する。
3. 設計後、モジュール部分をそれぞれスクリプトファイルとして作成する。
4. メインプログラムを、モジュールをimportする形で作成する。

すべて1つのスクリプトファイルにまとめるよりも手間がかかります。こうしたやり方をする利点を考えてみましょう。

● メンテナンス性

もっとも大きな利点、それは「プログラム全体を整理し、メンテナンスしやすい設計にする」という点でしょう。

モジュールは、それ単体である程度動作するように切り出されます。モジュール内だけで完結して動くようにするので、モジュールだけでプログラムを改良していくことができます。

大きなプログラムを全部メンテナンスするのは大変ですが、1つ1つのモジュール単位であれば、よりよいプログラムにアップデートするのもそれほど大変ではありません。そしてモジュールを改良すれば、それを利用するメインプログラムも改良されるのと同義です。

プログラムを細かなモジュールに分割することで、見通しの良いプログラムとなり、その後のメンテナンスもしやすくなるのです。

● 汎用性

モジュールは独立して使えるように設計するため、作成されたものは開発中のプログラムに限らず、同じ機能を必要とする他のプログラムでも使えます。汎用性のあるモジュールを増やしていけば、新たなプログラムの開発でも再利用できる部品が増え、より効率的に開発が行えます。

▼図9-4：プログラムを整理し、他から切り離して利用できる部分をモジュール化して設計する。

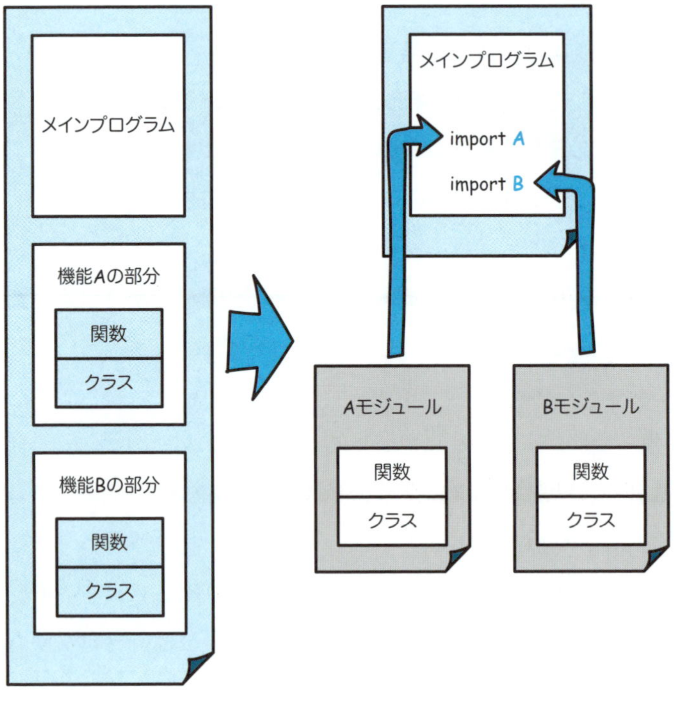

スクリプトのモジュール化は、メンテナンス性と汎用性を高めてくれる。

  モジュール化できるもの

　モジュールは、独立性と汎用性が重要です。モジュールを作成する場合には、この2点を考慮しながら作成していくことになるでしょう。

● 独立して使える

　プログラム作成中に、その一部の機能をモジュールとして切り離そうと考えたとき、まず考えるべきは、「その部分が、プログラムの他の部分に依存していないか」です。プログラムの中の特定の処理や値を使っていて、それがないと動かないようなものは、モジュール化するメリットがあまりありません。なぜなら、そのモジュールは、その特定の処理を持つプログラムでしか使えず、切り離せないからです。モジュールを作成するときは、独立性の観点から、以下の要件を満たすか考えましょう。これらを満たせばモジュール作成はできるはずです。

・必要な値が、すべてモジュール内に用意されているか。
・必要な処理が、すべてモジュール内に用意されているか。

● 汎用性がある

　作成するモジュールが、非常に狭い範囲でしか利用できないような場合は、もっと幅広く応用できるように設計できないか考えましょう。例えば、「data.txtからデータを読み込み処理する」というプログラムは、「ファイル名を指定すると、そこからデータを読み込み処理する」とすればぐっと汎用

性が高まります。こうすると、他のアプリケーションにモジュールを流用するような柔軟な活用ができ、プログラムの他の部分にも活かせます。

ただし、汎用性を高めるということは、それだけ必要な設定などを用意しないと使えない、つまりは使うのが難しいモジュールになります。汎用性とシンプルさのバランスを考えて作るように心がけましょう。

データ集計モジュールの設計

実際にかんたんなモジュールを作成します。ここでは、ファイルからデータを読み込み、それを演算するモジュールを作成します。今回は題材が決まっているので1つのプログラムから切り出すところは簡略化します。まず、モジュールに用意するものを整理しておきましょう。

▼表9-2 変数

データ（リスト）	データを保管するもの。
ファイル名	ファイル名を保管するもの。
処理用ラムダ式	データ処理の式を設定するもの。

▼表9-3 関数

読み込み	指定のファイルからデータを読み込み、リストに格納する。
書き出し	リストを指定のファイルに書き出す。
データ処理	データをラムダ式を使って演算処理する。
計算	データの合計／平均を計算する。

ファイルアクセスとデータの処理について基本的な機能を持ったモジュールです。合計や平均などの集計の他、変数としてラムダ式を使うことで全データを演算式にしたがって変換できます。

● データファイルの用意

最初にデータファイルを用意します。これは、以前ファイルアクセスの際に利用したsample.pyと同じディレクトリの「sample.txt」をそのまま再利

用します。ファイルを開き、値（整数）をそれぞれ改行してデータを書いてください。以下にデータの例を挙げておきます。

▼リスト9-2　sample.txt

```
01: 12300
02: 4560
03: 7890
04: 9870
05: 65430
06: 210
```

 データ集計モジュールの作成

　モジュールを作成します。ここでは、「calcdata.py」というファイル名で作成します。メインプログラムを記述するスクリプトファイル（ここでは、sample.py）と同じ場所に作成してください。

　モジュールは、ファイル名がそのままモジュールの名前です。必ず、calcdata.py という名前で保存してください。名前が違っていると、後で利用する際にうまく読み込めなくなります。

▼リスト9-3　モジュールの作成（calcdata.py）

```
01: data = []
02: filename = 'sample.txt' # ファイル名
03: func = lambda x: x
04:
05: # 読み込み
06: def read(fname=filename):
07:     global data # 「global 変数」で関数外の変数にアクセス
08:     global filename
09:     filename = fname
10:     try:
```

次へ

```python
11:     with open(filename, 'r') as f:
12:         for line in f:
13:             try:
14:                 data += [int(line.strip())]
15:             except ValueError:
16:                 data += [0]
17:     except Exception as f:
18:         print(f)
19:
20: # 書き込み
21: def write(fname=filename):
22:     global data
23:     try:
24:         with open(fname, 'w') as f:
25:             for item in data:
26:                 f.write(str(item) + '\n')
27:     except Exception as f:
28:         print(f)
29:
30: # 内容の更新
31: def update(fn=func, save=False):
32:     global data
33:     global func
34:     func = fn
35:     data2 = []
36:     for item in data:
37:         data2 +=[func(item)]
38:     if save:
39:         data = data2
40:     return data2
41:
42: def calc():
43:     global data
44:     total = 0
45:     for item in data:
46:         total += item
47:     return {'total':total, 'ave':total // len(data)}
```

ほぼ今までの知識で作成できました。関数や変数の定義はありますが、それらを実際に利用しているメインプログラムとなるものが特にないのが特徴です。このように、「変数や関数の宣言や定義だけがあって、それらを呼び出して利用する処理がない」のがモジュールのスクリプトの特徴です。

ここで使っている global 変数という表記は関数内から関数外の変数（グローバル変数）にアクセス（代入・参照）するときのための記法です。

 構　文　　9-3　グローバル変数

```
global 変数
```

● calcdata モジュールについて

ここでは、3つの変数と4つの関数を作成しています。それぞれのはたらきについて簡単に整理しておきましょう。

▼表 9-4　変数

data = []	データを保管しておくリストです。
filename = 'sample.txt'	データファイルの名前です。デフォルトで「sample.txt」としてあります。
func = lambda x: x	データ処理に使うラムダ式です。デフォルトでは値は変更せずそのままにしてあります。

▼表 9-5　ファイル読み込み（関数）

def read(fname=filename):	データファイルを読み込みます。キーワード引数で、読み込むファイル名を指定できます。省略されたときは、変数 filename のファイルをそのまま読み込みます。

▼表 9-6　ファイルの書き出し（関数）

def write(fname=filename):	データをファイルに書き出します。キーワード引数で、書き出すファイル名を指定できます．省略したときは変数 filename のファイルに書き出します。

▼表 9-7　データ処理（関数）

def update(fn=func, save=False):	データを決まった方式で演算していきます。キーワード引数が2つあります。fn は、演算の式として使うラムダ式です。これを省略すると、変数 func に設定されたラムダ式を使います。save は、変換したデータで変数 data を上書きするかどうかです。True にすると data を上書きします。False の場合はしません。変換済みのリストが返されます。

▼表 9-8　合計、平均の演算（関数）

def calc():	データの合計と平均を計算して返します。返す値は、{'total': ○○, 'ave': ○○} といった辞書の値になっています。total は合計、ave は平均の値です。

自作モジュールの利用

　作成した calcdata モジュールを使ってみます。モジュールと同じ場所にある「sample.py」を修正して利用します。

▼リスト 9-4　sample.py

```
01: import calcdata
02:
03: calcdata.read()
04:
05: print(calcdata.data)
06: print(calcdata.calc())
07:
08: calcdata.update(lambda x: int(x * 2), True)
09: print(calcdata.data)
10: print(calcdata.calc())
11:
12: calcdata.write()
13: print('end.')
```

　これで完成です。実行したら、結果として出力される内容を見てみましょう。以下のように書き出されています。

```
[12300, 4560, 7890, 9870, 65430, 210]
{'total': 100260, 'ave': 16710}
[24600, 9120, 15780, 19740, 130860, 420]
{'total': 200520, 'ave': 33420}
end.
```

最初の行がデータファイルから読み込んだデータ、次がその合計と平均です。3行目が指定のラムダ式を使い変換したデータ、4行目がその合計・平均です。

● calcdata モジュールの利用

メインプログラムから calcdata モジュールをどのように利用しているのか見ます。sample.py では、最初に import で calcdata を読み込みます。

```
import calcdata
```

モジュールは、ファイル名がそのままモジュールの名前になります。ここでは「calcdata.py」というファイル名なので、そこから拡張子の部分を取り除いた「calcdata」がモジュール名になります。

calcdata モジュール内の変数や関数の呼び出しは、以下のように行います。

```
calcdata.read()
print(calcdata.data)
print(calcdata.calc())
```

calcdata の後にドットをつけて変数や関数を記述しています。少し注意が必要なのは update 関数でしょう。

```
calcdata.update(lambda x: int(x * 2), True)
```

第1引数（fn 引数）にラムダ式を指定しているため、引数の指定がわかりにくいかも知れません。以下のように引数を指定しています。

```
fn=lambda x: int(x * 2)
save=True
```

モジュールに用意されている変数・関数の使い方がわかれば、calcdataモジュールの利用は難しいことはありません。

モジュールをクラス化する

これでモジュールそのものは使えるようになりましたが、このcalcdataのように、関連する関数がいくつもあるような場合は、クラスとして定義したほうがより使いやすくなります。calcdataモジュールをクラスの形に書き直してみましょう。

▼リスト9-5　クラスを活用したモジュール（calcdata.py）

```
01: class CalcData:
02:     def __init__(self, fname='sample.txt'):
03:         self.data = []
04:         self.filename = fname
05:         self.func = lambda x: x
06: 
07:     def __str__(self):
08:         return '<CalcData filename=' + ¥
09:                 self.filename + ¥
10:                 ' data=' + str(self.data) + '>'
11: 
12:     def read(self, fname=None):
13:         if fname != None:
14:             self.filename = fname
15:         try:
16:             with open(self.filename, 'r') as f:
17:                 for line in f:
18:                     try:
19:                         self.data += ¥
20:                             [int(line.strip())]
```

次へ

```
21:             except ValueError:
22:                 self.data += [0]
23:         except Exception as f:
24:             print(f)
25:         print(self.data)
26:
27:     def write(self, fname=None):
28:         if fname != None:
29:             fpath = fname
30:         else:
31:             fpath = self.filename
32:         try:
33:             with open(fpath, 'w') as f:
34:                 for item in self.data:
35:                     f.write(str(item) + '\n')
36:         except Exception as f:
37:             print(f)
38:
39:     def update(self, fn=None, save=False):
40:         if fn != None:
41:             self.func = fn
42:         data2 = []
43:         for item in self.data:
44:             data2 +=[self.func(item)]
45:         if save:
46:             self.data = data2
47:         return data2
48:
49:     def calc(self):
50:         total = 0
51:         for item in self.data:
52:             total += item
53:         return {'total':total,
54:                 'ave':total // len(self.data)}
```

　ここでは「CalcData」という名前のクラスにまとめました。やや長めになりましたが、クラスの形になっています。メソッドは、関数として用意してあったものの他に、__init__ と __str__ を追加しました。

● CalcData クラスを利用する

作成した CalcData クラスを利用します。今回はクラスだけをモジュールから利用するようにしたため、import の書き方が微妙に異なっています。

▼リスト9-6　モジュールのクラスを利用する（sample.py）

```
01: from calcdata import CalcData
02:
03: obj = CalcData('sample.txt')
04: obj.read()
05:
06: print(obj.data)
07: print(obj.calc())
08:
09: obj.update(lambda x: int(x * 2), True)
10: print(obj.data)
11: print(obj.calc())
12:
13: obj.write()
14: print('end.')
```

「from calcdata import CalcData」とクラスをインポートしています。これまでと同様に、import calcdata だけでもいいのですが、これだとインスタンスを作成時など、calcdata.CalcData() と書かなければいけません。

そこで、ここでは「from ～ import」を使います。これは指定のモジュール内から特定のクラスなどの要素を取り込むものです。

構文　9-4　モジュールのあるクラスを読み込む

```
from モジュール import クラス
```

calcdata モジュールから CalcData クラスを読み込んでいます。このようにすると、そのまま CalcData() でインスタンスが作れるようになります。

複数のクラスがある場合は、「～ import A, B, C」というようにそれぞれのクラスをカンマで区切って読み込めます。あるいは、ワイルドカード（*記号）を使い、「from ○○ import *」とすれば、from で指定したモジュールにある

全要素を読み込むことができます。なお、この書き方はクラスだけでなく、関数などをモジュールから読み込むときにも利用できます。

　クラスが読み込めれば、後はそのクラスを利用するだけです。スクリプトファイル内にクラスを書いた場合と扱いは何ら変わりありません。

 ポイント

「from モジュール import ○○」を使うと、モジュール内の特定のもの（クラスなど）だけをインポートできる。

03 コマンドラインからの利用

 コマンドでモジュールを実行する

　モジュールは、基本的には今まで作成してきたプログラムと同じ、スクリプトファイルの形に処理をまとめたものです。したがって、モジュールとして作成したファイルも、普通にpythonコマンドで実行できます。

　ただし、モジュールには、そのモジュールを利用して何らかの処理を行うソースコードなどは書かれてないでしょう。先にサンプルとして作ったcalcdata.pyにも、CalcDataというクラスを用意しただけで、これを利用して何かを行わせるような処理はありませんでした。

　コマンドプロンプトまたはターミナルを起動し、calcdata.pyのある場所に移動して、以下のように実行したとしましょう。

```
python calcdata.py
```

```
python3 calcdata.py # macOSの場合
```

　実行はできるのですが、何も表示されません。calcdata.pyには、この中にあるCalcDataクラスを利用する処理が何も用意されていないからです。

▼図 9-5：py calcdata.py をコマンド実行しても、何も表示されず終了する。

● モジュール実行時の処理

　モジュールをコマンドから直接実行するときは、単にそのモジュールをpythonコマンドで実行すればいいというわけではありません。そのモジュールの内容を利用する処理も用意しておく必要があります。

　ただし、ここで重要なのは、「あるモジュールを、モジュールとして他のスクリプト内から呼び出したとき、モジュール側処理は実行しない」という点でしょう。整理するならこういうことです。

・モジュールをコマンドラインから呼び出してメインのプログラムと同じように実行した場合、そのモジュール内に用意したものを実際に使うコードが実行される。
・モジュールとして実行する場合、そのモジュールの機能だけが利用されてコードは実行されない。

　このようになっていれば、モジュールとして使うときも余計な処理が実行されず、純粋にライブラリの1つとして使うことができます。

　これを実現するためには、「__name__」という特殊な変数を利用します。

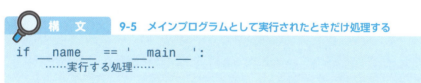

構文　9-5　メインプログラムとして実行されたときだけ処理する

```
if __name__ == '__main__':
    ……実行する処理……
```

__name__ というのは、実行中のスクリプトの名前が保管されている特殊な変数です。変数 __name__ は、スクリプトファイルがメインプログラムとして実行されると、'__main__' という値が設定されます。

ただし、スクリプトファイルがモジュールとしてメインプログラムからロードされ実行されると、この値はモジュール名（ここでは、'calcdata'）となるのです。

つまり、この __name__ の値が、'__main__' ならばメインプログラムとして実行されており、'calcdata' ならばモジュールとしてロードされている、ということになります。したがって、この値が __main__ のときだけ、CalcData クラスを利用した処理を実行するようにしておけば、モジュールとしても、メインプログラムとしても実行できるスクリプトファイルが作成できます。

▼図 9-6：モジュールとして読み込むと、__name__ はモジュール名になるが、コマンドを使ってスクリプトを実行すると __name__ は '__main__' になる。

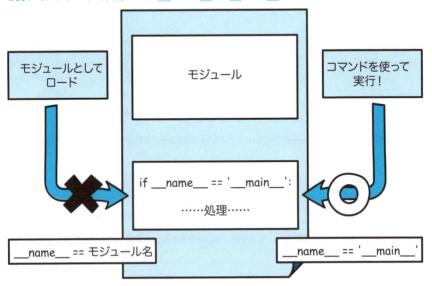

ポイント

if __name__ == '__main__': を使うと、メインプログラムとして起動したときだけ処理を実行できる。

__name__ の処理を追加する

先ほどの calcdata.py のいちばん最後に、以下の処理を追記してください。

▼リスト9-7 __name__ 処理の追加（calcData.py に追記）

```
56: if __name__ == '__main__':
57:     ob = CalcData('sample.txt')
58:     ob.read()
59:     print(ob.calc())
60:     print('end.')
```

これで修正は完了です。「python calcdata.py」のように、メインプログラムとしてこのスクリプトファイルを実行すると、以下のように出力されます。

```
[25190400, 9338880, 16158720, 20213760, 134000640, 430080]
{'total': 205332480, 'ave': 34222080}
end.
```

読み込んだデータと、計算した合計・平均の値を出力しています。これは CalcData クラスがちゃんと使えることを確認するための処理です。

動作を確認したら、「python sample.py」で sample.py の中から calcdata.py を実行してみましょう。sample.py は、リスト9-5の実行時とまったく同じ状態になっているはずです。このようにモジュールとして利用するときには、calcdata.py に追記した処理は実行されないことがわかります。

sys.argvでパラメータ利用

　コマンドを使ってモジュールを実行する場合、コマンドを使う利点についてももう少し知っておきたいところです。

　コマンドで実行するときは、「python calcdata.py」というようにモジュールのファイル名を指定します。実はそれ以外にもパラメータ（コマンドラインの引数）を指定して実行することができるのです。例えば、こんな具合に実行すると、「aaa」「bbb」「ccc」といった値がパラメータとしてcalcdata.pyに渡されます。これらのパラメータは、sysモジュールの「argv」という値でプログラム（ここではcalcdata.py）内から得ることができます。

```
python calcdata.py aaa bbb ccc
```

　このargvでは、コマンド実行時に渡されたパラメータがリストにまとめられています。例えば、上のように実行したなら、['calcdata.py', 'aaa', 'bbb', 'ccc']といったリストがargvに保管されます。最初の項目には、実行するスクリプトファイルのパスが自動的に設定されます。

　ここから必要な値を取り出して利用すれば、パラメータを使ってより細かな設定情報などをモジュールに渡すことができるようになります。

▼図 9-7：python コマンドを実行すると、そのパラメータはリストにまとめられ、sys モジュールの argv に設定される。

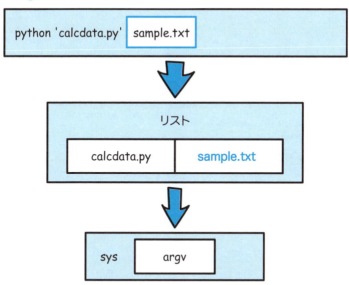

 ポイント

sys.argv で、コマンド実行時のパラメータを取り出して利用できる。

● 読み込むファイル名を指定する

　例として、読み込むデータファイル名を引数で指定するようにプログラムを修正してみましょう。先ほど、calcdata.py に追記した処理（リスト 9-6）を以下のように修正してください。

▼リスト9-8　引数を使う（calcdata.pyの56行目以降を変更）

```
56: import sys
57:
58: if __name__ == '__main__':
59:     if len(sys.argv) >= 2:
60:         fname = sys.argv[1]
61:     else:
62:         fname = 'sample.txt'
63:     ob = CalcData(fname)
64:     ob.read()
65:     print(ob.calc())
66:     print('end.')
```

　ここでは、まず if len(sys.argv) >= 2: という形で argv の値が2つ以上あるかチェックし、あった場合は argv[1] をファイル名として変数 fname に取り出しています。引数がない場合は、'sample.txt' を fname に設定しています。

　後は、fname を引数に指定して CalcData インスタンスを作成し、read するだけです。以下のようにコマンドを実行してみましょう。

```
python calcdata.py sample.txt
```

　これで、sample.txt からデータを読み込みます。sample.txt の部分を他のファイル名にすれば、そのファイルから読み込みます。実際に、データファイルを作成して動作を確かめてみましょう。

この章のまとめ

- Pythonには、標準ライブラリに多数のモジュールが用意されている。それらは、importを使っていつでも読み込み利用できる。

- スクリプトファイルをモジュールとしてロードしたときは、関数は「モジュール名．関数」というように指定して呼び出す。

- モジュールは自作できる。

- __name__ の値が __main__ かどうかをチェックすることで、モジュールをスクリプトとして実行するようにできる。

《章末練習問題》

練習問題 9-1

mymodule.py というスクリプトファイルの中に、MyClass というクラスが定義されています。このクラスを他のスクリプトファイルの中から読み込んで利用するためには、どのような文を追記すればよいでしょうか。

練習問題 9-2

自作のモジュールを、スクリプトとしても実行できるようにするための処理をモジュール内に作成しています。空欄を埋めて、メインプログラムとして実行しているときだけ処理が実行されるようにしましょう。

```
if   ①   ==   ②  :
    MyClass().doit()
```

練習問題 9-3

mymodule モジュールを作成しています。「python mymodule.py data.txt」と実行したとき、「data.txt」はどのように取り出せばよいでしょうか。

解答は P.599

10章

標準ライブラリの活用

Pythonには、標準で多数のモジュールがライブラリとして用意されています。便利なモジュールの中からよく使われるものをいくつかピックアップし、使い方を説明します。

Pythonの標準ライブラリ

　Pythonは非常にシンプルなプログラミング言語です。本体には基本的な文法など必要最小限のものしかありません。コンピュータを自在に操作するような高度なことは、本体の外に用意されています。

　Pythonには、標準で非常に多くのモジュールがライブラリとして用意されています。この標準ライブラリを利用することで、コンピュータに用意されている基本的な機能の多くが使えるようになっています。

　標準ライブラリは、Pythonをインストールする際、同時に取得されます。Python本体のみで標準ライブラリは入っていないといったことは本書で示したようにインストールすればありません。これらはすべて、実質的にはPythonに備えつけの機能の一部と考えてよいでしょう。

▼図10-1:Pythonには、Python本体と一緒に「標準ライブラリ」が用意されている。その中には多数のモジュールがあり、各種の機能が用意されている。

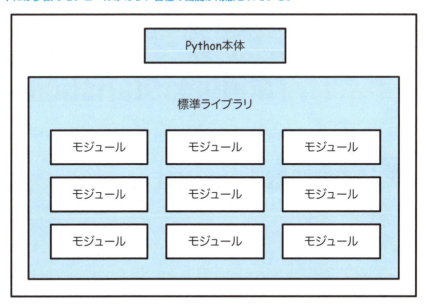

 メ モ

標準ライブラリの中には一部、モジュールではないものも含まれていますが多くはモジュールです。標準ライブラリといえばすぐに利用できるモジュールと覚えておきましょう。

算術関数とmath

　標準ライブラリの中から、汎用性の高いものについていくつかピックアップして紹介していきます。まずは、算術計算に関するものからです。

　Pythonには、標準でいくつかの算術関数が用意されています。算術計算を多用するプログラムではそれでは足りません。今ほど多くのプログラミング言語が使われるようになる前、多くのプログラムは「C」という言語で書かれていました。算術計算のプログラムも、C言語を使って書かれているものが多かったのです。このC言語には、算術計算のための関数が一通り揃っており、それを計算処理を行ってきました。

　こうした算術計算は、それまでと同じアルゴリズムで計算する必要がある場合が多いものです。そこでPythonには、C言語で定義されている算術関数と同等のものを利用するためのモジュールを用意してあります。それが「math」モジュールです。これは、以下のように使います。

　10-1　mathモジュールをインポートする

```
import math
```

　10-2　mathモジュール内の要素をすべてインポートする

```
from math import *
```

import math でインポートした場合は、math モジュールにある関数は「math.○○」というような形で呼び出すことになります。from ~ import を使った場合は、math をつけず、関数名だけで利用できるようになります。

math モジュールは、基本的にすべて戻り値が float 型となっています。Python に標準の算術関数は、多くの場合、int 値どうしの計算では int 型を返しますが、math はそのようなことはありません。引数が int 型であっても戻り値はすべて float 型です。主な関数について説明します。なお、本章では関数などの構文解説をするときに「from math import *」のようにモジュール内の要素をすべてインポートした場合の書き方を解説します。

● **絶対値を得る**

値の絶対値を得る関数です。abs 関数と使い方は同じです。

  構　文　　10-3　絶対値の取得

```
fabs(数値)
```

違いとして引数の絶対値が float 値で返されます。以下に、Python 組み込みの abs と使い比べた例を挙げておきましょう。

▼リスト 10-1　絶対値の取得

```
01: import math
02:
03: num = -123
04: print(abs(num))
05: print(math.fabs(num))
```

abs は「123」、fabs は「123.0」と表示されます。fabs の方は引数が int 型でも結果は float 型になるのがわかります。

● **小数を丸める**

Python には、小数点以下を丸める「round」という関数が標準で用意され

ています。これは、いわゆる四捨五入におおよそ相当するものですが、mathモジュールでは更に「切り上げ」「切り下げ」の関数が用意されています。

10-4 四捨五入

```
round(float型の値)
```

10-5 切り上げ

```
ceil(float型の値)
```

10-6 切り下げ

```
floor(float型の値)
```

ceil/floorの利用例を下に挙げておきます。実行すると、ceilは「124」、floorは「123」と結果が表示されます。

▼リスト10-2　切り上げ・切り下げ

```
01: import math
02:
03: num = 123.45
04: print(math.ceil(num))
05: print(math.floor(num))
```

● 剰余演算

　割り算した余りの計算は、Pythonでは％演算子で行ないます。％演算子は、特にマイナスの混じった演算では正確な答えが出せない場合があります。このため、正確な剰余演算を行える関数として「fmod」というものがmathモジュールに用意されています。

10-7 剰余を求める

```
fmod(引数1, 引数2)
```

この fmod は、第 1 引数を第 2 引数で割った余りを計算します。実際の利用例を挙げておきます。

▼リスト 10-3　剰余を求めて表示する

```
01: import math
02:
03: num = -10
04: num2 = 3
05: print(num % num2)
06: print(math.fmod(num, num2))
```

ここでは、-10 ÷ 3 の余りを計算しています。これを実行すると、num % num2 は、なぜか「2」となり、fmod の場合は正しく「-1.0」となります。マイナスが含まれている場合、% 演算子で剰余計算をするのには問題があることがわかります。

> **ポイント**
>
> Python の % 演算子による余り計算は正確ではない。マイナスを含むときなどに正確さを求める場合は math の fmod を使う。

● 合計の計算

リストにまとめた値の合計を計算するものとして、Python には sum 関数がありますが、float 型を合計する場合、浮動小数の誤差によって正確な値が得られないことがあります。そうした誤差を極力なくして合計を計算するのが、math モジュールの「fsum」です。

構文　10-8　合計を求める

```
fsum(リスト)
```

引数に、数値をまとめたリストを渡すとその合計を計算し返します。利用例を挙げます。

▼リスト10-4　合計を求めて表示する

```
01: import math
02:
03: n = 0.1
04: t1 = sum([n, n, n, n, n, n, n, n, n, n,])
05: t2 = math.fsum([n, n, n, n, n, n, n, n, n, n,])
06: print(t1)
07: print(t2)
```

　0.1が10個あるリストの合計を計算しています。実行すると、sumの場合は0.9999999999999999になりますが、fsumは1.0になります。

ポイント

mathのfsumを使うと、sumよりも浮動小数の誤差を少なくできる。

randomによる乱数

　mathモジュール以外にも演算関係で役立つモジュールがあります。「random」は、疑似乱数（ランダムな数字）に関する機能を提供するモジュールです。これも、以下のような形でインポートして使います。randomモジュールでは、さまざまな乱数を生成できます。

```
import random
from random import *
```

● 乱数の作成

　乱数の作成にはいくつかのやり方があります。randomモジュールでは、実数の乱数と整数の乱数の作成関数が用意されており、これらを使えば基本的な乱数は作成できます。

　もっとも基本となるのは、実数の乱数を返すrandom関数です。引数なし

で呼び出し、0以上1未満の間でランダムな実数を返します。

構　文　10-9　実数の乱数
```
random()
```

整数の乱数は、randrange という関数を使います。整数の場合、いくつからいくつまでの間で乱数を得るか指定する必要があります。

構　文　10-10　整数の乱数
```
randrange(上限)
randrange(下限, 上限)
```

引数を1つだけ指定した場合は、ゼロからその上限値未満の間で乱数を作成します。2つの引数を指定した場合は、下限値以上上限値未満の範囲で乱数を作成します。

乱数の利用例を挙げておきましょう。それぞれの関数を使って乱数を表示させてみます。

▼リスト10-5　乱数の利用
```
01: import random
02:
03: print(random.random())
04: print(random.randrange(10))
05: print(random.randrange(100,200))
```

ポイント

乱数の発生には、randomモジュールの「random」「randrange」メソッドを使う。

● リストと乱数

もう1つ、randomモジュールに用意されているのが、リストをランダム

に利用するためのメソッドです。

　リストの中からランダムに項目を取り出すには、「choice」という関数を使います。リストの中からランダムに１つを選んで返します。

構文　　10-11　ランダムに項目を得る

choice(リスト)

　リストの値の並び順をランダムに入れ替えるには「shuffle」を使います。引数に指定したリストがランダムに変更（並べ替え）されます。戻り値はなく、引数に指定した乱数を書き換えてしまうので注意してください。

構文　　10-12　リストをランダムに並べ替える

shuffle(リスト)

　リストの中から、指定した数の項目をランダムに返り値として取り出すのが「sample」という関数のはたらきです。関数の名前の通り、膨大なデータの中からランダムに幾つかをサンプルとして取り出します（サンプリング）。

　引数は２つあり、第１引数にリスト、第２引数には取り出す個数を指定します。戻り値は、取り出した項目をリストにまとめたものになります。

構文　　10-13　リストからランダムにいくつかを選ぶ

sample(リスト, 個数)

　リストをシャッフルし、そこから項目を取り出して表示する例です。

▼リスト10-6　ランダムな操作

```
01: import random
02:
03: data = ['one', 'two', 'three', 'four', 'five']
04:
05: random.shuffle(data)
06: print(data)
07: item = random.choice(data)
08: print(item)
09: res = random.sample(data, 3)
10: print(res)
```

　ここでは、リストdataを用意し、shuffleでランダムに並べ替え、choiceとsampleでランダムに項目を取り出しています。これを実行すると、例えばこのような表示がされるでしょう。

```
['four', 'three', 'one', 'five', 'two']
three
['two', 'one', 'five']
```

 ポイント

ランダムにリストを利用するには、「choice」「shuffle」「sample」の3つのメソッドが用意されている。

 statisticsによる統計関数

　統計処理はPythonが活躍する分野の1つです。外部パッケージ（11章参照）が使われることが多いですが、統計関係の基本的な機能もPythonには標準で用意されています。「statistics」というパッケージで、この中に統計関係の関数がいろいろと用意されています。ここでは、統計処理の基本的な関数について説明します。

```
import statistics
from statistics import *
```

平均を計算するのは「mean」という関数です。これは以下のように利用します。引数には、データをまとめたリストを指定します。

構文　10-14　平均を得る
```
mean(リスト)
```

中央値は、データを順に並べたとき中央に位置する値です。「median」という関数で取得します。引数には、平均と同様にデータをまとめたリストを用意します。

構文　10-15　中央値を得る
```
median(リスト)
```

標準偏差は、データのばらつき度を表す指標となるものです。これは2つの関数が用意されています。pstdev は母標準偏差、stdev は標本標準偏差を返します。いずれもデータとなるリストを引数に指定します。

構文　10-16　標準偏差
```
pstdev(リスト)
stdev(リスト)
```

ポイント

平均、中央値、標準偏差は、それぞれ statistics モジュールの「mean」「median」「pstdev/stdev」で求めることができる。

● 点数データを統計処理する

これも、簡単な利用例を挙げます。点数をとりまとめたリスト（data）を用意し、平均、中央値、標準偏差を調べます。偏差値も計算してみました。

▼リスト10-7　統計でデータを求める

```
01: import statistics
02:
03: data = [98, 76, 54, 58, 69, 80, 47, 71, 61, 83]
04:
05: a = statistics.mean(data)
06: m = statistics.median(data)
07: h = statistics.stdev(data)
08:
09: result = []
10:
11: for n in data:
12:     result += [10 * (n - a) // h + 50]
13:
14: print('ave: ' + str(a))
15: print('med: ' + str(m))
16: print('dev: ' + str(h))
17: print('===== result =====')
18: for i in range(len(data)):
19:     print(str(data[i]) + '\t' + str(result[i]))
```

これを実行すると、以下のようにテキストが出力されていきます。ave が平均、med が中央値、dev が標本標準偏差値です。また result 以降は、点数と偏差値を順に出力しています。

```
ave: 69.7
med: 70.0
dev: 15.275616008673577
===== result =====
98      68.0
76      54.0
54      39.0
58      42.0
69      49.0
80      56.0
47      35.0
71      50.0
61      44.0
83      58.0
```

偏差値の計算について補足します。専用の関数などはありません。偏差値は、平均点と標準偏差をもとに、以下の計算式で求められます。

> 偏差値 ＝10×（点数 －平均点）÷標準偏差＋50

ここでは、あらかじめ平均、中央値、標準偏差を statistics モジュールの関数で求めておき、それらを元に偏差値を計算して表示しています。

統計の関数はなじみのない人もいるかもしれませんが、ちょっとデータを集計しないといけないようなときにも Python が役に立つと思うと、ありがたいはずです。合計・平均・中央値はそれほど本格的な統計処理を行わない人でも役に立つことは多いはずです。ぜひ覚えておきましょう。

03 日時 - datetime

日時と datetime モジュール

非常に重要ながら、python本体の値として「日時」に関するものは用意されていません。日時は多くのプログラムで多用されるものですが、モジュールがないと適切には使えません。標準ライブラリの「datetime」というモジュールを利用するのが一般的です。このモジュール内には日時に関するいくつかのクラスが用意されています。日時を扱う上で最も基本となるのは、以下の3つのクラスです。

▼表10-1 日時に関するクラス

クラス	役割
datetime	日時を扱うためのクラスです。年月日時分秒のすべての時間に関する情報を管理します。
date	日付を扱うためのクラスです。年月日の情報を管理します。時刻などの情報は持ちません。
time	時刻を扱うためのクラスです。時分秒の情報を管理します。日付に関する情報は持ちません。

```
import datetime
from datetime import *
from datetime import date # 日付
from datetime import time # 時刻
```

これらは、必ずしも単独で使うというわけではなく、連携して扱うこともあります。例えば、datetime インスタンスで日時の値を作成し、そこから

日付の date インスタンスと、時刻の time インスタンスを取り出せます。

▼図 10-2：datetime, date, time の３つのクラス。date が日付、time が時刻、datetime はその両者を合わせたものになる。

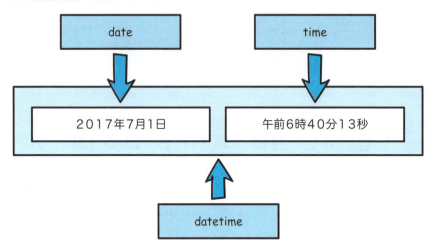

 ポイント

日時を表すクラスは、「datetime」「date」「time」の３つがある。

 # datetime クラスについて

日時の値の最も基本となるのが「datetime」クラスです。日時全般の値を扱うのに利用されます。日付を扱う date クラスと、時刻を扱う time クラスの両方の情報をひとまとめにして持っています。これ１つで、日付と時刻を同時に扱えるわけです。

● now/today メソッド

現在の日時を表す datetime インスタンスを作成するには、「now」または「today」メソッドを利用します。これは引数なしのクラスメソッドで、以下

のように利用します。これで、now を呼び出した瞬間の日時を表すインスタンスが作成され、変数に代入されます。now と today のどちらも同様のはたらきをします。

 構文　10-17　現在の時刻・日付の取得

```
datetime.now()
datetime.today()
```

以下のリストを実行すると、コンソールに現在の日時を表すテキストが出力されます。

リスト 10-8　現在日時の取得

```
01: from datetime import *
02:
03: dt = datetime.now()
04: print(dt)
```

```
2018-01-06 13:45:40.292531
```

よく見ると、年月日時分秒の値がすべて用意されていることがわかります。秒については、40.292531 というように非常に細かな値まで得られます。Python では、秒とは別に「マイクロ秒」というもっと細かな単位の値も用意されており、datetime モジュールの関数はマイクロ秒（百万分の 1 秒）まで調べることが可能です。

● 日時を指定する

現在の日時ではなく、特定の日時を表すインスタンスを作成します。datetime コンストラクタを利用します。この関数では、引数に年月日時分秒の値を指定して、その日時のインスタンスを作成できます。

10-18 日時の取得

```
datetime(年,月,日,時,分,秒,マイクロ秒)
```

引数はすべて int 値で指定をします。すべて指定する必要はありません。日付だけ必要なら年月日の値だけで構いません。

また時刻は、時, 分, 秒, マイクロ秒の左側から必要な値だけ記述すればインスタンスを作成できます。例えば、時の値だけを「8」と用意した場合は、8時ちょうど（分・秒はゼロ）を示すインスタンスが作成されます。これも利用例を挙げておきます。実行すると、コンソールに日時のテキストが出力されます。

▼リスト10-9　日時の作成

```
01: from datetime import *
02:
03: dt = datetime(2001, 12, 24, 0, 5, 36)
04: print(dt)
```

```
2001-12-24 00:05:36
```

● 日時の要素を得る

datetime には、年月日時分秒の各要素の値を示すプロパティが用意されています。それらを利用して、特定の値を取り出せます。

プロパティを整理します。いずれも整数の値で設定されます。これらは、すべて「読み取り専用」である点に注意してください。値を書き換えて日時を変更することはできません。

▼表 10-2　日時の要素

プロパティ	内容
year	年の値です。西暦の年を表す値です。
month	月の値です。1～12 の値になります。
day	日の値です。1～31 の範囲（月によって終わりは変化）です。
hour	時の値です。0～23 の範囲です。
minute	分の値です。0～59 の範囲です。
second	秒の値です。0～59 の範囲です。
microsecond	マイクロ秒の値です。0～999999 の範囲です。

利用例を見てみましょう。ここでは、年月日時分秒の値をそれぞれ取り出して表示をしています。実行すると、日時が表示されます。

▼リスト 10-10　日付や時刻の取得

```
01: from datetime import *
02:
03: dt = datetime.now()
04: res1 = str(dt.year) + '年' + str(dt.month) + '月' + ¥
05:        str(dt.day) + '日'
06: res2 = str(dt.hour) + '時' + str(dt.minute) + '分' + ¥
07:        str(dt.second) + '秒'
08: print(res1)
09: print(res2)
```

2018年1月6日
15時7分42秒

ポイント

日時の値は、datetime クラスの「year」「month」「day」「hour」「minute」「second」で個々に値を取り出せる。

date クラスについて

日付の値を扱うのが「date」クラスです。

10-19　今日の日付を得る

```
date.today()
```

10-20　日付の値を指定して作成する

```
date(年, 月, 日)
```

10-21　datetime から date を得る

```
datetime.date()
```

これらを使ってインスタンスを取得します。today は、datetime にもありましたが、得られるインスタンスが違うので注意しましょう。

● 日付の要素を得る

date にも、年月日の各要素の値を得るためのプロパティがあります。見ればわかるように、datetime に用意されているのとまったく同じです。datetime の使い方がわかれば、こちらもすぐに使えるようになるでしょう。

▼表 10-3　日付の要素

プロパティ	役割
year	年の値です。西暦の年を表す値です。
month	月の値です。1 〜 12 の値になります。
day	日の値です。1 〜 31 の範囲（月によって終わりは変化）です。

time クラスについて

時刻を扱うのが time クラスです。これも date と同様、インスタンスを作成するいくつかの方法があります。

 構　文　10-22　時刻の値を指定して作成する

```
time(時, 分, 秒, マイクロ秒)
```

 構　文　10-23　datetime から time を得る（《》はインスタンスを示す）

```
《datetime》.time()
```

　time には、datetime や date にあった「現在の時刻を得る」というメソッドは用意されていません。time は datetime から得られるので、datetime.now().time() とすれば、現在の時刻を表す time を取得できます。

 ポイント

> date と time は、それぞれ日付部分と時刻部分を扱うクラス。datetime からそれぞれの値は取り出せる。

 日時の演算

　日時の値は、それ単体で使うこともありますが、値を使って日時の演算を行うのに利用されることがよくあります。例えば、2つの日付の間が何日間か調べたり、今から100日後はいつか計算したり、といったことです。そうした日時の演算について説明します。

● 日時の減算

　日時関係のクラスは、減算（引き算）することができます。これにより、2つの日時の差（どれだけの時間が経過しているか）を調べられます。

 構　文　10-24　日時の減算（《》はオブジェクト）

```
《datetime/date/time》 - 《datetime/date/time》
```

　このように引き算すると、その2つの日時の間隔を計算して返します。実

際にやってみるとすぐにわかるでしょう。これを実際に実行してみてください。コンソールに次のようなメッセージが出力されます（表示の日数は状況によって違います）。今日が2001年の元旦から何日経過したかを計算して表示しています。このように、2つの日時の間隔を計算するのはとても簡単なのです。

▼リスト10-11　経過日数を求める

```
01: from datetime import *
02:
03: dt1 = date.today()
04: dt2 = date(2001, 1, 1)
05: res = dt1 - dt2
06: msg = '2001年1月1日から' + str(res.days) + '日経過'
07: print(msg)
```

2001年1月1日から6002日経過

ポイント

日時のインスタンスは、引き算で経過した日時を計算できる。

timedeltaについて

ここでは、2つのdateを引き算した値を変数resに入れ、「res.days」というようにして日数を取り出しています。この変数resに入っているのは経過日数を表す数字などではなく、「timedelta」というクラスのインスタンスです。timedeltaは、時間の間隔を表すためのクラスです。これは、インスタンスを作成して利用することもできますし、日時の引き算のように演算結果の値として返されることもあります。

このtimedeltaには、日時の各要素の値を示すプロパティが用意してお

り、そこから値を取り出せます。

▼表10-4　timedata のプロパティ

プロパティ	役割
days	日数を表すプロパティです。
seconds	秒数を表すプロパティです。
microseconds	マイクロ秒を表すプロパティです。

　基本的に、日付の演算では days による日数、時刻の演算では seconds による秒数を使って間隔を得ると考えておきましょう。

　先ほどのサンプルでは、「str(res.days)」で、res（timedelta インスタンス）の days プロパティから日数を取り出していました。このように、2つの日時の減算は、結果の timedelta の使い方さえわかれば非常に簡単に結果を得ることができるのです。

日時の加算

　日時の加算（足し算）も四則演算の「加算」で簡単に行なえます。

　構　文　　10-25　日時の加算（《》はオブジェクト）

《datetime/date/time》 + 《timedelta》

　日時関係のクラスのインスタンスに、timedelta を使って日時の間隔を作成し、それを加算すれば、指定の時間だけ経過した日時を得ることができます。これも試してみます。今日から 1000 日後の日時を調べるためのものです。実行すると、メッセージが出力されます。このように、決まった日数だけ経過した日付がいつになるか計算できます。

▼リスト10-12　1000日後を求める

```
01: from datetime import *
02:
03: dt1 = date.today()
04: dt2 = dt1 + timedelta(days=1000)
05: msg = '今日から1000日後は、' + str(dt2)
06: print(msg)
```

今日から1000日後は、2020-03-04

● timedelta インスタンスの作成

以下のように1000日後を表す timedelta インスタンスを作成します。

```
timedelta(days=1000)
```

timedelta は、コンストラクタでインスタンスを作成でき、日時の単位となるキーワード引数が多数用意されています。

 　10-26　timedelta の引数

```
timedelta(days=0, seconds=0, microseconds=0,
minutes=0, hours=0, weeks=0)
```

これらのキーワード引数を使って経過時間を指定します。「days=1000」と指定をして、1000日間を表すインスタンスを作成しました。

同様に、例えば「weeks=100」とすれば100週間を表すインスタンスが、「hours=10000」とすれば1万時間を表すインスタンスが作れます。

このようにして作った timedelta インスタンスを使って加算をすれば、決まった時間だけ経過した日時を得ることができます。

 ポイント

日付の足し算は、timedelta で加算する時間を用意して日時に加える。

CSVファイル - csv

csv モジュールについて

　8章でテキストファイルの操作について説明をしましたが、プログラムで使うファイルというのは一般的なテキストファイル（.txt）ばかりではありません。その他の、決まった形式で整形されたデータが保存されているファイルを利用したいこともあります。

　Python の標準ライブラリでは、よくつかわれるフォーマットとして「CSV」への対応モジュールが用意されています。CSV というのは Comma-Separated Values の略で、コンマで1つ1つのデータを区切って記述されたファイルです。Excel などの表計算ソフトやデータベースソフトのデータ交換などに多用されているフォーマットです。この CSV ファイルを読み込んで処理できれば、表計算ソフトのデータを読み込んで処理するプログラムを作成することができます。

　CSV に関する機能は、「csv」モジュールとして用意されています。この中には、CSV データの読み込みや書き出しに関する関数やクラスが用意されています。もっとも重要となるのは、以下の2つの関数です。

▼表 10-5　CSV モジュールの関数

関数	役割
reader	CSV フォーマットのデータを読み込むためのオブジェクトを作成する関数です。
writer	CSV フォーマットのデータを書き出すためのオブジェクトを作成する関数です。

　これらの関数を使ってオブジェクトを作成し、その中にあるメソッドを呼び出して CSV データを操作します。注意しておきたいのは、これらの関数は、「ファイルを読み書きするものではない」という点です。

　これらは、CSV にフォーマットされたデータをやり取りするための仕組みであって、ファイルを読み書きするためのものではありません。ファイルアクセスは 8 章で使った open 関数に任せます。

▼図 10-3：CSV ファイルは、open 関数で開き、そのファイルを csv モジュールにある reader や writer を使って読み書きする。

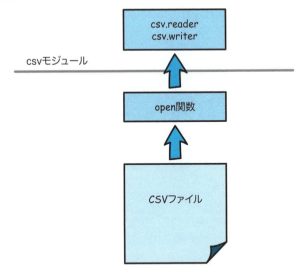

 ポイント

CSV ファイルの読み書きは、csv モジュールを使う。ファイルを開くには、open 関数が使える。

readerでCSVを読み込む

　実際にCSVファイルを利用する方法を説明します。まずは、CSVデータの読み込みからです。これには、以下のような手順を踏みます。

1. open関数を使い、ファイルを開く。
2. reader関数を使い、readerオブジェクトを作成する。
3. readerオブジェクトをfor文で繰り返し処理していく。

　open関数でファイルを開くのはテキストファイルと同じです。その次に、csvモジュールに用意されているreader関数を使います。これは、CSVデータを処理するreaderオブジェクトを作成するものです。このオブジェクトはfor文を使ってデータを順に取り出していくことができるようになっています。こうしてデータを取り出して処理を行っていきます。reader関数の使い方さえわかれば、CSVファイルを利用することができます。関数の使い方を整理しておきましょう。

```
変数 = reader(
    ファイル,
    delimiter=',',              # データの区切り文字
    doublequote=True,           #データ内のクォートを二重化
    escapechar=None,            #エスケープ文字
    lineterminator='¥r¥n',      #行の区切り文字
    quotechar='"',              #クォート記号の文字
    skipinitialspace=False)     #データ冒頭のスペースの除去
```

　第1引数のファイルは、open関数で取り出したオブジェクトをそのまま指定します。
　たくさんのキーワード引数が用意されていますが、これらはデフォルト引数が決まっているので、デフォルトのままでよければ用意する必要はありま

せん。CSVデータの形式などが標準とは異なるような場合に、読み込むための設定を変更できるように用意されているものと考えてください。

CSVファイルを用意する

実際にCSVファイルからデータを読み込んでみましょう。まずは、CSVファイルを用意する必要があります。テキストエディタを使い、以下のようなデータを記述しましょう。csvはデータをカンマで区切って記述するのが特徴です。ここでは一行目はこのCSVファイルのタイトルなのでカンマで区切る処理を行っていません。

▼リスト10-13　CSVファイル（data.csv）

```
01: ○×売上データ
02: 都市,売上
03: 東京,12300
04: 大阪,9870
05: 名古屋,6780
06: 神戸,5430
07: 札幌,3450
```

これはサンプルなので、内容はそれぞれで変更して構いません。ただし、「1行目にタイトル」「2行目に3行目以降の項目名」「3行目からデータ」というデータの形式はそのまま変更しないでください。

記述したら、スクリプトファイルと同じ場所（ディレクトリ）に「data.csv」というファイル名で保存をしましょう。なおエンコーディングはUTF-8にしておいてください。

CSVファイルの内容を表示する

作成したCSVファイルを読み込み、中のデータを表示してみましょう。スクリプトファイルに以下のように記述します。

▼リスト10-14　CSVファイルを読み込み表示する

```
01: import codecs
02: import csv
03:
04: with codecs.open('data.csv', 'r', 'utf-8') as file:
05:     filereader = csv.reader(file, delimiter=',',
06:     quotechar='"')
07:     for row in filereader:
08:         print(row)
```

記述したら、スクリプトを実行して表示を確認しましょう。コンソールには、data.csvファイルの内容が以下のように出力されます。

```
['○×売上データ']
['都市', '売上']
['東京', '12300']
['大阪', '9870']
['名古屋', '6780']
['神戸', '5430']
['札幌', '3450']
```

CSVファイルのデータが確かに読み込めていることがわかるでしょう。

表示されているデータの内容を見ると、データが以下のように読み込まれていることがわかります。

1. データは、1行ずつまとめられている。
2. 各行のデータは、項目がリストにまとまって取り出される。
3. 各項目の値は、すべて文字列データとして扱われる。

このデータ読み込みの基本さえわかっていれば、読み込んだデータを扱うのはそれほど難しくはないでしょう。

● データ読み込みの流れ

データを読み込んでいく処理がどのように行われているか見てみましょう。まずは、open でファイルを開きます。

```
with codecs.open('data.csv', 'r', 'utf-8') as file:
```

ここでは日本語のファイルを読み込んでいるため、codecs の open 関数を使っています。このあたりは既にテキストファイルを利用する際にやったことと同じです。

```
filereader = csv.reader(file, delimiter=',',
    quotechar='"')
```

続いて、csv モジュールの reader 関数で、reader オブジェクトを作成します。ここでは open で用意したファイルオブジェクトと、delimiter, quotechar のキーワード引数を用意してあります。delimiter で、データの区切りを「,」に、quotechar でデータをまとめるクォート文字を「"」に設定しています。これらはデフォルトのままでも問題ないのですが、キーワード引数を使って読み込み設定をする例として追加しておきました。

```
for row in filereader:
    print(row)
```

後は、for 文を使って reader オブジェクトから読み込んだデータを取り出していくだけです。for-in で 1 行ごとのデータがリストとして変数 row に取り出されていくので、これを処理していきます。ここでは、単純に print しているだけですが、渡されたデータを細かく処理したければ、更に for 文を

使ってrowからデータを取り出していけばよいでしょう。

ポイント

csv.readerで読み込んだオブジェクトは、forで1行ずつ取り出して処理できる。

csvファイルの保存

CSVファイルを保存します。

1. open関数を使い、ファイルを開く。
2. writer関数を使い、writerオブジェクトを作成する。
3. writerオブジェクトのメソッドを使い、データを書き出す。

基本的な流れは、読み込みと同じです。まずopen関数でファイルを開き、それからcsvモジュールの「writer」関数を使ってwriterオブジェクトを作成します。後は、このオブジェクトにあるメソッドを使い、データをファイルに記述していきます。writer関数はどのように記述するのか、整理しておきましょう。

```
変数 = writer(ファイル,
    delimiter=',',           # データの区切り文字
    doublequote=True,        #データ内のクォートを二重化
    escapechar=None,         #エスケープ文字
    lineterminator='\r\n',   #行の区切り文字
    quotechar='"',           #クォート記号の文字
    skipinitialspace=False)  #データ冒頭のスペースの除去
```

writer関数の、基本的な使い方はreader関数とほぼ同じです。第1引数にopen関数で取得したファイルオブジェクトを渡し、後は必要に応じてキーワード引数を用意していきます。これらは、readerに用意されていたも

のと同じです。

データの書き出しは、writer オブジェクトの「writerow」メソッドを使います。引数には、保存するデータをリストにまとめて指定します。これで、そのリストの内容が CSV のフォーマットに変換され書き出されます。

構文　10-27　データの書き出し

〈writer〉.writerow(リスト)

ポイント

CSV データの保存は、writerow を使う。追加するデータをリストにしたものを引数にして実行する。

● データを追加する

書き出しの利用例を挙げておきます。ここでは、ユーザーが入力したデータを data.csv に追記していく、というものを考えてみます。

▼リスト 10-15　CSV ファイルにデータを追加する

```
01: import codecs
02: import csv
03:
04: with codecs.open('data.csv', 'a', 'utf-8') as file:
05:     filewriter = csv.writer(file, delimiter=',',
06:     quotechar='"')
07:     while True:
08:         instr = input('input data:')
09:         if instr == '':
10:             break
11:         data = instr.split(',')
12:         filewriter.writerow(data)
13:
14:     print('data writing is over...')
```

スクリプトを実行すると、「input data:」と表示され、データの入力画面になります。ここで、データの項目をそれぞれカンマで区切ってテキストを入力します。そしてEnterキー（Returnキー）を押すと、入力したデータがファイルに書き出されます。何も書かずにEnterを押せば入力を終了します。

ここでは、codecs.openでファイルオブジェクトを作成した後、以下のようにwriter関数を実行しています。

```
filewriter = csv.writer(file, delimiter=',',
quotechar='"')
```

これで、fileに書き出しを行うwriterオブジェクトが作成されます。それからwhileを使い、繰り返し入力と書き出しを行っていきます。inputで入力を行った後、その入力されたテキストをリストに変換してwriterに書き出しを行っています。

```
data = instr.split(',')
filewriter.writerow(data)
```

splitで、カンマでテキストを分割したリストを作成します。そしてwriterowでそのリスト書き出します。これを必要なだけ繰り返すことで、どんどんデータを追記していけるようになります。これで、CSVデータの読み書きが行えるようになりました。ファイルをメモ帳などで開いて確認しましょう。

05 正規表現 - re

正規表現とは

　データを扱うというと、たくさんの数値などを処理するものが思い浮かびますが、他にも重要なデータがあります。それは複数の文字からなる「テキスト」です。

　テキストの中から必要な部分を切り出して処理する作業はさまざまな分野で必要となるものでしょう。例えば、Web ページのテキストからメールアドレスや URL の情報だけを抜き出すことができれば便利です。また HTML のテキストから特定のタグだけを切り出したりできれば、Web ページのタイトル部分だけの収集などもできます。

　こうした作業は、単純な検索機能では難しいものです。メールアドレスは、@記号を検索すれば見つけられるでしょうが、見つけたテキスト部分のどこからどこまでがメールアドレスかをプログラム自身で判断し処理するのはかなり大変です。

　こうしたときに威力を発揮するのが、正規表現と呼ばれるものです。

● テキストのパターンを検索する！

　正規表現とは、文字列の集合を「パターン」を使って表現するための方法です。

　パターンとは、例えば「何桁かの数字」とか「半角英文字だけでできてい

る単語」というように、探したいテキストの特徴を定義するものです。これはテキストと、特殊な書き方の記号を組み合わせて作成します。このパターンをもとに、テキスト内からパターンに当てはまる部分をすべて探し出していくのです。

　普通の検索では、検索文字と一致するテキストしか探せませんが、パターンを使うことで、「数字だけが並んだもの」とか「半角英文字だけの単語」というように、指定の特徴を持つテキスト部分をすべて探し出すことができるようになります。テキスト処理には不可欠な機能といえるでしょう。

▼図10-4：検索では完全一致したテキストしか見つけられないが、パターンを使う正規表現は、それに合致するものすべてを見つけることができる。

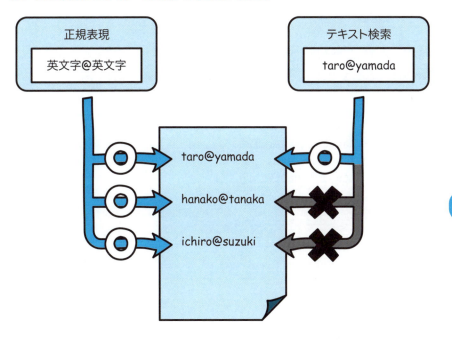

re モジュールについて

　正規表現の機能は、Pythonでは「re」モジュールとして用意されています。この中にある、正規表現で文字列を検索するための「findall」関数を呼び出すことで、文字列検索が行なえます。

　findallは、正規表現のパターンを利用した検索を行うためのメソッドです。第1引数には探し出す文字列を表すパターンを指定し、第2引数には検索対象となる文字列を指定します。これで、第2引数の文字列から第1引数のパターンに合致するところをすべて検索し、検索された文字列をリストにまとめて返します。

▼リスト10-16　正規表現による検索

```
01: import re
02:
03: data = '''
04: 太郎 taro@yamada.com
05: 花子 hanako@flower.jp
06: 一朗 ichiro@baseball.fr
07: 幸子 sachico@happy.org
08:
09: '''
10:
11: relist = re.findall(r'(.*?)([a-zA-Z]+@[a-zA-Z.]+)', data)
12: print(relist)
```

　これを実行すると、'''でくくられた文字列（変数dataの値）からメールアドレスの部分を検索しリストにまとめて表示します。コンソールには以下のような値が出力されます。

```
[('太郎 ', 'taro@yamada.com'), ('花子 ', 'hanako@flower.jp'),
('一朗 ', 'ichiro@baseball.fr'), ('幸子 ', 'sachico@happy.
org')]
```

変数 data の文字列内から、名前とメールアドレスをそれぞれ取り出していることがわかるでしょう。このように、正規表現を使えば、一般的な検索では見つけられない文字列を探し出すことができるのです。

ポイント

re モジュールの findall を使うと、正規表現のパターンで文字列を検索して取り出せる。

● r 文字列リテラル

パターンの文字列を見ると、冒頭に「r」という記号がつけられていることに気づいたかも知れません。これは以前にも一度だけ登場したことがありますが、「エスケープ文字をエスケープしない」ための指定です。

文字列リテラルでは、￥記号をエスケープするため、文字列内に￥を記述する際には￥￥というように書かなければいけません。ただし r をリテラルの前につけることで、エスケープ処理を行わずに扱えるようになります。

● その他の主な関数

ここで使った findall は、正規表現を使って文字列を集めるのに使う関数です。この他にも、正規表現を利用する関数はいろいろと用意されています。

match は、調べる文字列の先頭が指定のパターンとマッチする（パターンが当てはまる）かどうか調べるものです。マッチすると、match オブジェクトというものを返します。これはマッチに関する情報をまとめたオブジェクトです。マッチしなければ None になります。

構　文　10-28　文字列の先頭とマッチするか調べる

`re.match(パターン, テキスト)`

search は指定したパターンが最初にマッチしたものを調べるメソッドです。戻り値は、match オブジェクトというものを返します。マッチしなければ None になります。

10-29　最初にマッチしたものを調べる
```
re.search(パターン, テキスト)
```

findall は先ほど使いました。これはパターンにマッチした文字列をすべて取得し、リストとして返すものです。マッチしなければ None になります。

 10-30　マッチした文字列すべてを取得する
```
re.findall(パターン, テキスト)
```

split は、指定したパターンとマッチした部分で文字列を分割するものです。分割された文字列はリストにまとめられます。

 **10-31　マッチした文字列で分割する**
```
re.split(パターン, テキスト)
```

検索した文字列を取り出すなら findall が便利ですが、検索したい文字列が含まれているかを調べるには search が役立ちます。

 # パターンの作成

正規表現を利用する最大の問題は、「どうやってパターンを作るか」です。これには、パターン用に用意されている特殊な記号の役割を覚えなければいけません。パターンは、検索する一般的なテキストに特殊な記号を組み合わせて作成します。その基本的なものを以下に整理しておきます。

● **任意の文字「.」**

ドット（.）は、改行以外の任意の文字を表します。'...' とすれば、任意の 3 文字の文字列を示します。

● 先頭「^」と末尾「$」

分野単語の先頭と末尾を示します。例えば、'^abc$' とすれば、'abc' は検索しますが、'zabc' や 'abcd' はしません。

● 繰り返す「*」「+」

記号の直前の文字を、「*」はゼロ回以上、「+」は１回以上繰り返します。例えば、'a+' とすると、'a'、'aa'、'aaa' といったものがすべて検索できます。

● 繰り返しの指定「{}」

記号の直前の文字を、指定した数だけ繰り返します。'a{3}' は、'aaa' だけを検索します。また、'a{2,4}' は、'aa'、'aaa'、'aaa' というように 'a' が２〜４個繰り返されたものを検索します。

● 文字の集合「[]」

[] は、いくつかの文字の集合を示すものです。[abc] は、a, b, c の３つの文字の集合で、これらのいずれかを示します。例えば、'[abc]+' とすると、'a', 'aa', 'abc', 'cba', 'abcba' ……というように abc のいずれかの文字が１つ以上つながった文字列をすべて検索します。ここでの集合は文字の集合のことで set とは関係ありません。

● グループ「()」

() は、正規表現のグループを示すものです。先ほどのリスト 10-16 では、名前の部分とメールアドレスの部分をそれぞれ取り出していました。このようにグループを指定することで、１つの正規表現パターンで複数の部分を取り出すことができるようになります。

また、この後で説明する「|」記号などを使うと、いくつかのパターンを１つにまとめることができます。

● **複数の候補「|」**

| 記号は、グループの中にいくつかの候補を用意するのに使います。例えば、'(abc|xyz)' とすると、'abc' と 'xyz' のいずれの文字列も検索します。

● **文字の範囲「-」**

集合 [] 内で使われるものです。「a から c までの文字」というように、文字の範囲を示すのに使います。'0-9' ならば半角の数字すべてを示しますし、'a-z' とすれば、a～zのすべての文字を示します。

● **それ以外を示す「^」**

集合 [] 内で使われるもので、その後の記号以外を示します。例えば、'[^a]' とすると、a 以外の文字を示します。

● **エスケープ文字**

'¥○' というように¥記号とその後の文字の組み合わせにより、特殊なはたらきを示す記号として使われるものです。

▼表 10-6　エスケープ文字

文字	役割
¥A	文字列の先頭を示します。
¥d	数字を示すのに使います。[0-9] と同じです。
¥D	数字以外の文字を示すのに使います。[^0-9] と同じです。
¥s	空白文字（スペースやタブ、改行文字など）を示します。
¥S	空白文字以外を示します。
¥w	単語文字（英単語で利用される文字）を示します。[a-zA-Z0-9_] と同じです。
¥W	単語文字以外を示します。
¥z	文字列の末尾を示します。

パターンに使われる記号はこの他にも多数ありますが、ここに挙げたものがわかっていれば、基本的なパターンは作れるようになるでしょう。

置換と後方参照

文字列の検索だけでなく、置換も正規表現を使って行えます。これには、「sub」というメソッドを利用します。

 構文　10-32　正規表現による置換

`re.sub(パターン, 置換文字列, 検索文字列)`

第2引数には、置換する文字列を用意し、第3引数に検索文字列を用意します。基本的な使い方はこれまでの正規表現関数と同じで、用意されたパターンを使って文字列を検索し、置換文字列に置換します。戻り値は、すべてが置換された状態の文字列になります。

単純に、検索された文字列を決まった文字列に置き換えるならばこれで十分なのですが、検索された文字列そのものを利用して置換したい場合もあります。正規表現は、決まりきった文字列ではなく、パターンに当てはまるさまざまな文字列を探し出しますから、探し出した文字列に応じて置換する文字列を作成したいこともあるのです。

このような場合に役立つのが「後方参照」と呼ばれる機能です。これは、パターンで探し出した文字列を置換文字列側から利用するものです。

● 後方参照の仕組み

後方参照は、「グループ」を利用して行います。グループとは、() 記号でくくったパターン部分です。() を使い、パターンにグループを指定しておくと、そのグループ部分の文字列を置換文字列側から使えるようになるのです。グループは、最初から順に番号が割り振られます。そして置換文字列側では、'¥ 番号 ' という形で、グループで検索された文字列を得ることができます。

例えば、このようにパターンと置換文字列があったとしましょう。

▼表10-7 後方参照の例

パターン	'(①)(②)(③)'
置換文字列	'¥1¦¥2¦¥3'

パターンの(①)で指定されたのが最初のグループです。このパターン部分で検索された文字列が、置換文字列の'¥1'に書き出されます。同様に、(②)が¥2に、(③)が¥3にそれぞれ書き出されます。

▼図10-5：検索文字列から、()で指定したグループの部分の文字列を取り出し、¥1などの後方参照の指定部分にはめ込んで置換文字列が作成される。

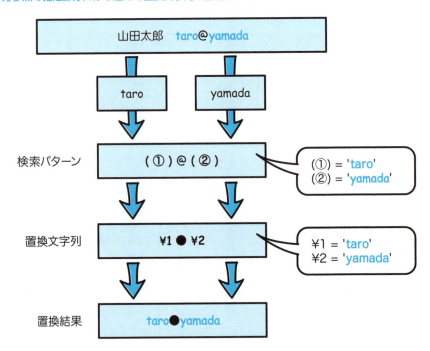

ポイント

置換は、後方参照を使うと検索した文字列を利用して置換できる。パターンの中にグループを用意すると後方参照できるようになる。

● 文字列を置換する

文字列の置換を行います。先ほどのサンプルを少し修正します。

▼リスト10-17　文字列の置換

```
01: import re
02:
03: data = '''
04: 太郎 taro@yamada.com
05: 花子 hanako@flower.jp
06: 一郎 ichiro@baseball.fr
07: 祥子 sachico@happy.org
08:
09: '''
10:
11: relist =re.sub(
12:         r'([a-zA-Z0-9.-_]+)@([a-zA-Z0-9.]+)(com|jp|fr|org)',
13:         r'(***@¥2jp)', data)
14:
15: print(relist)
```

　これを実行すると、メールアドレスの部分を書き換えて、以下のようにコンソールにテキストを出力します。

```
太郎 (***@yamada.jp)
花子 (***@flower.jp)
一朗 (***@baseball.jp)
幸子 (***@happy.jp)
```

　メールアドレスの部分を () で囲み、@ より左側の部分は *** で伏せ字にしています。また最後の jp や com、fr、org といった部分はすべて jp に統一されています。正規表現のグループを使うことで、単純にテキストを置き換えるのではなく、細かに修正できることがわかるでしょう。

● パターンと後方参照をチェックする

　検索パターンと置換文字列がどのようになってるか見てみましょう。まずはパターンからです。

() でいくつかのグループに分けられていることがわかるでしょう。整理するとこのようになっています。

▼表10-8　グループの対応

グループ1	([a-zA-Z0-9.-_]+)
グループ2	([a-zA-Z0-9.]+)
グループ3	(com¦jp¦fr¦org)

これらが、後方参照で置換文字列の中で利用できるようになります。置換文字列はこのようになっていました。

▼表10-9　表記の展開例

元の表記	グループを展開した場合
r'(***@¥2jp)'	r'(***@《グループ2》jp)'

¥2 の部分に、グループ2の ([a-zA-Z0-9.]+) で検索された部分がはめ込まれます。このように、「検索パターンのグループを置換文字列のエスケープ記号の部分にはめ込む」という形で置換文字列を作成できるのです。

正規表現による検索と置換の基本がわかれば、正規表現を利用したプログラムは作れるようになります。正規表現の利用は、プログラムの作り方よりも、「パターンの作り方」こそが重要です。

パターンを使って思い通りに文字列を検索できるようになるためには、多くのパターンを書くことが何より大切です。ここではごく単純なメールアドレスの検索を行いましたが、例えば URL はどうなるか、電話番号や郵便番号はどう検索するか、などそれぞれでパターンを考えてみてください。

この章のまとめ

- 標準ライブラリは、モジュールとして用意されている。importあるいはfrom-importを使ってインポートすれば使えるようになる。

- 数値演算はmathモジュール、乱数はrandomモジュールが用意されている。

- 日時はdatetimeモジュールのdatetime/date/timeクラスを利用する。

- CSVのような特定の形式のファイルを手軽に編集するためのcsvモジュールがある。

- 正規表現とは特殊なパターンを用いて、それにマッチする文字列を検索置換するための表現方法である。

- Pythonではreモジュールによって正規表現が利用できる。

《章末練習問題》

練習問題 10-1

100までの乱数を変数 r に取り出すのに、下の文を書きました。これが問題なく動作するには、どのように import 文を用意すればよいでしょうか。

```
r = randrange(100)
```

練習問題 10-2

今日から5日後の日付を計算するのに、下のようなプログラムを書きました。空欄部分にはどのように記述すればよいでしょうか。

```
from datetime import *

d = date.today()
result = d + ▢
print(result)
```

練習問題 10-3

'12000円の税込価格は、12960円です。' というテキストから、「12000円」と「12960円」の部分だけを正規表現を使って取り出すには、どのようなパターンを用意すればいいでしょうか。

解答は P.600 ➡

11章

外部パッケージの利用

Python本体に用意されていない機能も、外部パッケージを使えば利用できるようになります。pipを使って外部パッケージをインストールし利用する手順を覚えて、実際に「Requests」「matplotlib」「Pillow」パッケージを使ってみましょう。

01 外部パッケージのインストール

 外部パッケージについて

　前章で、Pythonの標準ライブラリについて説明をしました。標準ライブラリには多くのモジュールが用意されています。これらで基本的な機能は一通り揃うはずです。

　しかし、これで完璧なわけではありません。標準ライブラリで実現できない機能も実は多くあります。このような場合は、外部パッケージ（外部ライブラリ）を利用する手段が残されています。

　外部パッケージとは、「Pythonの開発元以外のところが開発し配布しているパッケージ（いくつかのモジュールをひとまとめにしたもの）」のことです。Pythonではこのような有志によるパッケージが大量に公開されています。これを利用して開発しましょう。

 pipについて

　外部パッケージの取得は、pipというプログラムを利用して行います。このpipが、外部パッケージ管理のための機能なのです。pipコマンドは、コマンドプロンプトあるいはターミナルを起動し、以下のように実行します。

```
python -m pip コマンド
```

macOS の場合は、「python」の部分を「python3」と読み替えてください。また Windows であれば、「python -m pip」ではなく、単に「pip」だけでも実行できます。

● パッケージのインストール

pip コマンドは、pip の後にさらに操作名（コマンド名）を入力して実行します。外部パッケージを新たにインストールする場合は、以下のように実行をします。

```
python -m pip install パッケージ
```

● パッケージのアップデート

既にインストールされているパッケージをアップデートする場合は、以下のように実行します。install に -U オプションをつけます。

```
python -m pip install -U パッケージ
```

● パッケージのアンインストール

既にインストールされているパッケージを削除したい場合は、以下のように実行します。

```
python -m pip uninstall パッケージ
```

pipをアップデートする

　pipを利用するには、まずpipのプログラム自身を最新のバージョンにアップデートしておきます。コマンドプロンプトまたはターミナルを起動し、以下のようにコマンドを実行します。

・Windowsの場合
```
python -m pip install -U pip
```

・macOSの場合
```
python3 -m pip install -U pip
```

▼図11-1：pip install -U pip で、pipをアップデートする。

　これでpipを最新バージョンにアップデートできます。後は、使いたいパッケージを探し、インストールするだけです。なお、この章では、いくつかの外部パッケージを利用しますが、それらのインストールについては各パッケージの解説部分で説明します。

 ポイント

pipを使うときは、最初にpython -m pip install -U pipでpip自身をアップデートしておくこと。

Python Package Index(PyPI)

「Python Package Index（PyPI、https://pypi.python.org/pypi）」というWebサイトで多くのパッケージが公開されています。外部パッケージを利用するときはここからpipで取得するのが一般的です。PyPIは、サードパーティ（Pythonについてこない、第三者が開発した）パッケージを登録するリポジトリ（格納庫）サイトです。

▼図11-2：PyPIのWebサイト。ここでパッケージを検索できる。

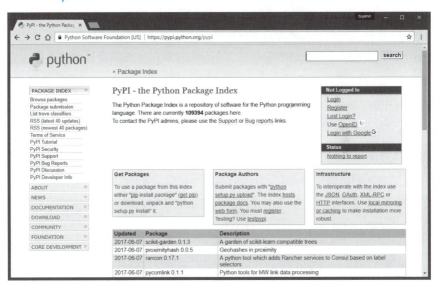

ここで検索し、パッケージ名がわかれば、後はpipコマンドでパッケージをインストールします。PyPIにはパッケージの情報も記されていますが、世界中で使われるものなので情報のほとんどは英語です。

Web情報の取得 - Requests

RequestsとWebアクセス

　Webサイトにアクセスし、そこにあるドキュメントなどの情報を取得するのはネットワークを利用したプログラムを作成する場合は必須の機能です。Pythonには、標準でurllibというモジュールが用意されていますが、これは正直、あまり使い勝手がいいものではありません。

　Webへのアクセスをより簡単に行えるようにしてくれるのが、「Requests」という外部パッケージです。これを利用することで、非常に簡単な操作でWebページの情報を得ることができるようになります。

　Requestsをインストールします。以下のようにコマンドを実行すると最新バージョンがインストールされます。

```
pip install requests
```

 メモ

以降、パッケージのインストールはWindows版を基準に解説します。macOSについては、ここまでの解説を参考に「python3 -m pip install requests」のように適宜読み替えてください。

▼図 11-3：pip install で Requests パッケージをインストールする。Requests で使用する関連パッケージなどもすべて自動的にインストールされる。

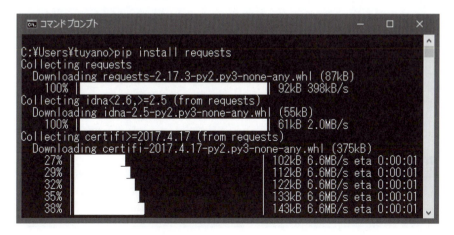

 ## Requests のアクセス関数

　Requests には、Web サイトにアクセス（HTTP リクエストを送付）するための関数がいくつか用意されています。まずは、これらの使い方を整理しておきましょう。いずれもリクエストの結果を返します。

構文　11-1　GET リクエスト

```
requests.get(アドレス, パラメータ)
```

構文　11-2　POST リクエスト

```
requests.post(アドレス, パラメータ)
```

構文　11-3　PUT リクエスト

```
requests.put(アドレス, パラメータ)
```

11-4 DELETE リクエスト

```
requests.delete(アドレス , パラメータ)
```

　これらの内、もっとも多用されるのは get 関数でしょう。また、利用頻度はそれほどないでしょうが、post も使う機会があります。この 2 つの関数だけでも使えるようになれば、Web サイトへのリクエストはたいてい実現可能となります。

ポイント

Requests は「get」「post」の 2 つが使えれば、基本的な Web へのアクセスは実現できる。

Web サイトにアクセスする

　実際に Requests を使って Web サイトにアクセスをしてみましょう。ここでは、HTTPBIN という Web サイトを利用することにします。このサイトは、Web へのさまざまなアクセスに対応した結果を出力するサイトです。Web アクセスのプログラム開発などの動作確認などに用いられます。アドレスは以下の通りです。

```
https://httpbin.org
```

▼図11-4：HTTPBINサイト。さまざまなアクセスに対応した結果を表示できる。

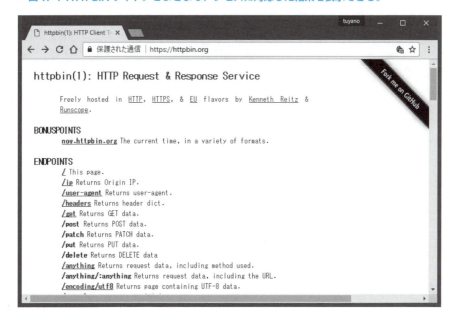

ここでは、アクセス結果をJSON形式（Webでよく用いられるテキストの一形式）で返すようになっています。ここにアクセスして、アクセス情報を取得してみましょう。スクリプトファイルに以下のように記述して実行してみてください。

▼リスト11-1　GETリクエストの利用

```
01: import requests
02:
03: res = requests.get('http://httpbin.org/get')
04: print(res.text)
```

これを実行すると、以下のような内容が出力されます。使っている環境ごとに表示は異なります。

```
{
  "args": {},
  "headers": {
    "Accept": "*/*",
    "Accept-Encoding": "gzip, deflate",
    "Connection": "close",
    "Host": "httpbin.org",
    "User-Agent": "python-requests/2.18.4"
  },
  "origin": "***.***.***.***",
  "url": "http://httpbin.org/get"
}
```

　これが、アクセスして得られる情報です。requests.getで、http://httpbin.org/getというアドレスにGETリクエストを送付しています。このときのアクセス状況に関する情報をJSON形式で出力します。

　getでの戻り値には、レスポンス情報をまとめたオブジェクトが返されます。このオブジェクトから、以下のようなプロパティを使って結果を得ることができます。

▼表11-1　レスポンス情報のオブジェクトのプロパティ

プロパティ	役割
text	受信したコンテンツをテキストとして取り出します。
content	受信したコンテンツをそのまま取り出します。

　このように、get関数で指定したアドレスにアクセスすると、そのアドレスで表示されるWebページの内容がそのまま送り返されてきます。ここでは、JSONデータを表示するページにアクセスしていますが、通常のHTMLによるWebページが表示されるアドレスにアクセスすれば、そのままHTMLのソースコードが取得できます。

▼図 11-5：Web サイトに get 関数でアクセスすると、ブラウザなどでアクセスしたのと同様に Web ページの内容が送り返される。

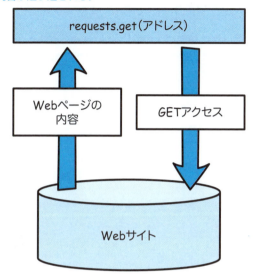

 ## パラメータを指定する

　単純に、指定したアドレスにアクセスするだけなら、このようにとても簡単に行えます。Web ページにアクセスする際には、URL にクエリーパラメータをつけてアクセスすることもあります。クエリーパラメータとは「http:// ○○ /?xx=xx&xx=xx……」というように、アドレスの末尾に & をつけて、キーと値の追加情報を記述していくものです。

　クエリーパラメータの送付は、専用のパラメータ情報をまとめておくことでわかりやすく送信できます。

▼リスト11-2　取得情報の利用

```
01: import requests
02:
03: params={'id':123, 'name':'taro', 'pass':'hoge'}
04: res = requests.get('http://httpbin.org/get', params)
05: data = res.json()
06: args = data['args']
07: for item in args:
08:     print(item + ' の値は、 ' + args[item])
```

スクリプトを実行すると、以下のような内容が出力されます。

```
id の値は、 123
name の値は、 taro
pass の値は、 hoge
```

● パラメータの送付

リスト11-2は、アクセスの際にid, name, passといったパラメータ情報を合わせて送信するサンプルです。以下のようにアドレスを指定してアクセスするのと同じはたらきをします。

```
http://httpbin.org/get?id=123&name=taro&pass=yamada
```

変数paramsに、それぞれのパラメータ名と値を辞書にまとめて設定しています。get関数を呼び出す際に、第2引数にこのparamsを指定します。こうすることで、必要なだけパラメータを用意し送信することができます。

● JSONデータを辞書で取り出す

このWebページは、アクセス情報をJSON形式のテキストデータとして返すようになっています。JSONデータを受け取る場合は、getで取得したオブジェクトのjsonメソッドを使うことで、Pythonの辞書オブジェクトとして取り出せるようになります。

ここでは、jsonメソッドで取り出した変数dataから、'args'という値を

取り出しています。これは、クエリーパラメータで渡された情報を辞書にまとめたものが設定されています。これには、以下のような情報が辞書にまとめられて渡されます。

```
{'id': '123', 'name': 'taro', 'pass': 'hoge'}
```

これを、for 文を使って順に値を取り出して出力すればいいわけです。ここでは、以下のように処理を行っていますね。

```
for item in args:
    print(item + ' の値は、 ' + args[item])
```

変数 args には、data['args'] の値が入っていますから、ここから順にパラメータの名前と値を取り出していたのです。

このように、結果を JSON 形式のデータとして受け取ることができれば、それを Python の辞書オブジェクトとして処理していけます。テキストのまま処理をするよりも圧倒的に扱いやすくなるのがわかるでしょう。

ポイント

クエリーパラメータを送るときは、送る内容を辞書にまとめて get の引数に指定する。

POST して情報を得る

GET リクエストは、一般的なアクセスで用いられていますが、GET ではアクセスできないものもあります。代表例は「フォーム送信先へのアクセス」でしょう。

フォームを送信した先のアドレスには、普通にアクセスをしてもうまく情報を得ることができません。フォームは通常、GET ではなく、POST アクセ

スで送信されるため、post関数を使う必要があります。POSTリクエストの例を挙げておきます。

▼リスト11-3　POSTリクエストの利用

```
01: import requests
02:
03: params={'id':123, 'name':'taro', 'pass':'hoge'}
04: res = requests.post('http://httpbin.org/post', params)
05: data = res.json()
06: args = data['form']
07: for item in args:
08:     print(item + ' = "' + args[item] + '"')
```

ここでは、http://httpbin.org/post に POST リクエストし、送信された情報を出力しています。以下のように出力されます。

```
id = "123"
name = "taro"
pass = "hoge"
```

ここでは、requests.post を使ってアクセスを行っています。先ほどのパラメータ送付と同様に、辞書にまとめたものを post の第2引数に指定しています。これが、実は「フォーム送信」と同じ役割を果たします。つまり、ここで用意されている変数 params の内容が、POST でフォームとして送信される内容となるわけです。

送信されたフォームの内容は、受け取ったJSONデータの 'form' という値にまとめられています。ここでは、そこから値を取り出して内容を表示しています。

```
args = data['form']
for item in args:
    print(item + ' = "' + args[item] + '"')
```

data['form'] の値を for 文で順に取り出し print しています。この data['form'] の値が、フォームとして送信された内容です。フォームを送信

するのと同じやり方でサイトに POST アクセスしているのが確認できます。

JSON データを受け取ったら、json メソッドで取り出すことができる。

正規表現でデータを切り出す

GET と POST で、それぞれ必要なパラメータなどをつけて送信する方法がわかれば、たいていの Web ページにアクセスしデータを取得することができるようになります。JSON データならば、ここでやったように json メソッドでオブジェクトとしてデータを取り出せるため、取り扱いは容易です。

しかし HTML のデータや XML データの場合は、受け取ったデータから情報を取り出すために工夫が必要です。

ここでは 1 つの例として、正規表現を使って必要なデータを取り出してみます。スクリプトファイルを以下のように修正してください。

▼リスト 11-4　リクエスト後に正規表現でデータ操作

```
01: import requests
02: import re
03:
04: params={'id':123, 'name':'taro', 'pass':'hoge'}
05: res = requests.get('http://httpbin.org', params)
06: # print(res.text)  でテキスト全体を確認できる
07: data = re.findall(r'<a href="(.*?)".*?>(.*?)</a>',
08:                   res.text)
09: for item in data:
10:     print(item[0])
```

これを実行すると、http://httpbin.org のページから、<a> タグの href 属性の値（つまり、リンクされているアドレス）だけを取り出して表示します。

実行すると、以下のようなテキストがずらっと出力されます。

```
http://github.com/kennethreitz/httpbin
http://httpbin.org
https://httpbin.org
http://eu.httpbin.org/
http://kennethreitz.org
https://www.runscope.com/
https://now.httpbin.org/
……以下略……
```

　正規表現を使うことで、取得した HTML のデータから、必要な部分だけを切り出して処理することができるようになります。もちろん、このためには、正規表現をしっかりとマスターする必要があります。

　この他、Python には標準ライブラリとして、HTML や XML のデータを Python オブジェクトに変換し処理するためのモジュール（「html.parser」や「xml.etree.Elementtree」）も用意されています。これらのモジュールの使い方を学習するのも良いでしょう。

03 グラフ作成 - matplotlib

matplotlib のインストール

データ処理を行う場合、ただ数値を計算していくだけでなく、グラフなどを使って視覚的に表現したい場合もあります。ここまで、Pythonは基本的にコマンドで実行し、テキストなどを出力していくだけだったので、視覚的な表現というのは想像がつかないかも知れません。そうした処理を行ってくれる外部パッケージも存在します。

「matplotlib」は、グラフ作成のパッケージとして広く使われているプログラムです。以下のサイトで公開、紹介されています。

```
http://matplotlib.org
```

▼図 11-6：matplotlib の Web サイト。ここでドキュメントなどを見ることができる。

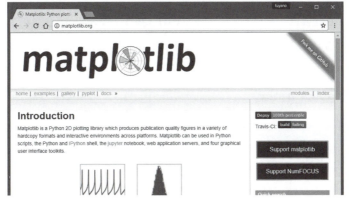

プログラム本体は pip でインストールできます。ここでは matplotlib のドキュメントやサンプルなどの情報を得るのに利用すると良いでしょう（英語サイトです）。

● **matplotlib のインストール**

matplotlib をインストールします。

```
pip install matplotlib
```

▼図 11-7：matplotlib をインストールする。

 pyplot でプロットする

matplotlib には、さまざまなグラフの作成を行う機能が用意されています。グラフの描画（プロット）は、matplotlib にある pyplot モジュールを使います。この中には、さまざまなグラフ描画のための関数があります。まずは、一番シンプルな折れ線グラフの描画関数から使ってみましょう。

 11-5　折れ線グラフを作る

```
pyplot.plot( x 軸のデータ ,  y 軸のデータ )
```

折れ線グラフは、「plot」という関数を使います。これは 2 つの引数があり、

x軸のデータとy軸のデータをそれぞれ用意します。データは、シーケンスのオブジェクト（リスト、タプル、レンジなど）として用意しておきます。グラフはplotメソッドを利用するだけでは表示されません。作成後に、showメソッドで表示させる必要があります。

実際の利用例を挙げます。スクリプトファイルを書き換えてください。

▼リスト11-5　プロットの出力

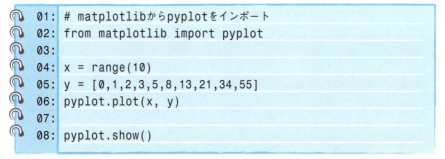

```
01: # matplotlibからpyplotをインポート
02: from matplotlib import pyplot
03:
04: x = range(10)
05: y = [0,1,2,3,5,8,13,21,34,55]
06: pyplot.plot(x, y)
07:
08: pyplot.show()
```

▼図11-8：実行すると、このようなウインドウが表示される。

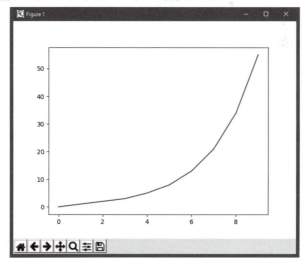

スクリプトを実行してみると、画面に新たにウインドウが現れます。そこに、折れ線グラフが表示されます。matplotlibでは、このように独自のウインドウを作成することでグラフを表示しています。

ウインドウは、マウスでリサイズすると自動的にグラフもウインドウサイズに合うように調整されます。また、下部には表示の操作に関するアイコン類が並んでおり、一番右側のフロッピーディスク型のアイコンをクリックすると、グラフをファイルに保存することができます。

ポイント

折れ線グラフは、pyplot モジュールの「plot」関数で作成する。

● プロットと画面表示

ここでは、変数 x と y に整数の値をまとめておき、それを使ってグラフをプロットしています。

```
pyplot.plot(x, y)
```

これだけです。とても単純ですね。ただし、これだけでは、画面にグラフは表示されません。作成後、プロットしたウインドウを表示してやる必要があります。それがこの文です。

```
pyplot.show()
```

pyplot クラスの show という関数を呼び出すことで、プロットしたウインドウが画面に表示されます。

ポイント

グラフを作成したら、「show」を実行するとグラフを描いたウインドウが表示される。

グラフの表示を整える

matplotlib は、データさえ渡せば後は自動的にグラフを描いてくれます。

ただし、これだけではグラフはx軸y軸と折れ線だけで、タイトルすらありません。もう少し、グラフとしての体裁を整えたい人も多いでしょう。

pyplotモジュールではさらにグラフにタイトルをつけたり、凡例を作成したりできます。以下のように修正してください。

▼リスト 11-6　表示の多いグラフ

```
01: import math # 標準ライブラリ
02: import numpy # matplotlibの取得時に自動で同梱される
03: from matplotlib import pyplot
04:
05: x1 = numpy.linspace(0, 5*math.pi, 360*5)
06: y1 = numpy.sin(x1)
07: pyplot.plot(x1, y1, label="sin")
08: x2 = numpy.linspace(0, 5*math.pi, 360*5)
09: y2 = numpy.cos(x2)
10: pyplot.plot(x2, y2, label="cos")
11: pyplot.title('Trigonometric')
12: pyplot.xlabel('x-axis')
13: pyplot.ylabel('y-axis')
14: pyplot.legend()
15: pyplot.show()
```

▼図 11-9：実行すると、タイトルや凡例などがグラフに表示されるようになる。

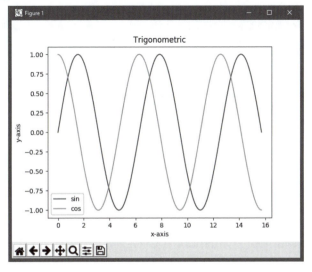

実行すると、sin と cos の三角関数のグラフが表示されます。グラフにはタイトルや凡例も表示されます。

● numpy について

ここでは、sin と cos の三角関数のグラフを描くのに、matplotlib のインストール時に取得できる numpy というモジュールを使っています。数列（リスト）を生成するものです。以下のように利用しています。

```
x1 = numpy.linspace(0, 5*math.pi, 360*5)
```

「linspace」が、数列を作成する関数です。以下のように呼び出します。

 構文　11-6　数列の作成

```
linspace(開始数 , 終了数 , ステップ数)
```

開始数から終了数までの間をステップ数で分割したリストを作成します。ここでは、ゼロから 5*math.pi までの間を 360*5 で分割した数列を作成しています。つまり、ゼロから 5*math.pi まで、なだらかに変化する 360*5 個の数列が作られているのです。

```
y1 = numpy.sin(x1)
```

「sin」は、引数のリストでサイン関数を呼び出した数列を作成します。引数には linespace で作成した数列が渡されますから、その数列のすべての値について sin 関数で演算した結果が、リストとして返されるわけです。同様のものに、コサイン関数を呼び出す cos 関数もあります。

numpy は数列の作成などに活用され、matplotlib と使うことの多いモジュールです。

 ポイント

numpy モジュールの「linspace」で一定間隔の数列リストを作れる。

● グラフの表示に関する関数

グラフをプロットした後、表示に関する関数を呼び出しています。

```
pyplot.title('Trigonometric')
```

グラフのタイトルを設定するのが「title」メソッドです。引数に指定した文字列をタイトルとして表示します。

```
pyplot.xlabel('x-axis')
pyplot.ylabel('y-axis')
```

x軸とy軸のラベル（軸の役割を示したテキスト表示）を設定するものです。これも引数に文字列を設定して呼び出します。

```
pyplot.legend()
```

凡例は、「legend」を呼び出して描画します。これは、plot 関数でグラフをプロットする際に設定されたグラフのラベルを使って作成されます。plot している部分を見ると、

```
pyplot.plot(x1, y1, label="sin")
```

このように、label というキーワード引数を用意しているのがわかります。これが、このグラフのラベルになります。こうして設定されたグラフのラベルを使って凡例が作成されるのです。

 ## 散布図の作成

折れ線グラフを作る plot 関数は、そのまま「散布図」を作成するのにも使えます。plot は、x軸とy軸のデータを引数に渡すと、自動的に1つ1つのデータを線で結んで折れ線グラフにします。これを線で結ばず、1つ1つの

データをドットなどで表すようにすれば、散布図が作成できるのです。

簡単な例を挙げます。下のリストを実行すると、散布図が表示されます。

▼リスト11-7　散布図の作成

```
01: import math
02: from random import randrange
03: from matplotlib import pyplot
04:
05: x1 = []
06: y1 = []
07: for n in range(1000):
08:     x1 += [randrange(100) * math.sin(n)]
09:     y1 += [randrange(100) * math.cos(n)]
10:
11: pyplot.plot(x1, y1, '.')
12: pyplot.show()
```

▼図11-10：スクリプトを実行すると、散布図が表示される。

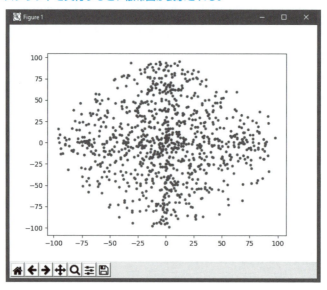

ここでは、randomモジュールのrandrangeを使って乱数でデータを用意しています。そしてplotで描画をする際、以下のように実行しています。

```
pyplot.plot(x1, y1, '.')
```

第3引数として、'.' という文字が指定されています。このようにドットを指定すると、1つ1つのデータをドットで表示するようになります。この他、'x' や "+"、'o'、'*' などの文字が指定できます。ちなみに、デフォルトでは '-' が指定されています。'-' だと折れ線グラフが描かれます。

 ポイント

散布図は、plot の第3引数に描画するポイントの形状を指定する。

 ## 棒グラフの作成

グラフの中で、もっとも一般的に用いられるものといえば、「棒グラフ」でしょう。これも pyplot モジュールの bar 関数で簡単に作成できます。

```
pyplot.bar(x軸データ, y軸データ)
```

使い方は、これまでの plot 関数と同じで、x 軸と y 軸のデータを指定すると、それぞれのデータを棒グラフの棒として描きます。

ただし、棒グラフでは、x 軸（グラフの横軸）は、数字よりも項目名を表示することが多いでしょう。こうした場合は、以下のようにして表示ラベルを設定します。

 構　文　　11-7　棒グラフの作成

```
pyplot.bar(x軸データ, y軸データ, tick_label=ラベルデータ)
```

tick_label は、軸の目盛りとして表示されるラベルです。これに、表示するラベル名のリストを設定することで、x 軸データの数値の代わりにラベルを表示させることができるようになります。

これも実際の例を見て動作を確認しましょう。スクリプトファイルを以下のように書き換えてください。実行すると、棒グラフが表示されます。

▼リスト11-8　棒グラフの作成

```
01: from matplotlib import pyplot
02:
03: x = range(10)
04: y = range(500, 1000, 50)
05: data = ['A','B','C','D','E','F','G','H','I','J']
06: pyplot.bar(x, y, tick_label=data)
07: pyplot.show()
```

▼図11-11：棒グラフを表示したところ。

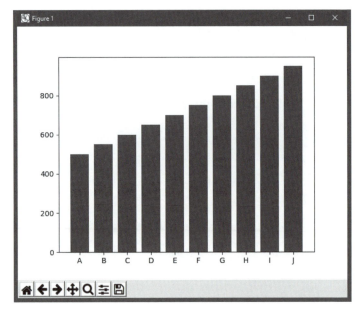

ここでは、10個のデータを棒グラフにして表示しています。データはrangeを使って作成し、tick_labelにはあらかじめ用意しておいた文字列のリストを指定しています。

```
pyplot.bar(x, y, tick_label=data)
```

これで、棒グラフが描画できました。データを用意するだけでほぼ自動的に棒グラフが作成されるのがわかります。

ポイント

棒グラフは、pyplotの「bar」で作成する。tick_labbelキーワード引数でx軸にラベルを表示できる。

円グラフの作成

円グラフは、pie関数を使って描くことができます。表示するデータをまとめたリストなどのシーケンスオブジェクトを引数に指定するだけです。それぞれの項目にラベルをつけたい場合は、「labels」というキーワード引数に、ラベルの文字列をリストにまとめたものを指定します。

構文 **11-8 円グラフの作成**

```
pyplot.pie(データ)
```

▼リスト11-9 円グラフの作成

```
01: import math
02: from random import randrange
03: from matplotlib import pyplot
04: 
05: data = [12300, 9800, 7600, 4500, 2100]
06: label = ['Tokyo','Osaka','Nagoya','Sapporo','Kobe']
07: pyplot.pie(data, labels=label)
08: pyplot.legend(loc='upper left')
09: pyplot.show()
```

▼図11-12：実行すると、円グラフが表示される。

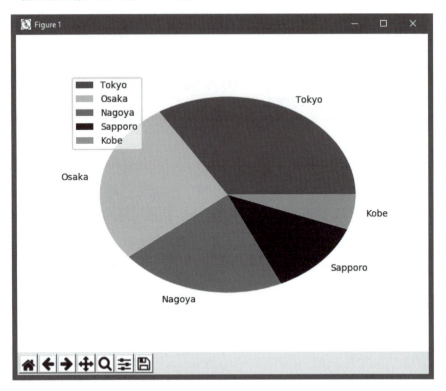

　変数dataに円グラフにするデータを用意し、labelに各項目のラベルをまとめてあります。これらを引数に指定してpie関数を呼び出しています。

　凡例を描画するlegend関数では、「loc」というキーワード引数を用意しています。これは、凡例の表示位置を指定するもので、upper, lower, right, leftといった単語を組み合わせてグラフの四隅のどこかに表示を設定できます。ここでは、'upper left' としてグラフの左上に表示させています。

> 円グラフは、pyplotの「pie」で作成する。labelsキーワード引数で各項目のラベルを設定できる。

ヒストグラムの作成

多数のデータを集計しグラフ化するのに用いられるのがヒストグラムです。ヒストグラムは、多数のデータを一定の範囲ごとに集計し表示する必要がありますが、matplotlib を利用すればそうした集計もすべて matplotlib 自身が自動で行ってくれます。

ヒストグラムは、hist 関数で作成します。

構文　11-9　ヒストグラムの作成

```
pyplot.hist(データ)
```

引数は、データをまとめたリストなどのシーケンスを用意するだけです。

▼リスト 11-10　ヒストグラムの作成

```
01: import math
02: from random import randrange
03: from matplotlib import pyplot
04:
05: data = []
06: for n in range(100):
07:     data += [randrange(100)*math.sin(n)]
08: pyplot.hist(data)
09: pyplot.show()
```

▼図 11-13：引数に渡したデータを集計してヒストグラムとして表示する。

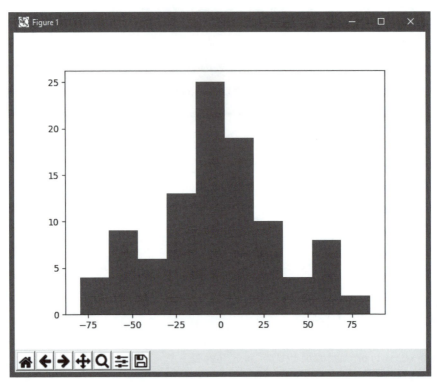

　実行すると、ランダムに作成された 100 個のデータ（0 ～ 99 の範囲の値）を元にヒストグラムを作成し表示します。データはランダムなので、実行するごとに微妙に異なるグラフが描かれます。

　ここでは、for 文で繰り返し乱数をリストに追加した後、以下のようにしてグラフを作成しています。

```
pyplot.hist(data)
```

　引数に data を指定しているだけです。データは、特に整理などはされていません。ただ、数値をリストにまとめてあるだけです。ヒストグラム化は、pyplot が自動で行っていることがわかります。

画像編集 - Pillow

イメージ処理の「Pillow」

イメージ処理(画像処理)も、プログラミング言語で自動化できます。

イメージ処理の分野でPythonでは「Pillow」がもっとも使いやすく有名なパッケージです。イメージを読み込み、それを回転したり拡大縮小したり、あるいは特定のフィルター処理などを行ってイメージを加工し保存する機能を提供します。以下のようにインストールしてください。

```
pip install pillow
```

▼図11-14:pip install pillow で外部パッケージをインストールする。

11章　外部パッケージの利用

 ## イメージファイルを用意する

　pillowを利用してみましょう。スクリプトファイルと同じフォルダーに「image.jpg」という名前で画像ファイルを用意します。内容はスマートフォンで撮った写真など、どんなものでもかまいません。色の操作を行うので、フルカラーのイメージを用意しておいてください。

▼図11-15：image.jpg というファイルを用意しておく。内容はどんなものでもかまわない。

 メ　モ

本書では紙面の都合上フルカラーでのサンプルは掲載していません。サンプルファイルや、手元での実行でどう表示されるか試してください。

 ## イメージ処理の基本

　pillowを使ったイメージ処理の基本について説明します。pillowでイメージ処理を行うには、以下のような流れで処理を行っていきます。

1. イメージファイルを開いて読み込み、Imageインスタンスを作成する。

2. Image インスタンスのメソッドを呼び出すなどしてイメージを操作する。
3. 処理済みの Image をファイルに保存する。

イメージ処理の基本的なコードを見てみましょう。pillow は、「PIL」というモジュールとして用意されています。この中に、イメージ操作に必要となるモジュールがさらにいくつか用意されています。

```
from PIL import Image

変数 = Image.open(ファイル名 , 'r')
……イメージの処理を行う……
《image》.save(ファイル名 , フォーマット)
```

● Image の作成

イメージ処理の基本は、「Image」というモジュールです。これが、操作するイメージのモジュールになります。イメージ処理には、必ずこの Image モジュールをインポートしておきます。

最初に、Image の「open」関数で、イメージファイルを読み込み、image オブジェクト（一部構文解説では《image》と表記）を生成します。open 関数は、読み込むファイル名とアクセス権の指定を引数に用意します。

● image の保存

読み込んだ image オブジェクトを操作して修正済みのイメージを作成し、最後に「save」メソッドを呼び出してこれを保存します。save は、第 1 引数に保存するファイル名、第 2 引数にフォーマット名を指定して実行します。フォーマットによってはオプション情報を更に要することもあります。

これで問題なくファイルが保存されれば、作業終了です。なお、open と save メソッドでは、IOError という例外が発生することがあります。try 構文内で実行するようにしておくとよいでしょう。

11章 外部パッケージの利用

イメージの加工は、「Image の open で読み込む」「image オブジェクトの表示を操作する」「save で保存する」という手順で行う。

 ## イメージを回転させる

実際に操作していきます。簡単な操作として、「イメージを 90 度回転させる」ところから始めましょう。

▼リスト 11-11　イメージの回転

```
01: from PIL import Image
02:
03: # 画像ファイルが開けない場合を想定して例外処理をしている。
04: try:
05:     img = Image.open('image.jpg', 'r')
06:     img2 = img.rotate(90, expand=True)
07:     img2.save('image_saved.jpg', 'JPEG')
08:     print('saved...')
09: except IOError as err:
10:     print(err)
```

▼図 11-16：イメージを 90 度回転したイメージファイルを作成する。

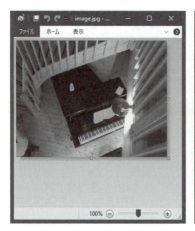

これを実行すると、image.jpg ファイルと同じ場所に「image_saved.jpg」というファイルが作成されます。これが、処理済みのイメージファイルになります。これを開いてみると、image.jpg のイメージが 90 度左回りに回転したものが保存されているのがわかります。

● rotate で回転させる

ここでは、image オブジェクトの rotate メソッドを使ってイメージを回転させています。これは、指定した角度だけイメージを回転させた Image オブジェクトを生成するメソッドです。

 11-10 イメージの回転

《image》.rotate(角度)

このように、引数に回転する角度を指定して呼び出すと、指定の角度だけイメージを回転させた Image オブジェクトを作成して返します。

先ほどのリストを見ると、このように実行しているのがわかるでしょう。

```
img2 = img.rotate(90, expand=True)
```

第 1 引数の「90」が回転する角度です。これで指定した角度だけ左回りに回転させます。

その後にある「expand」というキーワード引数は、イメージが回転して幅が増えただけイメージの大きさを広げて調整するためのものです。これを True にすることでイメージサイズが自動調整されます。False だと、最初のイメージのサイズのままで、はみ出た部分はカットされます。

 ポイント

イメージの回転は、image の「rotate」メソッドで行う。これはイメージを左回りに回転させる。

イメージサイズの変更

イメージの大きさも、Image オブジェクトにあるメソッドを呼び出すだけで行なえます。resize メソッドを使います。

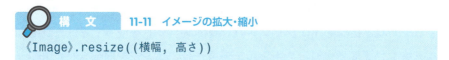

構文　11-11　イメージの拡大・縮小

《Image》.resize((横幅, 高さ))

resize は、引数に横幅と高さの値のタプルを用います。これで、指定した大きさにリサイズされたイメージの image オブジェクトが返されます。

▼リスト11-12　イメージの縮小

```
01: from PIL import Image
02:
03: try:
04:     img = Image.open('image.jpg', 'r')
05:     w, h = img.size
06:     size = (int(w / 2), int(h / 2))
07:     img2 = img.resize(size)
08:     img2.save('image_saved.jpg', 'JPEG')
09:     print('saved...')
10: except IOError as err:
11:     print(err)
```

▼図 11-17：実行すると、image.jpg のイメージを縦横半分に縮小した image_saved.jpg を作成する。

これを実行すると、image.jpg の縦横サイズを半分に縮小したイメージが保存されます。ここでは、まず元画像のサイズを取得して縦横半分サイズのタプルを変数 size に用意しています。

```
w, h = img.size
size = (int(w / 2), int(h / 2))
```

イメージの大きさは、image オブジェクトの size プロパティに保管されています。これはタプルになっていて、size[0] が横幅、size[1] が高さの値となります。それぞれの値を変数 w, h に取り出し、これらの値を 2 で割って int 値にキャストしたものをタプルに保管します。後は、この size を使ってリサイズするだけです。

```
img2 = img.resize(size)
```

これで、縦横半分に縮小されたイメージの image オブジェクトが変数 img2 に代入されます。これを save で保存すれば作業完了です。

imageの「resize」を使うと、イメージの大きさを自由に変更できる。

モノクロに変換する

　写真などのイメージは通常、フルカラーで作成されていることが多いでしょう。Imageの「convertメソッド」でこれをモノクロにしたり、GIFなどで使われているパレットモード（色数の少ない画像）に変換したりできます。

《image》.convert(モード)

　引数には、モードを示す文字列を指定します。いくつものモードがありますが重要なのは次の３つです。これらを引数に指定して実行すると、指定のモードに変換されたimageオブジェクトが返されます。

引数	モード
"1"	1 bitのモノクロイメージ。
"L"	グレースケール。
"P"	パレットモード。

▼リスト11-13　モノクロ画像に変換する

```
01: from PIL import Image
02:
03: try:
04:     img = Image.open('image.jpg', 'r')
05:     img2 = img.convert('L')
06:     img2.save('image_saved.jpg', 'JPEG')
07:     print('saved...')
08: except IOError as err:
09:     print(err)
```

▼図 11-18：スクリプトを実行すると、**image.jpg** のイメージをグレースケールに変換して保存する。

実行すると、image.jpg のイメージをグレースケールに変換し、image_saved.jpg に保存します。

ここで書いているのは、open で読み込み、convert でグレースケールに変換して save するという非常に単純なプログラムです。たったこれだけの作業で、グレースケールのイメージを作成できてしまいます。

 ポイント

image の convert('L') を実行すると、グレースケールにイメージを変換する。

 ポスタライズ・平均化・反転

PIL には、Image 以外のモジュールも用意されています。イメージ処理で比較的よく利用されるものとしては、「ImageOps」モジュールが挙げられるでしょう。

これは、イメージをさまざまに操作する関数をまとめたモジュールです。

多くの機能を持っていますが、ここではよく使われるものとして「ポスタライズ」と「平均化」「反転」の関数を挙げておきましょう。

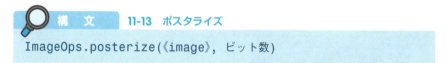

構文 11-13 ポスタライズ

ImageOps.posterize(《image》, ビット数)

構文 11-14 平均化

ImageOps.equalize(《image》)

構文 11-15 反転

ImageOps.invert(《image》)

ポスタライズは、イメージを指定のビット数の色数で塗り分けるものです。ポスターのような効果を得ることができます。平均化は逆に全体のRGB各色の輝度を均していくもので、全体に平板な印象のイメージに変わります。反転は、輝度を逆にしたもので、写真のネガのようなイメージが得られます。

▼リスト11-14　画像に効果を与える

```
01: from PIL import Image, ImageOps # 複数インポート
02:
03: try:
04:     img = Image.open('image.jpg', 'r')
05:     img2 = ImageOps.posterize(img, 1)
06:     img3 = ImageOps.equalize(img)
07:     img4 = ImageOps.invert(img)
08:     img2.save('image_saved_1.jpg', 'JPEG')
09:     img3.save('image_saved_2.jpg', 'JPEG')
10:     img4.save('image_saved_3.jpg', 'JPEG')
11:     print('saved...')
12: except IOError as err:
13:     print(err)
```

▼図 11-19：実行すると、ポスタライズ・平均化・反転のそれぞれのイメージを作成する。ポスタライズと平均化の例

　実行すると、image_saved_1.jpg にポスタライズしたイメージを、image_saved_2.jpg に平均化したイメージを、image_saved_3.jpg に反転したイメージをそれぞれ作成します。どのような効果が得られるのか、作成されたイメージを見れば一目瞭然です。

　いずれも、posterize、equalize、invert といったメソッドを呼び出すだけで簡単に作成できます。

 ポイント

イメージのポスタライズ、平均化、反転は、image の「posterize」「equalize」「invert」メソッドで行える。

 セピア調にする

　ImageOps には、「colorize」という関数も用意されています。これは、グレースケールイメージを特定の色調に変更するのに利用されるもので、モノクロ写真をセピア調にするような処理に利用できます。

 **構　文**　11-16　白黒画像に別の色を適用

```
ImageOps.colorize(《image》, black=タプル, white=タプル)
```

　colorize は、3つのメソッドを用意するのが基本です。第1引数は、処理するイメージです。その他に、black と white というキーワード引数を用意します。これらは、黒と白のそれぞれに設定する色を示すものです。これらの値は、RGB の各色の輝度を 0～255 の整数で表した値をタプルでまとめたものになります。例えば、赤ならば (255, 0, 0) というように指定します。RGB はディスプレイなどで使われるカラーモデル（色を数値などで表現する方法）です。これも実例を挙げておきます。イメージをセピア調に変換したものを作成します。

▼リスト11-15　セピア調の画像を作成する

```
01: from PIL import Image, ImageOps
02: 
03: try:
04:     img = Image.open('image.jpg', 'r')
05:     bw_img = img.convert('L')
06:     img2 = ImageOps.colorize(
07:         bw_img,
08:         black=(0, 0, 0),
09:         white=(255, 200, 150)
10:     )
11:     img2.save('image_saved.jpg', 'JPEG')
12:     print('saved...')
13: except IOError as err:
14:     print(err)
```

▼図 11-20：実行すると、image.jpg をセピア調に変換したものを作成する。

ここでは、まずイメージをグレースケールに変換したものを用意します。これは、既に説明した convert で作成できます。

```
bw_img = img.convert('L')
```

続いて、colorize でセピア調に変換したイメージを作成します。

```
img2 = ImageOps.colorize(
bw_img,
black=(0, 0, 0),
white=(255, 200, 150)
)
```

グレースケール中での黒に相当する black は (0, 0, 0) と指定して実際の黒、白に相当する white は (255, 200, 150) とセピア調の色合いに設定します。これで、全体にセピア調のイメージができあがります。複雑なようですが意外と簡単です。

colorize は、事前にグレースケールにしたイメージが必要です。カラーのままのイメージを colorize すると例外が発生します。

各ドットの輝度を操作する

イメージは、1つ1つのドットにRGBのそれぞれの値が設定されて色の表示が決められています。この1つ1つのドットの値を操作するのが、imageオブジェクトの「point」というメソッドです。

11-17　輝度の操作

《image》.point(テーブルまたは関数)

このpointは、引数が非常にわかりにくいです。この引数には、ルックアップテーブルと呼ばれるシーケンスか、あるいはラムダ式などによる関数を指定します。

ルックアップテーブルとは、イメージの各ドットの輝度情報をテーブルにまとめたもので、手作業で作成するのはほとんど不可能です。何らかの機能を使って得るか、あるいは輝度の変換処理をまとめた関数を指定して利用することになります。

このpointは、正直、言葉で説明してもよくわからないかも知れません。実際のサンプルを見て理解していくのが一番です。

▼リスト11-16　輝度を高める

```
01: from PIL import Image, ImageOps
02:
03: try:
04:     img = Image.open('image.jpg', 'r')
05:     bw_img = img.convert('L')
06:     img2 = img.point(lambda p: p * 2.0)
07:     img2.save('image_saved.jpg', 'JPEG')
08:     print('saved...')
09: except IOError as err:
10:     print(err)
```

▼図 11-21:実行すると、イメージを明るくしたものが作成される。

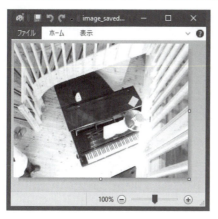

　これを実行すると、image.jpg のイメージを明るく変換したものが作成されます。ここでは、以下のようにイメージを作成しています。

```
img2 = img.point(lambda p: p * 2.0)
```

　引数には、ラムダ式が用意されています。「lambda p: p * 2.0」を見ると、これは引数で渡された変数 p の値を 2 倍にしているのがわかります。これで、point で渡される 1 つ 1 つのドットの輝度が 2 倍に変換されるようになります。すなわち、輝度が高まり、ぐっと明るくなるのです。

　こんな具合に、ラムダ式の引数の値を増減することで、イメージ全体を明るくしたり暗くしたりできます。

image の point を使うと、イメージ全体の輝度を操作できる。

イメージ処理は「組み合わせ」

　pillow に用意されているごく基本的なイメージ処理の機能を学びました。pillow は、この他にもたくさんの機能が用意されています。すべて使いこなすのはかなり pillow に習熟しないといけないでしょう。

　実際のところ、試してみたように機能を組み合わせれば単純なコードでも複雑な処理が実行できます。重要なのは「知っている機能をいかに組み合わせれば希望する処理が作れるか」です。

　漠然と、「こんなイメージにしたい」という思いはあっても、それを具体的に「どの輝度をどう操作していけばそんなイメージになるか」というイメージの操作手順として考えられる人は少ないでしょう。1つ1つのイメージ処理の仕組みをきちんと理解し、それが具体的にどのようにデータを変換するかわかっていないと、思ったように使いこなすことはできないのです。

　そのためには、多くのイメージ処理を書いて動かしてみることが重要です。ここに挙げた機能について、それぞれでスクリプトを書いて動かし、自分のものにしていきましょう。それだけで十分なイメージ処理が作成できるようになるはずです。

この章のまとめ

- より多くのことを可能にする外部パッケージは、pipコマンドを使ってインストールする。利用可能なパッケージは、PyPIのサイトで検索し確認できる。

- Requestsパッケージは、Webサイトにアクセスして必要な情報を取得する。getとpost関数だけわかれば、基本的な情報は取得できる。

- matplotlibはグラフを作成する。pyplotモジュールのplot, bar, pie, histといった関数を呼び出し、showを実行するとグラフが表示される。

- pillowはイメージ処理を行う。ImageやImageOpsモジュールの関数を使ってイメージ処理を行う。Image.openでイメージを読み込み、処理後にsaveで保存する。

《章末練習問題》

練習問題 11-1

requestsモジュールを利用して、abc.xyz という Web サイトにアクセスするスクリプトを書いています。このサイトはデータを JSON 形式で出力します。このデータを Python のオブジェクトとして取り出すには、下のリストの空欄部分をどのように記述すればよいでしょうか。

```
import requests
res = requests.get('http://abc.xyz')
data = 
```

練習問題 11-2

グラフを表示する下のようなスクリプトを作成しました。これを実行すると、どんな表示がされるでしょうか。

```
from matplotlib import pyplot

x = range(10)
y = range(10, 0, -1)
pyplot.plot(x, y)
pyplot.show()
```

練習問題 11-3

image.jpg を読み込み、セピア調のイメージを作成して image_saved.jpg に保存する処理を以下のように作成しましたがうまく動きません。なぜでしょうか。また、どう修正すればよいでしょうか。

```
from PIL import Image, ImageOps

img = Image.open('image.jpg', 'r')
img2 = ImageOps.colorize(img,
                        black=(0, 0, 0),
                        white=(255, 200, 150)
                        )
img2.save('image_saved.jpg','JPEG')
```

解答は P.601

12章

応用的な文法

ここまで文法からライブラリまで一通りのことを学んできました。Pythonには、ここまで紹介しませんでしたが、まだ多くの応用的な文法や約束事が存在します。それらの中から、複数処理を平行して進める非同期処理、次々と値を作成するイテレータ／ジェネレータについて説明します。また最後にスクリプトの書き方（規約）をまとめた「PEP8」についても紹介します。

非同期処理とは

　ここまで作成してきたスクリプトは、すべて「処理が終わったら次の処理というように順々に進んでいく」というものでした。条件分岐や繰り返しなども基本的には処理を飛ばしたり、繰り返したりしても処理が終わってから新しい処理に移行します。関数やクラスなどを作成した場合でも、基本的には呼び出した関数やメソッドを順に実行していく点は変わりません。

　例えば2つの関数を続けて呼び出したとしても、必ず最初の関数の処理が先に実行されていき、それが完了してから次の関数の処理が実行されるはずです。スクリプトは常に「1つずつ順番に実行」が基本でした。

　1つずつ処理が終わってから新しい処理を実行するというのは、理解しやすい原則です。しかし、プログラムにおいては、「ある処理と、別の処理を同時に実行する」ということが必要となることもあります。例えばWebブラウザでは、時間のかかるダウンロードを実行しながら他のWebページにアクセスできます。これは考えてみると「ダウンロード」と「他のWebページへのアクセス」を同時に行っていることになります。

　処理に時間のかかる関数があるときに、その処理が終わるまで、次の関数の実行をずっと待たなければいけないと、こういった柔軟なプログラムが作成できなくなってしまいます。

● 同期処理と非同期処理

　これまでの、「常に、1つの処理が完了したら次の処理に進む」という処理の方法は、同期処理と呼ばれます。これに対し、Webブラウザのダウンロードとアクセスのように、「処理Aが開始してから完了する前に、処理Bに進む」という処理の方法を非同期処理と呼びます。

▼図12-1:同期処理は、時間のかかる処理も完了するまで待って次に進むが、非同期処理だと時間のかかる処理と並行して別の処理を実行していける。

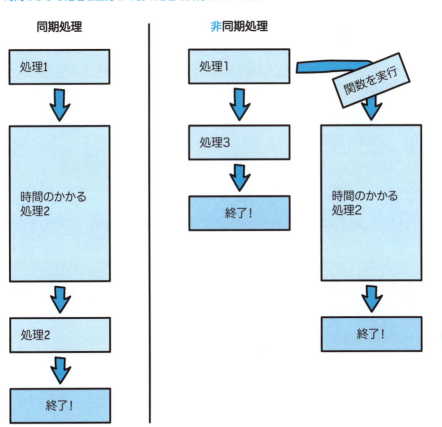

asyncとコルーチン

　Pythonでプログラムを作成する場合にも、こうした非同期処理を利用できます。これには「async」と「await」という予約語を使って行います。

 12-1　コルーチンの定義

```
async def 関数 (引数):
    ……関数の内容……
```

　「async」は、コルーチンを定義します。コルーチンとは、「処理の実行を一時停止したり再開したりできる特殊な関数」と考えると良いでしょう。基本的には通常の関数と同じように定義されますが、必要に応じて処理を途中で停止したり再開したりできます。

　このコルーチンの中には、「await」と呼ばれる文が用意されます。

 12-2　awaitの実行

```
await コルーチン
```

　awaitは、実行中のコルーチンを一時停止して別のコルーチンに処理を渡します。いくつかのコルーチンを実行し、その中でawaitして処理の実行を他のコルーチンに切り替えられるようにすることで、それぞれのコルーチンの処理が少しずつ進められるようなプログラムが作成できます。

 ポイント

> 非同期処理は、asyncを使いコルーチンとして作成する。コルーチンでは、awaitで処理を切り替えられるようにすること。

● 非同期は「切り替えながら動く」

ここまでの説明で、Pythonの非同期処理が、実は「同時に複数の処理を実行するための機能」ではないことに気がついたかもしれません。非同期処理は、「複数の処理を切り替えながら、並行して少しずつ実行できる機能」なのです。

非同期は、高速で複数の処理を切り替えながら実行していくことで、同時に複数の処理を進めているのと同等の処理を実現するものだったのです。

▼図12-2：コルーチンは、awaitで一時停止することで、複数の処理を切り替えながら進めていける。

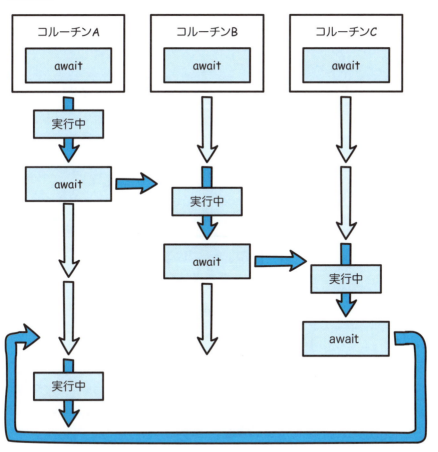

コルーチンとイベントループ

　コルーチンを利用する場合、注意しなければいけないのは、イベントループと呼ばれるループ処理の中で実行しなければいけない点です。

　イベントループとは、常にさまざまな入力を待ち受けながらエンドレスで繰り返しているループ処理です。プログラムが、必要に応じてこのイベントループに処理を追加するとイベントループは追加された処理を順に実行していきます。

　イベントループは、さまざまなイベントと呼ばれる信号を受け取り、それに応じて処理を進めていくことができます。受け取ったイベントにより、それに対応する処理を呼び出せるのです。

　このイベントループの中でコルーチンを実行することで、必要に応じてコルーチンを一時停止したり再開したりしながら処理を進めていけるようになります。イベントループ内でなければ、コルーチンの一時停止などの要求を受け取って処理することができません。

▼図12-3：イベントループにコルーチンを追加することで、それぞれのコルーチンの処理が進められたり、一時停止して次のコルーチンに処理が渡されたり、といったことが行えるようになる。

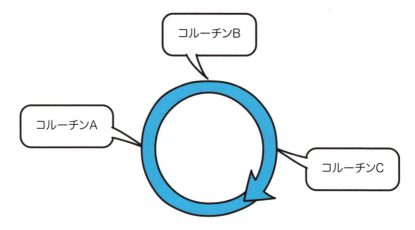

コルーチンは、必ず「イベントループ」の中で実行すること。

コルーチンを使う

　実際にコルーチンを利用します。まずは、イベントループの中でコルーチンを実行するサンプルからです。まだ、この段階では非同期処理は行っていません。「イベントループの中でコルーチンを動かす」という必要最小限のスクリプトを、ここで理解をしておきましょう。

▼リスト12-1　コルーチンを使ったプログラム
```
01: from asyncio import * # asyncioのインポート
02:
03: def fn(n):
04:     print('fn: num= ' + str(n))
05:
06: async def first_fn():
07:     for n in range(5):
08:         await sleep(0.1)
09:         fn(n)
10:
11: loop = get_event_loop()
12: loop.run_until_complete(first_fn())
13: loop.close()
```

　これは、first_fn というコルーチンをイベントループ内で実行するサンプルです。この first_fn コルーチンの中では、fn 関数を呼び出して実行しています。スクリプトを実行すると、以下のようなテキストがコンソールに出力されます。

```
fn: num= 0
fn: num= 1
fn: num= 2
fn: num= 3
fn: num= 4
```

　コルーチン内の for 構文の中から fn 関数が呼び出されてテキストが出力されていくことが確認できます。

● コルーチンの定義

　ここでは first_fn というコルーチンを作成しています。

```
async def first_fn():
    for n in range(5):
        await sleep(0.1)
        fn(n)
```

　コルーチンは、内部で await を用意します。ここでは、asyncio パッケージの「sleep」というコルーチンを呼び出しています。引数に指定した秒数だけ処理を一時停止させます。sleep(0.1) ならば、0.1 秒だけ処理を停止します。

　これにより、await でこのコルーチンの実行を一時的に停止しながら fn 関数を呼び出して処理を実行しています。この「await で sleep を呼び出す」というのは、非同期で処理を実行するようになると重要になってきます。

● イベントループについて

　ここでは、イベントループを用意し、その中で first_fn コルーチンを実行するのに、いくつかの手順を追って処理を行っています。

　イベントループ関連の機能は、asyncio というパッケージに用意されている関数を利用します。非同期処理は、このパッケージをインポートして作成をします。

構 文　12-3　asyncio パッケージのロード

```
from asyncio import *
```

まず最初に、イベントループを取得します。get_event_loop という関数を呼び出すだけです。これでイベントループのオブジェクトが返されます。_WindowsSelectorEventLoop というオブジェクトで、ここに用意されているメソッドを使うことでイベントループに処理を追加したりできます。

構 文　12-4　イベントループの取得

```
get_event_loop()
```

構 文　12-5　イベントループでコルーチンを実行する

```
イベントループ.run_until_complete(コルーチン)
```

例では、1つのコルーチンを実行しているだけです。このように、1つの処理を実行するだけの場合は、run_until_complete というメソッドが役立ちます。

これは、引数に指定したコルーチンをイベントループで実行し、コルーチンの処理が終了すると自動的にイベントループを終了します。

ここでは、first_fn を引数内で呼び出しています。このようにコルーチンの関数を実行すると、コルーチンのオブジェクトが返されます。このオブジェクトを run_until_complete メソッドに引数として渡すことで、コルーチンがイベントループ内で実行されるようになります。

「イベントループでコルーチンを実行する」という方法は、run_until_complete だけではなく、他にもいくつかメソッドが用意されています。

構 文　12-6　イベントループを閉じる

```
イベントループ.close()
```

最後にイベントループを閉じて、作業は終了となります。

イベントループ処理は、このように「イベントループの取得」「コルーチンを使ったイベントループの実行」「イベントループを閉じる」という一連の処理で完成します。この基本の手順をしっかり覚えておきましょう。

ポイント

イベントループは、get_event_loop で取得する。run_until_complete を使うと、コルーチンを実行し、自動的に終了する処理を作れる。

非同期処理を実行する

今度は実際に非同期処理を実行します。先ほどのスクリプトを改良して、複数のコルーチンを並行して実行するように変更します。

▼リスト12-2　非同期処理プログラム

```
01: from asyncio import *
02:
03: flg = {}
04:
05: def fn(id, n):
06:     print(id + ': num= ' + str(n))
07:
08: def finish():
09:     res = True
10:     vals = flg.values()
11:     for val in vals:
12:         if val == False:
13:             res = False
14:     if res:
15:         loop.stop()
16:
17: async def first_fn(nm, cnt, dy):
```

次へ

```
18:        flg[nm] = False
19:        for n in range(cnt):
20:            await sleep(dy)
21:            fn(nm, n)
22:        flg[nm] = True
23:        print('*** ' + nm + ' is finished. ***')
24:        finish()
25:
26: loop = get_event_loop()
27: ensure_future(first_fn('first', 5, 0.1))
28: ensure_future(first_fn('second', 5, 0.2))
29: ensure_future(first_fn('Third', 5, 0.3))
30: try:
31:     loop.run_forever()
32: finally:
33:     loop.close()
```

first_fn コルーチンを3つ並行して実行しています。スクリプトを実行すると、コンソールには以下のように出力されるのがわかるでしょう。

```
first: num= 0
second: num= 0
first: num= 1
Third: num= 0
second: num= 1
first: num= 2
first: num= 3
Third: num= 1
second: num= 2
first: num= 4
*** first is finished. ***
second: num= 3
Third: num= 2
second: num= 4
*** second is finished. ***
Third: num= 3
Third: num= 4
*** Third is finished. ***
```

「first:」「second:」「third:」のそれぞれが、3つのコルーチンそれぞれから呼び出されている fn 関数の出力です。

見ればわかるように、3つのコルーチンは、決して同じようには出力されていません。順序も統一されていません。それぞれの処理を進めていくスピードに差があることがわかります。

ここでは、コルーチンを以下のように定義しています。

```
async def first_fn(nm, cnt, dy):
    flg[nm] = False
    for n in range(cnt):
        await sleep(dy)
        fn(nm, n)
        ……略……
```

sleep は、引数で渡された dy の値だけ一時停止するようになっています。3つのコルーチンは、それぞれ 0.1, 0.2, 0.3 秒ずつ停止するようにしてあるため、それぞれの処理が再開されるまでの時間が少しずつずれていくようになっています。それぞれの処理が独立して進んでいることがわかります。

この出力を見ると、sleep に 0.1 が設定された first がもっとも処理が速く、0.3 が設定された third がもっとも遅くなっていることがわかるでしょう。

● ensure_future と run_forever

ここでは、コルーチンをイベントループで実行させるのに以下のように書いています。

```
ensure_future(first_fn('first', 5, 0.1))
ensure_future(first_fn('second', 5, 0.2))
ensure_future(first_fn('Third', 5, 0.3))
```

この ensure_future という関数は、イベントループにコルーチンを登録するはたらきをします。これで行うのは、登録する作業だけです。まだこの段階ではイベントループは実行されていません。実際のイベントループの実行は、「run_forever」というメソッドで行なっています。

```
try:
    loop.run_forever()
finally:
    loop.close()
```

永続的にイベントループを実行するものです。先ほどの run_until_complete は、実行したコルーチンが終了すれば自動的にイベントループも終了しました。この run_forever では、登録されたコルーチンが終了してもイベントループは終了しません。終わりなく動き続けることになります。

● loop.stop による終了

そこで、コルーチンの処理が終了したら、イベントループを終了する処理を用意しておくことになります。例で用意したのは finish 関数です。

ここでは、flg という辞書の変数を用意しておき、コルーチンを実行したら、そのコルーチンの名前をキーに指定して False を保管しています。そして、繰り返し fn 関数を呼び出す処理が終わったら、値を True に変更しています。変数 flg に保管されている値がすべて True になっていれば、全コルーチンの作業が完了したものとしてイベントループを終了できるようになります。

イベントループの終了は、loop の「stop」メソッドで行なえます。これは、実行中のイベントループをその場で終了させます。run_forever で実行したイベントループは、このようにして終了させます。

 ポイント

複数のコルーチンを実行させる場合は、ensure_future でコルーチンを追加し、run_forever でイベントループを実行する。

COLUMN

sleep しないとどうなるか

　これで、3つのコルーチンが動くスクリプトができました。コルーチンが平行して動くためのポイントは、「await」の sleep にあります。これのおかげで、コルーチン間で実行する処理が移動できたのです。

　この await sleep の働きを確認してみましょう。先ほどのリストにあった、「await sleep(dy)」の文を削除して、表示がどうなるか試してみてください。すると、以下のように出力されるでしょう。

```
first: num= 0
first: num= 1
first: num= 2
first: num= 3
first: num= 4
*** first is finished. ***
second: num= 0
second: num= 1
second: num= 2
second: num= 3
second: num= 4
*** second is finished. ***
Third: num= 0
Third: num= 1
Third: num= 2
Third: num= 3
Third: num= 4
*** Third is finished. ***
```

　3つのコルーチンが順に実行されているだけに変化しているのがわかります。first が実行され、すべて終わったら次に second。そして second がすべて終わったら third という具合です。同時に並行して処理が実行されてはいないのです。

　await による一時停止と実行するコルーチンの切り替えにより、3つのコルーチンがそれぞれ並行しているかのように処理が進められるようになります。

イテレータとは

Pythonには、多数の値を管理するためのデータがいろいろと用意されています。リスト、セット、辞書などを今まで使ってきました。これらは、forなどで順に値を取り出して処理することがよくあります。

▼リスト12-3　タプルとfor文

```
01: obj = ('one', 'two', 'three')
02: for val in obj:
03:     print(val)
```

```
one
two
three
```

この例ではタプルから順に値を取り出して表示しています。

このように、リストやタプルなどの値では、ただ多数の値を保管するだけでなく、forなどで「値を順に取り出す」作業が行えます。

このforは、内部で引数となっているコンテナに「次の値をください」と要求します。するとコンテナ側は、保管されている値から順に値を取り出しfor側に渡していきます。そしてすべての値を渡し終えると、「もうない」という例外を渡します。for側はその例外を受け取ると構文を抜けて次へと進

みます。

このように、forでは「コンテナに1つずつ値を要求する」という仕組みになっており、コンテナ側では「順に値を渡していく」という仕組みを備えています。この両者が連携してforの繰り返しが機能していたのです。

このように、要求に応じて保管してある値を1つずつ順番に取り出していく機能を持ったクラスを**イテレータ**と呼びます。標準で用意されているコンテナは、基本的にイテレータとしての機能を備えています。

▼図12-4：イテレータは、forなどで呼び出される度に最初から順番に値を渡していく。

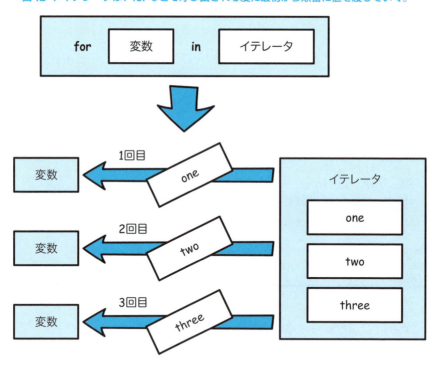

イテレータは、次々に値を取り出していける仕組みを持ったクラス。

イテレータの構造

イテレータは、どのような仕組みになっているのでしょうか。実は、あらかじめ用意されているメソッドを実装するだけで、自前のイテレータは作れます。イテレータは、クラスとして定義します。

構文　12-7　イテレータ

```
class クラス名:

    def __iter__(self):
        return イテレータ

    def __next__(self):
        ……次の要素を用意して返す……
```

イテレータとして利用できるクラスにするためには、2つのメソッドを用意しておく必要があります。それぞれ以下のような役割をはたすものです。

__iter__ メソッド

——イテレータを返すメソッドです。Pythonでは、イテレータを要求するときにはこのメソッドが呼び出されます。ここで、イテレータのインスタンスを返すような処理を用意しておきます。作成しているクラスのインスタンスそのものをイテレータとして使えるようにするならば、return self と書きます。

__next__ メソッド

——イテレータで次の要素を要求されたときに呼び出されます。ここで、次の値を return するように処理を用意します。

「イテレータを返す」「次の値を返す」という2つの処理が必要です。

> **ポイント**
> イテレータは、クラスに __iter__ メソッドと __next__ メソッドを用意する。

イテレータクラスを作る

　実際に簡単なイテレータクラスを作って利用してみましょう。必要最小限の機能だけを持った MyIterator クラスを作り、それを利用します。

▼リスト12-4　イテレータの作成と利用

```
01: class MyIterator:
02:
03:     def __init__(self, *val):
04:         self._value = val
05:         self._count = 0
06:
07:     def __iter__(self):
08:         return self
09:
10:     def __next__(self):
11:         if self._count < len(self._value):
12:             res = self._value[self._count]
13:             self._count += 1
14:             return res
15:         else:
16:             raise StopIteration()
17:
18: obj=MyIterator('one','two','three','four','five')
19: for val in obj:
20:     print(val)
```

　実行すると、MyIterator インスタンスを作成し、そこから for 文で順に値を取り出して出力していきます。このように表示されるでしょう。

```
one
two
three
four
five
```

ここでは、MyIterator インスタンスを作成する際に引数に渡した値をそのまま保管し、順に取り出していることがわかります。インスタンス作成の文を見ると以下のようになっていました。引数の値が順に for 文で取り出されていることがよくわかるでしょう。

```
obj = MyIterator('one', 'two', 'three', 'four', 'five')
```

MyIterator では、初期化のための __init__ メソッドで、可変長引数として渡された値をプライベート変数 _value に保管しています。そして __next__ では、_value から順に値を取り出して return しています。現在、どこまで取り出したかがわかるように、_count という変数に取り出した位置情報を保管しています。

_count の値は、_value の要素数（len で調べたもの）未満かどうかをチェックしており、_value の要素数と同じになったら、「もう保管された値はない」ということで「StopIteration」というインスタンスを作成して raise しています。これは、イテレータからこれ以上もう値が取り出せない場合に発生する例外です。この例外が発生すると、for は繰り返しをやめて次の処理へと進むようになっているのです。

ジェネレータと yield

イテレータは、多数の値を保管するコンテナですが、Python では「関数」を使っていくつもの値を取り出していくイテレータのようなはたらきのものを作ることもできます。これはジェネレータと呼ばれます。

ジェネレータは、以下のような形で定義される関数です。

構文 12-8　ジェネレータ

```
def 関数名(引数):
    ……処理……
    yield 値
```

ジェネレータの関数では、「yield」という予約語が使われています。これは、値を返すためのメソッドですが、return と違い、値を返してもそこで処理が終了しません。続きの処理があれば、それを更に続けて実行していきます。

yield で返された値は、その関数の呼び出し元に送られます。yield は、処理を中断しません。何度もその関数から値を要求されると、必要に応じて次々と値を返していきます。こうして、値を次々と生み出すジェネレータ関数が作成されます。

▼図 12-5：ジェネレータは、yield で値を返し、更に処理を続けていく。yield するごとに値が取り出されていくことになる。

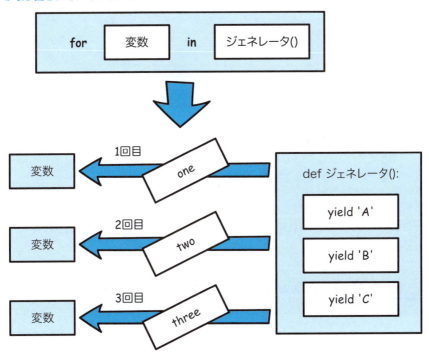

 ポイント

ジェネレータは、yield で値を返す。yield は、値を返した後、更に処理を続けて実行できる。

 ジェネレータを作成する

実際の利用例を見てみましょう。整数の値を引数に、2 からその値までの素数を順に取り出す関数を作成し、利用します。

▼リスト12-5 ジェネレータの作成と利用

```
01: def getPrime(max):
02:     for i in range(2, max + 1):
03:         flg = True
04:         for j in range(2, i // 2 + 1):
05:             if i % j == 0:
06:                 flg = False
07:                 break;
08:         if flg:
09:             yield i
10:
11: for n in getPrime(100):
12:     print(n, end=" ")
```

これを実行すると、100の素数がコンソールに以下のように出力されていきます。

```
2 3 5 7 11 13 17 19 23 29 31 37 41 43 47 53 59 61 67 71 73 79 83 89 97
```

ここでは、getPrime関数の中でforを使い繰り返し処理をしています。素数は、2からその数まで順に割り算をしていって、割り切れる数がなければ素数と判断できます。ここでは、forを使って、2から調べる数字の半分の値まで（それ以上は調べても割り切れる数字はないので）繰り返し割り算の余りを調べています。割り切れたら変数flgをFalseに変更します。

```
for j in range(2, i // 2 + 1):
    if i % j == 0:
        flg = False
        break;
```

そして、すべて繰り返したところでflgがTrueのままだったら、割り切れた数字がなかったと判断し、yield i します。

```
        if flg:
            yield i
```

yield i されると、そこで処理は一時停止します。そして for で次の値が要求されると、また続きを実行し、yield で値を返したら一時停止。また for で次が要求されると続きを実行して yield し停止……ということを繰り返していくのです。

 ## for 以外での利用

イテレータもジェネレータも、for などで次の値を要求される度に値を返す点では同じです。両者はほぼ同じ用途で使うことができます。

このイテレータ／ジェネレータは、for 以外ではどのように使うのでしょうか。for の場合は自動的に「次の値を取り出す」ということを行ってくれました。

しかし、それ以外のところで利用する場合は、明示的に次の値を取り出す必要があります。それには next 関数を用います。

 構　文　　**12-9　next による値の取り出し**

```
変数 = イテレータまたはジェネレータ
next(変数)
```

イテレータインスタンスを作成し、それを変数に代入して取り出します。イテレータはクラスなのでインスタンスを作って変数に代入するのはわかるでしょう。わかりにくいのは、ジェネレータです。

● ジェネレータの戻り値

ジェネレータは関数です。普通、関数の戻り値を変数に入れるというのは、

単に return された値が代入されるだけです。しかし、ジェネレータの場合は少し違います。リスト 12-5 の getPrime 関数を考えてみましょう。

```
変数 = getPrime(100)
```

このように実行するとどうなるでしょうか。普通に考えれば、getPrime 関数の戻り値の値が変数に代入されます。しかし、ジェネレータには return による戻り値はありません。yield はありますが、これは return の戻り値とははたらきが違います。

ジェネレータの関数の戻り値は、実は「オブジェクト」なのです。generator というジェネレータのオブジェクトが作成され返されるのです。そして、next を使うことで、このオブジェクトから値を取り出します。

▼図 12-6：イテレータ／ジェネレータは、オブジェクトを next() で呼び出すことで次の値を取り出すことができる。

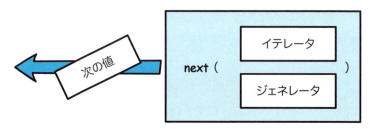

● getPrime を next で取り出す

実際に for を使わずに利用してみましょう。先ほどの getPrime 関数を少し修正して、引数に整数を渡して実行すると、その数字に近い素数を 3 つ出力させてみます。

▼リスト12-6　ジェネレータとnextの利用

```
01: def getPrime(max):
02:     for i in range(max, 1, -1):
03:         flg = True
04:         for j in range(2, i // 2 + 1):
05:             if i % j == 0:
06:                 flg = False
07:                 break;
08:         if flg:
09:             yield i
10:
11: fn = getPrime(100)
12: print('first:  ' + str(next(fn)))
13: print('second: ' + str(next(fn)))
14: print('third:  ' + str(next(fn)))
```

これを実行すると、100 に近い素数として以下の値が出力されます。

```
first:  97
second: 89
third:  83
```

ここでは、fn = getPrime(100) というようにして変数 fn にジェネレータのオブジェクトを代入し、next で順に値を取り出しています。値を取り出しているところを見ると、このようになっています。

```
print('first:  ' + str(next(fn)))
```

next(fn) を文字列にして print しているのがわかるでしょう。このように、ジェネレータのオブジェクトを引数にして next を呼び出す度に、次の値が取り出されていくのです。このように処理の途中の結果を取り出すことができるのもジェネレータの特徴です。

 ポイント

ジェネレータ・オブジェクトは、next で呼び出すと次の値を取り出せる。

Pythonの慣習 -PEP8

Python Enhancement Proposal(PEP)8

　Pythonという言語は、決められた文法に従っていれば、それ以外の部分では自由に書くことができます。しかし、文法では決められていないところでも「これはどう書くのがいいのだろう？」と悩むことはあります。文法ではなく、書き方のスタイルに関する部分です。

　こうした「よいスクリプトの書き方（スタイル）」についてまとめたルール集が PEP8 です。

　PEPとは、「Python Enhancement Proposal」の略です。日本語でいえば、「Pythonの改善案」といったところでしょうか。これはPythonをよりよいものにしていくための提案をまとめたドキュメントです。

　その中の「PEP8」と呼ばれるものが、Pythonの書き方に関する提案（コーディング規約）です。「Style Guide for Python Code」と題されたこのドキュメントは、Pythonのスクリプトを書く上で注意すべき点について説明しています。これをよく読むことで、Pythonのスクリプトをどのように書けばよいか、その基本的なルールがわかってくるでしょう。PEP8は、以下のアドレスで公開されています。

・pep8 オリジナル（英文）
https://www.python.org/dev/peps/pep-0008/

・日本語翻訳版
https://pep8-ja.readthedocs.io/ja/latest/

　コーディングスタイルに関する非常に詳細な説明がまとめられています。ここではその中から重要な部分を抜き出してまとめます。

インデントに関する規約

　まず、なによりも先に考えないといけないのがインデントについてです。Pythonは、インデントで関数や構文の構造を記述するので、どのようにインデントを使うかは非常に重要です。

● タブか、スペースか？

　インデントは、タブか半角スペースを使って記述します。このどちらを使うかは、PEP8では明確に規定はしていません。重要なのは「どちらが正しいか」ではなく、「一貫性」です。

　何より避けなければならないのは、両者が混在して記述されていることです。特に、既にあるスクリプトを改良したりメンテナンスするような場合、それ以前とは異なるやり方でインデントをつけることもあります。こうした状態は避けなければいけません。インデントの違いで意味が違うプログラムになるため、Pythonではこの規則については特に注意を払っています。

● スペースは「4つ」が基本

　半角スペースでインデントする場合、「スペースをいくつにすべきか」も迷うでしょう。PEP8では、半角スペース4つが推奨されています。ただし、

これはあくまで「推奨」であって、必ずそうしないといけない、というものではありません。IDLE を使っていれば基本的に 4 つになりますね。

● 長い文の途中改行のインデントは自由

　Python では、長い文を途中で改行して書くことがありますが、このような場合、改行後の文の位置はインデントに必ずしも揃える必要はありません。インデントを半角スペース 4 つで行なっていたら、改行後の文の開始位置は、スペース 4 つ分だけインデントしなくともよいのです。表示が見やすいようにスペースを入れて調整して構いません。

文の改行に関する規約

　長いスクリプトは、好きなところで改行して書くことができます。これは、適当でいいのでしょうか。文の改行に関する規約を以下にまとめましょう。

● 長い文は改行する

　Python は、基本的に 1 文を 1 行で書きますが、あまり長くなってしまうと読みにくくなります。こうした場合は、適当なところで改行をして見やすくすることが推奨されます。

　「どれぐらい長くなったら改行したほうがいいか」の目安として、PEP8 では「(半角文字で) 79 文字を超えたら改行すべき」と提唱しています。

● 演算は、演算子の前で改行

　長い式を途中で改行する場合、演算子の後で改行するのは推奨されません。演算子の前で改行する（つまり、改行した次の行が演算子で始まる）のが推奨される改行です。こうすると、ひと目で続きの演算がわかります。

×
```
x = 123 + 456 +
    789 + 111
```

○
```
x = 123 + 456
    + 789 + 111
```

● ( ) や [ ] 内は長ければ改行する

　コンテナの内容などをリテラルとして記述する場合、() や {}、[] といったカッコ類で複数の値をまとめます。この記述が非常に長くなったとき、値をカッコの内側のカンマ後などで適時改行して書けます。このような場合、最初の代入文より右にインデントして記述します。何行も改行する場合は、2 行目以降のインデントは揃えるようにします。

　最後の閉じるカッコは、インデントした位置でも最初の代入文の位置でもかまいません。

・問題ない書き方
```
val = (
    'one',
    'two',
    'three'
)
```

● (の後や) の前、カンマの前はスペースをつけない

　Python では、文の中で半角スペースを入れて見やすく記述するのが一般的です。演算式などでは、(の後や) の手前、値を区切るときのカンマの前にはスペースは入れません。関数やメソッドなどの名前と引数の間にもスペースは入れません。

　カンマでいくつかの項目を区切って記述する場合には、カンマの後に入れるとスクリプトが見やすくなります。また式の演算子の前後もスペースを入れるとよいでしょう。

×
```
val = func ( 'one' , 'two' , x + y * z)
val=func('one','two',x+y*z)
```

○
```
val = func('one', 'two', x + y * z)
```

● 関数・クラス・メソッドの空行

スクリプトには関数やクラスなどを記述できますが、こうしたものの前後は 2 行を空けて、どこからどこまでが関数かわかるようにします。

また、クラス内では、メソッドなどは 1 行あけて記述をします。

 命名規則

変数名や関数、クラス、メソッドなどの名前を命名する場合、いくつかのルールに従って命名をするのがわかりやすいやり方といえるでしょう。名前のつけ方としては、以下のようなものが用いられます。

● 1 文字の名前

一時的に使うだけの変数名などでは、1 文字のアルファベットの名前を用いることがあります。a とか B といったものですね。

これは必要に応じて利用すればよいのですが、PEP8 では「小文字のエル (l)」「大文字のオー (O)」「大文字のアイ (I)」は 1 文字の名前として使うべきではない、としています。これらは他の文字と間違えやすいためです。

● キャメル記法（CapWords 記法）

わかりやすい名前をつけたい場合は、単語を組み合わせたものが用いられます。この書き方としてよく用いられるのがキャメル記法（CapWords）と

呼ばれるものです。これは各単語の最初の 1 文字だけを大文字、他を小文字にして 1 続きにしたものです。

例えば、「FirstRightPosition」「StringNameList」といった具合です。

● アンダースコア記法

複数の名前をつなげて使う場合、それぞれをアンダースコアでつなげる書き方も用いられます。「first_right_position」「string_name_list」といった具合ですね。この場合は、すべて大文字か全て小文字で統一するのが基本です。「First_Right_Position」のような書き方はすべきではありません。

 メ モ

変数名の単語それぞれハイフンでつなげるといった規則も他のプログラミング言語にあります。

● 各要素の命名規約

変数やクラスなど、Python で使うものの名前のつけ方も、基本的な規約が用意されています。これも簡単にまとめておきましょう。

● パッケージ、モジュールは短い小文字の名前

パッケージやモジュールは、小文字の名前をつけます。大文字や長い名前は使うべきではありません。モジュールは、内容がわかるよう長い名前になることもあるでしょうが、そのような場合はアンダースコア記法を用います。

● 関数名はアンダースコア記法

関数名は、すべて小文字のアンダースコア記法を用いて命名します。例えば「first_right_position」というような形です。

● **クラスはキャメル記法**

　クラス名はキャメル記法を使って命名します。最初の文字は必ず大文字で始まるようにします。1つの単語だけの場合も、1文字目を大文字、それ以後を小文字にして命名します。アンダースコア記法は用いません。

● **メソッドは小文字で始まるキャメル記法**

　メソッドの名前もキャメル記法を用いますが、こちらは最初の文字は小文字にします。例えば、「firstRightPosition」のような形です。

　またインスタンスを代入する変数も、同様に最初が小文字で始まるキャメル記法を用います。

● **ローカルな変数は短く**

　関数やメソッドで用いられるローカルな変数は、基本的にキャメル記法ですが、なるべく短くわかりやすい名前にします。「Num」「Str1」といったものになるでしょう。

● **定数は大文字のアンダースコア記法**

　定数（値を変更しない変数やプロパティ）は、すべて大文字のアンダースコア記法をつかって名前をつけます。「FIRST_RIGHT_POSITION」といった具合です。

● **キーワードと重複する名前は最後にアンダースコア**

　既に Python で予約されている名前を変数名などで使いたい、といった場合は、名前の最後にアンダースコアをつけて利用することもあります。例えば、「if_」「try_」といった具合です。

重要なのは統一すること

　PEP8には、この他にも細かな規約が数多く記されていますが、ここにまとめたものを頭に入れてスクリプトを書くだけでもずいぶんと違ってくるはずです。

　ただし、これらは「絶対守るべきルール」ではない、という点も理解しておきましょう。PEP8では、その文書の冒頭に、以下のように記してあります。

「一貫性にこだわりすぎるのは、狭い心の現れである」

　規約は大切ですが、規約を守るために逆にわかりにくいコードになってしまっては本末転倒です。

　既にあるモジュールなどで、規約とは異なるやり方でクラスや関数が命名されていたら、その方式に合わせてプログラムを作成していくほうが、規約通りに書くよりもより統一感あるコードになります。インデントはスペース4つが基本ですが、既にあるプログラムがスペース8個で書かれていたら、それにあわせて書いてもかまわないのです。

　重要なのは、作成するプログラム全体で統一することです。全体で「このプログラムはこういうルールのもとに書かれている」ということがわかれば、プログラムの見通しも良くなり、わかりやすいコードになります。

この章のまとめ

- 非同期処理にはコルーチンを使う。コルーチンはasync をつけて内部で await による処理の切り替えができるようにする。これは必ずイベントループの中で実行する。

- イテレータは次々と値を返すのでクラスとして定義する。__ite__ でイテレータ自身を、__next_ で次の値を取り出せるようにする。next() を使って値を取り出せる。

- ジェネレータは次々と値を返す関数。yield を使うと、値を返し、更に処理を継続できる。簡単な処理ならジェネレータ式が便利。

- PEP8 は Python の書き方をまとめた規則集。

《章末練習問題》

練習問題 12-1

非同期実行のコルーチン asyncFunc が並行処理されません。なぜでしょうか。

```
async def asyncFunc():
    for n in range(10):
        fn(n)
```

練習問題 12-2

1〜10の整数の自乗を取り出すジェネレータ関数 fn を作成しています。空欄の部分に文を追記して完成させましょう。

```
def fn():
    for i in range(1, 11):
        □
```

練習問題 12-3

Pythonのスクリプトに関する規約で正しいものをすべて選んでください。

①インデントはかならず半角スペースを使う。タブは不可。
②インデントの半角スペースは4つが推奨される。
③クラス名は大文字で始まるキャメル記法で名付ける。
④関数名は小文字で始まるキャメル記法で名付ける。

章末練習問題解答

1章

【練習問題 1-1】

①インタープリタ
②オブジェクト

> **解説** コンパイラ言語は、プログラムの作成がやや複雑です。また、作成後にプログラムを修正する場合も、ソースコードを修正して再度コンパイルをしなければいけません。インタープリタは、いつでもソースコードを修正してその場で動かせるため、初心者には使いやすいでしょう。
> また、オブジェクト指向は、これからプログラミング言語を学ぶ上で不可欠なものです。しっかりとしたオブジェクト指向言語を学んだほうが、初心者にとっても得るものは大きいでしょう。

【練習問題 1-2】

②③

> **解説** Pythonは、インタープリタ言語であり、テキストエディターでソースコードを書くだけでプログラムの作成ができます。多くのコンパイラ言語が使うような本格的な開発ツールは必要ありません。プログラムの実行は、インタラクティブシェルを使ってその場で入力し実行するか、あるいはコマンドを使ってソースコードを記述したファイルを読み込み実行させます。

【練習問題 1-3】

①インタラクティブシェル
②py（または python、python3）

> 解説　Pythonには「インタラクティブシェル」が用意されており、1文ずつ入力してはその場で実行する、ということが行なえます。Pythonのプログラムを実行するもっとも簡単な方法として、インタラクティブシェルを使った方法は覚えておきたいところです。
>
> 2つ目の空欄は、Windowsユーザーならば「py」あるいは「python」、macOSユーザーならば「python3」という回答になるでしょう。それぞれの環境で正しいコマンドが答えられれば正解とします。このコマンドは、これからPythonのスクリプトを実行する際に必ず利用するものですから、ここでしっかりと使い方を覚えておいて下さい。

2章

【練習問題 2-1】

「F4A1」「3,500」「'Yes, I'm here!'」「0b00010102」「"""this is document.'"」

> 解説　16進数は、0xF4A1 というように、冒頭に 0x をつけます。また整数値は、3,500 のように3桁ごとのカンマ記号を付けてはいけません。文字列は、シングルクォートでくくった場合は、リテラル内にシングルクォートをそのまま記述することはできません（エスケープシーケンスを使い、\' と書きます）。2進数は 0b をつけて記述しますが、2進数ですから0と1以外の値は使われません。三重クォートは、開始と終了は同じ記号でなければいけません。

【練習問題 2-2】

123 + 45　　　　　True + True - False

> 解説　数値の算術演算では、割り算以外は基本的に2つの値の両方共に int 値の場合のみ結果は int 値になります。どちらか一方でも float 値があれは、結果は float 値となります。また、/ による割り算は、値のタイプがなんであろうと

結果は常にfloat値になります。他、真偽値の値は四則演算時には1または0のint値として扱われます。

【練習問題 2-3】

True

> **解説**　「x < num and num < y」は、2つの真偽値をもとに演算するブール演算の式です。andを使っているため、x < numとnum < yの両方の比較演算の式がいずれもTrueであるならばTrue、それ以外はFalseになります。
>
> 変数x, y, numの値をそれぞれ当てはめると、2つの比較演算式は「100 < 168」と「168 < 200」になります。これらはいずれも成立する（結果はTrue）ので、x < num and num < yの結果はTrueになります。
>
> 四則演算は誰でもすぐにわかりますが、比較演算とブール演算は、あまり演算などに慣れていない人には苦手なものでしょう。しかし、これらもPythonの基本的な演算子として、ここでしっかりと理解しておく必要があります。間違ってしまった人は、もう一度これらの解説を読み返しておきましょう。

3章

【練習問題 3-1】

[10, 30, 100]

> **解説**　[10, 20, 30]に、+=演算子で50が追加され、更にappendで100が追加されます。この時点で、lstは[10, 20, 30, 50, 100]となっています。
>
> 続いて、remove(20)でインデックス番号1番の値「20」が取り除かれます。更にdel lst[2]で、インデックス番号2番の値が削除されます。20が既に削除されていますので、[10, 30, 50, 100]となっており、2番は50になります。これが削除され、[10, 30, 100]になります。

【練習問題 3-2】

①シーケンス

②セット

③キーワード

> **解説** リストなど、インデクスで順番に値を整理するコンテナは、シーケンスと呼ばれます。これらはシーケンス演算を行えるようになっています。
>
> セットは集合として機能するコンテナです。集合のための演算などもサポートしています。
>
> 辞書は、値にキーワードを付けて保管します。値はキーワードを指定して取り出したり変更したりします。

【練習問題 3-3】

ミュータブルなコンテナ：リスト、セット、辞書

イミュータブルなコンテナ：タプル、レンジ

> **解説** ミュータブルは値の書き換えが可能なもの、イミュータブルは書き換え不可なものでした。リスト、セット、辞書は、作成後に値を自由に操作できます。タプルとレンジは、保管されている値を跡で変更できません。したがって、前者の3つはミュータブル、後者の2つはイミュータブルになります。

4 章

【練習問題 4-1】

① age <= 12:

② age < 20:

> **解説** ここでは、if 〜 elif 〜 elseという構成でif文を組み立てています。実行して

いるprint文から、①の条件で「ageが12以下である」、②の条件で「ageが20未満である」ことをチェックすればいいとわかります。

【練習問題 4-2】

②③④

> **解説** forでは、inの後に各種の型のコンテナを指定できますが、注意が必要なのは辞書を利用する場合です。辞書では、forで変数に取り出されるのは、値ではなくキーワードです。したがって、繰り返し実行する処理部分で、取り出したキーワードを使って値を取り出さなければいけません。

【練習問題 4-3】

```
if n % 2 == 0
```

> **解説** 「0〜99の偶数だけをまとめる」という目的を念頭に置いて、既にできている{n for n in range(100) }というリスト内包表記を見てみましょう。すると、この状態では0〜99のすべての整数をまとめたセットが作成されることがわかります。つまり、空欄部分には、forで取り出した値が「偶数の場合のみセットに追加する」というためのif文を用意すればいいことがわかります。

```
{n for n in range(100) if n % 2 == 0}
```

これが、完成したリスト内包表記です。「if n % 2 == 0」というように、取り出した変数nが偶数の場合のみ追加されるような条件を用意すればいいのです。

5 章

【練習問題 5-1】

①def

②仮引数

③return

> **解説** 関数の定義は、「def 関数名 (引数):」という形で記述します。引数の部分は、仮引数と呼ばれ、引数から渡された値を保管する変数を用意します。戻り値については特に関数定義には記述されません。これは実行文の最後にreturnを使って値を返して戻り値とします。

【練習問題 5-2】

15

> **解説** fnという関数を定義し、それを呼び出しています。fn関数は、可変長引数を持った関数です。実行文では、forを使って引数に渡されたコンテナから順に値を取り出し、それを変数totalに加算して引数の合計を計算しています。このfnを呼び出しているところでは、fn(1, 2, 3, 4, 5) と引数を指定しています。これらの引数の合計がprintで出力されるため、「15」となります。

【練習問題 5-3】

```
n * tax
```

> **解説** calc関数では、消費税率の値を引数taxで受け取ります。そしてreturnでは、ラムダ式を返しています。ここでは、変数nがラムダ式の引数として用意されていますので、このnとtaxを乗算する「n * tax」という式を用意すればいいことがわかります。なお、calc関数とラムダ式は以下のようになります。

```
def calc(tax):
    return lambda n: n * tax
```

6章

【練習問題 6-1】

__msgはプライベート変数であるため、インスタンス外からアクセスできない。

> **解説** インスタンス変数は、変数名の前にアンダースコア2つ（__）をつけるとプライベート変数となり、クラス内からしかアクセスできなくなります。

【練習問題 6-2】

① MyObj

② __init__

> **解説** クラスの定義は、「class クラス名:」という形で行います。コンストラクタの引数を設定するには、初期化のメソッド「__init__」を使います。ここで引数を用意すると、コンストラクタでその引数を指定するようになります。

【練習問題 6-3】

基底クラス——AObj、BObj

派生クラス——MyObj

> **解説** 継承を利用するとき、継承元となるクラスを基底クラス、継承して新たに作成されるクラスを派生クラスといいます。Pythonは多重継承をサポートしているため、基底クラスは複数ある場合もあります。

7章

【練習問題 7-1】

sample.pyファイルで、12行目にあるif文の条件にある「=」記号を「==」に修正する。

> **解説** エラーメッセージには、エラーの内容、エラーが発生した場所などが表示されています。最後のSyntaxError: invalid syntaxで、これは文法上のエラーであることがわかります。最初のFile "sample.py", line 12で、sample.pyというファイルの12行目でエラーが発生していることがわかります。
> その後に「if num = '':」とありますが、よく見ると、num == ''と比較演算子を使うべきところに代入のイコールが使われていることに気がつくでしょう。これがエラーの原因であると考えられます。

【練習問題 7-2】

① except
② as err

> **解説** try構文では、例外が発生すると、「except」で受け止めます。これは「except ○○」というように例外クラスを指定することで、そのクラスの例外を受け止めるようになります。受け止めた例外クラスのインスタンスは、「as 変数」を付けることで、用意した変数に代入し、利用できます。ここでは、print(err)として変数errを出力させているので、「as err」と変数を用意すれば良いでしょう。

【練習問題 7-3】

```
raise MyError()
```

> **解説** 例外を新たに用意し送出するときは「raise」を使います。raiseの後に例外クラスのインスタンスを指定することで、指定の例外を送出できます。

8 章

【練習問題 8-1】

```
with open('sample.txt','w') as f:
    f.write('Hello.')
```

解説 withでopenを実行する場合、最後に「as」を使って、ファイルオブジェクトを変数に代入するようにしておきます。そして、その変数からファイルアクセスのメソッドを呼び出します。with構文により、構文を抜ける際に自動的にファイルを開放するため、close文は不要です。

【練習問題 8-2】

```
with codecs.open('sample.txt','r','utf-8') as f:
```

解説 マルチバイト文字を扱うには、codecs.openでファイルオブジェクトを取得します。これは第3引数にエンコード名を文字列で指定する必要があります。

【練習問題 8-3】

① 10, os.SEEK_SET（10だけでも可）
② read(10)

解説 seekメソッドは、オフセット値と位置を示す値を引数に指定します。ファイルの冒頭から10文字目は、「10, os.SEEK_SET」としますが、第2引数を省略して単に「10」だけでも問題ありません。データの読み込みは、readメソッドを使います。引数には読み込む文字数を指定します。

9 章

【練習問題 9-1】

```
from mymodule import MyClass
```

解説 モジュールを利用するには、import文を使います。import mymoduleでもいいのですが、from 〜 importを使い、from mymodule import MyClassとすると、MyClassだけでクラスが利用できるようになります。

【練習問題 9-2】

① __name__
② '__main__'

解説 __name__には、実行中のプログラム名が設定されます。これは、メインプログラムとして実行している場合は__main__となります。__name__の値がこの__main__ならば、そのスクリプトがメインプログラムとして実行されています。

【練習問題 9-3】

sys.argv[1] と指定して取り出す。

解説 pythonコマンドを実行するとき、パラメータとして送られたものは、sys.argvにリストとしてまとめられています。一番最初の値はスクリプトファイルのパスであるため、data.txtは2番めのargv[1]に格納されています。なお、これを利用するためにはimport sysを用意しておく必要があります。

10 章

【練習問題 10-1】

```
from random import *
```

解説 randrange関数は、randomモジュールに用意されている機能です。このモジュール内にある関数を名前だけで呼び出せるようにするには、from-importを使って記述する必要があります。

【練習問題 10-2】

```
timedelta(days=5)
```

解説 現在の日付から5日後を計算するには、5日間を表すtimedeltaオブジェクトを用意し加算します。timedelta関数には、daysという1日を示すキーワード引数が用意されているので、5日間、days=5というように値を用意すればよいでしょう。

【練習問題 10-3】

```
r'[0-9]+円'
```

あるいは、

```
r'¥d+円'
```

解説 '12000円'と'12960円'という文字列は、「何桁かの数字」と「円」という組み合わせです。数字は、[0-9]で指定でき、+を使って何桁でもマッチするようにしておきます。なお、[0-9]の代りに¥dを使い、r'¥d+円'としてもかまいません。

11章

【練習問題 11-1】

```
res.json()
```

解説 requessts.getを実行すると、サーバーからのレスポンス情報をまとめたオブジェクトが返されます。JSONデータが取得された場合は、jsonメソッドを呼び出すことで、データをPythonのシーケンスとして取り出せます。

【練習問題 11-2】

左上から右下へと真っ直ぐな線が描かれた折れ線グラフが表示される。

解説 pyplotのplot関数は、折れ線グラフや散布図を作成するものです。ここでは、0～9の数列を表すrangeと、10～1の数列を表すrangeを作成してplotしていますから、左上から右下へと伸びる折れ線が描かれます。

【練習問題 11-3】

colorizeするイメージがグレースケールでないため。Image.openの後に以下のような処理を追加すればいい。

```
img = img.convert('L')
```

解説 ImageOps.colorizeは、グレースケールイメージに決まった色を設定できますが、そのためにはあらかじめイメージをグレースケールにしておく必要があります。これは、comvertメソッドで作成できます。これで作ったimageをcolorizeで処理すれば問題なく実行できるでしょう。

12 章

【練習問題 12-1】

asyncFunc関数内で、awaitが用意されていないから。

> **解説** コルーチンは、内部でawaitによる処理を用意しなければいけません。それにより他のタスクへ切り替えることができます。

【練習問題 12-2】

```
yield i ** 2
```

または

```
yield i * i
```

> **解説** ジェネレータでは、値は「yield」を使って返します。returnは使いません。

【練習問題 12-3】

②③

> **解説** インデントは半角スペースかタブを使います。スペースの場合、4つが推奨されています。クラス名は大文字で始まるキャメル記法が、関数名はすべて小文字のアンダースコア記法を使うのが基本です。

索引

Standard Textbook of Programming Language

記号

'	86
"	86
,	162
@classmethod	325
@property	333
[]	134
__init__	316
__main__	449
__name__	449
__str__	330, 332
{}	125, 176, 186
=	91

A

AI	47
append	149
as	377
async	556
asyncio	561
await	556

B

bool 型	85
break	228

C

cd	69
clear	158
codecs	403, 410
continue	228
csv	481

D

date	475
datetime	471
del	153, 188
DELETE	510
dict	185

E・F

elif	209
else	205, 226, 235
except	368, 374, 377
Exception	374
False	86
finally	368
float 型	84
for 文	216, 400

G・H

GET	509
HTTP アクセス（リクエスト）	508

I

IDLE	44, 67
if 文	196
import	429
in	145
IndentationError	358
index	156
input	261
insert	151
int 型	82
in による条件	214
items	190

J・K

JSON	514
keys	189

603

L

lambda	283
len	148
list	134

M

math	460
matplotlib	519
max	148
min	148

N・O

n進数	83
open	394

P

PEP8	578
PIL	535
Pillow	533
pip	504
pop	156
POST	509, 515
print	258
PUT	509
py	64
PyPI	507
Python	20, 36
python（コマンド）	64
python3（コマンド）	65
Python 3	49
Python Enhancement Proposal	578

R

raise	379
random	464
range	168
re	490
read	396, 398
reader	481
remove	152
Requests	508
return	270
reverse	159
r文字列リテラル	493

S

seek	414
self	312
set	175
setter	333
sort	160
statistics	467
str型	86
SyntaxError	356
sys	429
sys.argv	452

T

time	476
timedelta	478
True	86
try	368
tuple	162
type	81

V・W・Y

values	189
Web	28
while文	231
with	398
write	406
writer	481
yield	571

あ行

値	30, 79
値（辞書）	186
アノテーション	325, 333

暗黙的キャスト	104
イテレータ	567
イベントループ	558
イミュータブル	164
インスタンス	300, 307, 343
インスタンス変数	303, 309
インストール（macOS）	53
インストール（Windows）	51
インタープリタ	24, 41
インタラクティブシェル	60, 63
インデックス	136
インデント	78, 201, 579
エスケープシーケンス	88
エスケープ文字（正規表現）	496
エラー	352
エラーメッセージ	352
演算	97, 99, 102
演算子	97
演算子が使えるクラスの作成	327
オーバーライド	341
大文字小文字	77
オブジェクト	32
オブジェクト指向	35, 298
親クラス	339

か行

改行	78, 120, 580
外部パッケージ	504
画像編集	533
型	79
型変換	103
可変長引数	274
カレントディレクトリ	69
関数	32, 147, 252, 266
関数の定義	266
関数の呼び出し	254
関数名	255
キーワード（辞書）	186
キーワード引数	258, 272
機械学習	47
記述のルール	76
基底クラス	339
規約	578
キャスト	103
クォート	86
組み込み型	79
組み込み関数	147, 257
クラウド	47
クラス	253, 300, 306
クラスと型	304
クラスの定義	306
クラス変数	322
クラスメソッド	324
グラフ	519, 522
繰り返し	198, 216, 231
繰り返し（正規表現）	495
繰り返しを抜ける	228
グループ（正規表現）	495
計算	30
継承	337
構造化	32
構文エラー	352
候補（正規表現）	496
子クラス	339
コマンド実行	68
コマンドプロンプト	64
コメント	126
コルーチン	558
コンストラクタ	315
コンテナ	134, 216, 244, 278
コンパイラ	23

さ行

最小値	148
最大値	148
サブクラス	339
三重クォート	122
算術演算	97

算術計算	460
シーケンス	186
ジェネレータ	571
辞書	185
辞書の値の変更・取り出し	187
実数	84
集合	175
条件分岐	198
真偽値	85, 101
スーパークラス	339
スクリプト	68
スペース	77, 207, 579
正規表現	490
制御構文	31, 196
整数	82
セット	175, 179, 186
全角半角	76
先頭（正規表現）	495
ソフトウェア	20
それ以外（正規表現）	496

た行

ターミナル	65
代入	91, 94
代入演算	110
タイプ	79
多重継承	345
タブ	207, 579
タプル	162, 165, 167
置換	497
定数	95
データ	79
データ型	79
テキストエディター	43, 67
デフォルト値	272
同期処理	555
統計関数	467
トレースバック	363

な行

日時	471
日時の演算	477
任意の文字（正規表現）	494

は行

バージョン	50, 53
ハードウェア	20
パイソン	20, 36
派生クラス	339
パターン	494
パブリック変数	319
パラメータ	452, 513
汎用性	436
比較演算	107
引数	255
引数（コマンドライン）	452
ビット演算	116
非同期	554, 562
標準ライブラリ	433, 458
ファイルアクセスの位置	416
ファイルアクセスの例外	412
ファイルオブジェクト	392
ファイル操作	392
ファイルの作成	66
ファイルへの書き出し	406
ファイルを閉じる	395
ファイルを開く	394
ブール演算	111
フォーマット	124
浮動小数点数	85
プライベート変数	319
プラットフォーム	432
プレフィックス	125
プログラミング言語	22
プログラム	20
プロパティ	333
文法エラー	352
変数	30, 90, 91

変数（インスタンス変数）	303
変数のスコープ	281
変数名の規則	94, 584

ま行

マッチ	493
末尾（正規表現）	495
マルチバイト文字のファイル	402
見かけの改行	120
ミュータブル	164
無限ループ	234
明示的キャスト	104
命名	582
メソッド	303, 312, 324
メンテナンス性	435
メンバ	303
モード	394
文字の集合（正規表現）	495
文字の範囲（正規表現）	496
モジュール	428, 435
モジュールの作成	435
モジュールの実行	448
モジュールの読み込み	429
モジュール化	437, 444
文字列	86
文字列を出力できるクラスの作成	330
戻り値	255, 256, 270

や行

| ユニコード（UTF-8） | 403 |
| 要素数 | 148 |

ら行

ラムダ式	283
乱数	464
リスト	134, 140, 144, 148
リスト内包表記	239
リストの値の取得・変更	136, 137, 146
リストの演算	140
リテラル	82
例外	353, 379
例外インスタンス	377
例外クラス	384
例外クラスのインスタンス	377
例外処理	367, 368
例外の再送出	380
レンジ	168

本書に関するご質問について

本書に関するご質問については、下記の宛先までFAXまたは書面でお送りください。お電話によるご質問、および本書に記載されている内容以外のご質問については、一切お答えできません。
また、電話でのご質問は受け付けておりません。以下の問い合わせ先あるいは、弊社Webサイトの質問用フォームをご利用ください。
なお、お送りいただきましたご質問には、できるかぎり迅速にお答えできるよう努力いたしておりますが、場合によってはお答えするまでに時間がかかることがあります。あらかじめご了承ください。

宛先：〒162-0846　東京都新宿区市谷左内町 21-13
　　　　　　株式会社技術評論社 書籍編集部　「かんたんPython」質問係
FAX：03-3513-6167
URL：http://gihyo.jp/book/2018/978-4-7741-9578-0

なお、ご質問の際にいただいた個人情報は、質問の返答以外の目的には使用いたしません。また、質問の返答後はすみやかに破棄させていただきます。

装丁	● 田邉恵里香
本文デザイン	● イラスト工房（株式会社アット）
	朝日メディアインターナショナル株式会社
	和田奈加子
DTP	● 朝日メディアインターナショナル株式会社
編集	● 野田大貴

かんたん Python（パイソン）

2018年 3月 9日　初版　第1刷発行
2019年 8月15日　初版　第2刷発行

著　者	掌田津耶乃（しょうだつやの）
発行者	片岡　巌
発行所	株式会社技術評論社
	東京都新宿区市谷左内町 21-13
	電話　03-3513-6150 販売促進部
	03-3513-6160 書籍編集部
印刷／製本	株式会社加藤文明社

定価はカバーに表示してあります。

本書の一部または全部を著作権法の定める範囲を超え、無断で複写、複製、転載、テープ化、ファイルに落とすことを禁じます。

©2018　掌田津耶乃

造本には細心の注意を払っておりますが、万一、乱丁（ページの乱れ）や落丁（ページの抜け）がございましたら、小社販売促進部までお送りください。送料小社負担にてお取り替えいたします。

ISBN978-4-7741-9578-0 C3055
Printed in Japan